■コンピュータサイエンス教科書シリーズ **11**

改訂 ディジタル通信

工学博士 岩波 保則 著

COMPUTER SCIENCE TEXTBOOK SERIES

コロナ社

コンピュータサイエンス教科書シリーズ編集委員会

編集委員長　曽和　将容（電気通信大学）

編集委員　岩田　彰（名古屋工業大学）

（五十音順）　富田　悦次（電気通信大学）

（2007 年 5 月現在）

刊行のことば

インターネットやコンピュータなしでは一日も過ごせないサイバースペースの時代に突入している。また，日本の近隣諸国も IT 関連で急速に発展しつつあり，これらの人たちと手を携えて，つぎの時代を積極的に切り開く，本質を深く理解した人材を育てる必要に迫られている。一方では，少子化時代を迎え，大学などに入学する学生の気質も大きく変わりつつある。

以上の状況にかんがみ，わかりやすくて体系化された，また質の高い IT 時代にふさわしい情報関連学科の教科書と，情報の専門家から見た文系や理工系学生を対象とした情報リテラシーの教科書を作ることを試みた。

本シリーズはつぎのような編集方針によって作られている。

（1） 情報処理学会「コンピュータサイエンス教育カリキュラム」の報告，ACM Computing Curricula Recommendations を基本として，ネットワーク系の内容を充実し，現代にふさわしい内容にする。

（2） 大学理工系学部情報系の2年から3年の学生を中心にして，高専などの情報と名の付くすべての専門学科はもちろんのこと，工学系学科に学ぶ学生が理解できるような内容にする。

（3） コンピュータサイエンスの教科書シリーズであることを意識して，全体のハーモニーを大切にするとともに，単独の教科書としても使える内容とする。

（4） 本シリーズでコンピュータサイエンスの教育を完遂できるようにする。ただし，巻数の制限から，プログラミング，データベース，ソフトウェア工学，画像情報処理，パターン認識，コンピュータグラフィックス，自然言語処理，論理設計，集積回路などの教科書を用意していない。これらはすでに出版されている他の著書を利用していただきたい。

ii　刊　行　の　こ　と　ば

（5）　本シリーズのうち「情報リテラシー」はその役割にかんがみ，情報系
　　　だけではなく文系，理工系など多様な専門の学生に，正しいコンピュー
　　　タの知識を持ったうえでワープロなどのアプリケーションを使いこな
　　　し，なおかつ，プログラミングをしながらアプリケーションを使いこな
　　　せる学生を養成するための教科書として構成する。

本シリーズの執筆方針は以下のようである。

（1）　最近の学生の気質をかんがみ，わかりやすく，丁寧に，体系的に表現
　　　する。ただし，内容のレベルを下げることはしない。

（2）　基本原理を中心に体系的に記述し，現実社会との関連を明らかにする
　　　ことにも配慮する。

（3）　枝葉末節にとらわれてわかりにくくならないように考慮する。

（4）　例題とその解答を章内に入れることによって理解を助ける。

（5）　章末に演習問題を付けることによって理解を助ける。

本シリーズが，未来の情報社会を切り開いていけるたくましい学生を育てる
一助となることができれば幸いです。

　2006 年 5 月

編集委員長　曽和　将容

ま　え　が　き

　現在，コンピュータは身の回りの多くの機器に埋め込まれ，有線・無線通信ネットワークを利用してたがいに接続されている。これらのコンピュータを結びつけるディジタル通信技術は，急速な発展を続けており，わが国では 2020 年に 5G（第 5 世代移動通信システム）が実用化されようとしている。

　本書の「ディジタル通信」の英訳を Digital communication(s) とすると，この題名の多くの名著が現在まで内外から出版されている。ディジタル通信は，統計的通信理論や情報理論を基礎とし，スマートフォンなどの移動体通信の普及に伴いめざましい進展を遂げてきた。現在もさらなる高速度化・高信頼化・低遅延化などを目指し発展し続けている。さまざまな分野で応用が進み，ディジタル通信の個々の形態はみえにくい状況にある。しかしディジタル通信の原理は過去から未来へ連続性を持って発展してきており，その本質を理解すれば，今後のさらなる技術の開発もより容易に行える。

　本書では，このようなディジタル通信の基本原理を理解し，その上で具体的なディジタル通信を実現するための実力を養い，また，将来の発展にも十分対処できる応用力を養うことを目的としている。したがって，本書ではディジタル通信の個々の応用技術に捕らわれることなく，その原理を理解し将来のディジタル通信の発展に対処できる知識を獲得することを目的とする。その意味からディジタル通信の単なる図解や説明だけではなく，数式を用いた原理の解説に多くを割いている。特に信号と雑音の数学的表現を通し，ディジタル通信方式の解析と設計を行う基礎学力をつけることを目指した。

　本書の構成は 1〜6 章までにディジタル通信の基礎と原理を述べ，7 章ではディジタル通信の展開を述べている。またディジタル通信の数式を用いたより詳細な取扱いおよび補足的事項は付録にまとめている。

iv　ま　え　が　き

　本書は，初版が 2007 年 11 月に発行され，以後 6 刷を重ねた。今回の改訂に当り，特に古くなった 7 章のディジタル通信の展開を全面的に書き改めた。また，基礎原理としての 2.9.2 項の狭帯域信号の演算と 5.8 節の MIMO 無線通信方式をより詳細に記述し，5.7 節の直交周波数分割多重通信方式の記述も若干追加した。これにともない頁数の制約などにより，初版の 4.2 節の差分 PCM 方式，4.3 節のデルタ変調および適応デルタ変調方式，4.4 節のシグマデルタ変調器，5.8 節の MC-CDMA 方式，6.2 節の伝送制御手順，および過去の技術となった 3.3.5 項の残留側波帯方式を削除した。今回削除した部分についてはより専門的な書籍を参照いただきたい。

　今回の改訂に当り，初版発行の際にお世話になった方々および改訂の機会を与えていただいた株式会社コロナ社の皆様に謝意を表します。

2019 年 7 月

岩波　保則

目 次

1 ディジタル通信の歴史とその構成

1.1 ディジタル通信の歴史 ……………………………………………………… *1*

1.2 ディジタル通信の構成 ……………………………………………………… *2*

2 信号解析の基礎

2.1 フーリエ級数 ………………………………………………………………… *4*

  2.1.1 フーリエ級数とは ……………………………………………………… *4*

  2.1.2 フーリエ級数展開の例 ………………………………………………… *6*

2.2 フーリエ変換 ………………………………………………………………… *7*

  2.2.1 フーリエ変換対の導出 ………………………………………………… *8*

  2.2.2 フーリエ変換の例 ……………………………………………………… *9*

2.3 Parseval の公式について …………………………………………………… *10*

  2.3.1 フーリエ級数における Parseval の公式 …………………………… *10*

  2.3.2 フーリエ積分における Parseval の公式 …………………………… *11*

2.4 電力スペクトル密度とエネルギースペクトル密度について ………… *13*

  2.4.1 電力スペクトル密度—周期関数に対して— ……………………… *13*

  2.4.2 エネルギースペクトル密度—孤立波に対して— ………………… *13*

  2.4.3 電力スペクトル密度—定常確率過程に対して— ………………… *14*

2.5 自己相関関数について ……………………………………………………… *15*

  2.5.1 自己相関関数 $R(\tau)$ の 2, 3 の性質 ………………………………… *16*

  2.5.2 自己相関関数の例 ……………………………………………………… *16*

2.6 自己相関関数とフーリエ変換 ……………………………………………… *17*

vi   目   次

2.7 畳込み積分について ……………………………………………… *20*

  2.7.1 畳 込 み 積 分 ……………………………………………… *20*

  2.7.2 畳込み積分の導出 ………………………………………… *20*

2.8 確率過程と確率密度関数 ………………………………………… *21*

  2.8.1 ガウス過程について ……………………………………… *21*

  2.8.2 結合確率密度関数 ………………………………………… *26*

  2.8.3 特性関数とモーメント母関数 …………………………… *28*

  2.8.4 n 次元の同時確率密度関数 ……………………………… *29*

  2.8.5 確率変数の和の分布 ……………………………………… *31*

  2.8.6 確率密度関数の変換（レイリー分布について）………… *33*

  2.8.7 ランダム電信過程と電力スペクトル密度の計算 ……… *34*

  2.8.8 ポアソン過程について …………………………………… *36*

2.9 狭帯域信号および狭帯域雑音の表現 …………………………… *39*

  2.9.1 狭 帯 域 信 号 ……………………………………………… *39*

  2.9.2 狭帯域信号の演算 ………………………………………… *41*

  2.9.3 狭 帯 域 雑 音 ……………………………………………… *45*

  2.9.4 正弦波信号と狭帯域雑音の和 …………………………… *46*

2.10 誤差関数および $Q(x)$ 関数について …………………………… *49*

演 習 問 題 …………………………………………………………… *51*

3 波形伝送と変調方式の理論

3.1 基底帯域波形伝送の理論 ………………………………………… *53*

  3.1.1 サンプリングとスペクトル ……………………………… *53*

  3.1.2 理想低域通過フィルタ …………………………………… *55*

  3.1.3 シャノン・染谷の標本化定理 …………………………… *56*

  3.1.4 理想低域通過フィルタのインディシャル応答 ………… *58*

  3.1.5 実際の低域通過フィルタの応答波形，符号間干渉とアイパターン ……… *60*

  3.1.6 ナイキストの基準とナイキスト間隔 …………………… *62*

  3.1.7 ナイキストロールオフパルスによる伝送 ……………… *64*

  3.1.8 パルス振幅変調方式 ……………………………………… *66*

3.2	ベースバンド通信方式	66
3.3	振幅変調方式	67
3.3.1	AM 波形とスペクトル	67
3.3.2	AM 信号の発生	70
3.3.3	AM 信号の復調法	71
3.3.4	単側波帯方式	73
3.4	周波数変調方式	75
3.4.1	FM 波形とスペクトル	75
3.4.2	FM 信号の発生と検波	81
3.4.3	FM 方式の雑音	82
3.4.4	プリエンファシス・ディエンファシス	85
3.5	位相変調方式	85
演 習 問 題		86

4 ディジタル有線通信方式

4.1	パルス符号変調方式	88
4.1.1	標本化と量子化	89
4.1.2	振幅の圧縮・伸長	91
4.1.3	符 号 化	92
4.1.4	PCM 信号の伝送および中継	93
4.1.5	そのほかのパルス変調方式	96
4.2	光ファイバ通信方式	97
演 習 問 題		99

5 ディジタル無線通信方式

5.1	OOK 方 式	100
5.2	PSK 方 式	101
5.3	FSK 方 式	104

viii 　目　　　　　次

5.4　QAM　方　式 ………………………………………… 105

5.5　そのほかのディジタル変調方式 …………………… 107

　5.5.1　OQPSK と MSK ………………………………… 107

　5.5.2　GMSK　方　式 ………………………………… 110

　5.5.3　π/4 シフト DQPSK 方式 ……………………… 111

5.6　周波数拡散通信方式 ………………………………… 112

　5.6.1　直接拡散方式 …………………………………… 113

　5.6.2　拡散 PN 系列について ………………………… 116

　5.6.3　PN 系列の相関関数と CDMA ………………… 117

5.7　直交周波数分割多重通信方式 ……………………… 119

　5.7.1　OFDM 変調方式 ………………………………… 119

　5.7.2　OFDM 信号の特徴 ……………………………… 124

5.8　MIMO 無線通信方式 ………………………………… 127

　5.8.1　MIMO 無線通信の分類 ………………………… 128

　5.8.2　MIMO 空間多重通信 …………………………… 129

　5.8.3　MIMO 通信路容量の増加について …………… 131

　5.8.4　マルチユーザ MIMO 通信について ………… 133

5.9　等　　化　　器 ……………………………………… 135

　5.9.1　線　形　等　化　器 …………………………… 136

　5.9.2　判定帰還等化器 ………………………………… 137

　5.9.3　最ゆう系列推定等化器 ………………………… 137

演　習　問　題 …………………………………………… 139

6 多 重 化 方 式

6.1　時 分 割 多 重 化 …………………………………… 141

6.2　周波数分割多重化 …………………………………… 142

6.3　符号分割多重化 ……………………………………… 143

6.4　空 間 分 割 多 重 化 ………………………………… 144

6.5　空 間 多 重 化 ……………………………………… 144

6.6 波長分割多重化 ……………………………………………………… 145

演 習 問 題 ……………………………………………………………… 145

7 ディジタル通信の展開

7.1 光　　通　　信 ……………………………………………………… 146

7.2 電 力 線 通 信 ……………………………………………………… 149

7.3 衛 星 通 信 …………………………………………………………… 150

7.4 携 帯 電 話 …………………………………………………………… 153

7.5 ブロードバンドワイヤレスアクセス ………………………………… 157

7.6 無　線　LAN ………………………………………………………… 158

7.7 IoT 無線ネットワーク ……………………………………………… 160

付　　録

A.1 ビット誤り率の導出 ………………………………………………… 164

　A.1.1 BPSK 信号のビット誤り率の導出 ……………………………… 164

　A.1.2 QPSK 信号のシンボル誤り率 …………………………………… 167

　A.1.3 QPSK 信号のビット誤り率 ……………………………………… 168

　A.1.4 16 QAM 信号のビット誤り率 …………………………………… 169

　A.1.5 差動 BPSK の遅延検波におけるビット誤り率 ………………… 171

A.2 フェージング無線通信路の基礎（電波伝搬路特性）……………… 173

　A.2.1 レイリーフェージング通信路 …………………………………… 173

　A.2.2 仲上・ライスフェージング通信路 ……………………………… 177

　A.2.3 周波数選択性フェージングについて …………………………… 178

　A.2.4 2波マルチパス通信路の等価低域系による記述 ……………… 180

A.3 整合フィルタについて ……………………………………………… 182

A.4 符号間干渉が零となる条件 ………………………………………… 185

　A.4.1 ナイキストの第 1 基準の導出 …………………………………… 185

　A.4.2 ルートコサインロールオフ特性 ………………………………… 189

目　　　　次

A.5　見通し通信回線の設計 ……………………………………… *189*

A.6　抵抗雑音について ……………………………………………… *192*

A.7　誤り検出・訂正符号の基礎 ………………………………… *195*

　A.7.1　ディジタル信号の誤り制御法 …………………………… *195*

　A.7.2　誤り訂正符号 ……………………………………………… *196*

　A.7.3　誤り検出符号 ……………………………………………… *198*

　A.7.4　符号化変調 ………………………………………………… *200*

　A.7.5　ターボ符号 ………………………………………………… *203*

　A.7.6　低密度パリティチェック符号 …………………………… *206*

引用・参考文献 ………………………… *210*

演習問題解答 ………………………… *216*

索　　　　引 ………………………… *224*

COMPUTER SCIENCE TEXTBOOK SERIES □

C 1 ディジタル通信の 歴史とその構成

1.1 ディジタル通信の歴史

ディジタル通信には有線通信と無線通信があるが，それぞれ歴史的には**モールス**（Samuel Finley Breese Morse）の電信方式および**マルコーニ**（Guglielmo Marconi）の無線電信が最初の実用化方式といえる。モールスは1844年に米国ボルチモアとワシントン間の40マイルの線路で記録式電磁電信の公開実験に成功した。このとき用いたのが**モールス**（アメリカン・モールス）**符号**である。またマルコーニは1895年にイタリアで無線電信の実験を始めた。1899年にはドーバー海峡を渡る無線電信に，1901年には大西洋を横断する無線電信に成功している。無線電信には電波のオン・オフに基づくモールス符号が用いられた。

このように電気通信はモールス符号を用いたディジタル通信から始まり，その後，1876年の**グラハム・ベル**（Alexander Graham Bell）による電話の発明や1920年アメリカで開始された公共AMラジオ放送など，アナログ方式が発展した。わが国では，電話サービスは1890年に開始され，AMラジオ放送が1925年に，テレビジョン放送が1953年に開始された。その後しばらくはアナログ有線，無線通信方式が主流であったが，電話の基幹回線などがしだいにディジタル化され，光ファイバやディジタル無線回線が普及し，2003年の地上波デジタル放送の開始に至って，通信および放送のほぼすべての分野でディジタル通信・放送が主流となった。

1.2 ディジタル通信の構成

1948年に**シャノン**（Claude Elwood Shannon）は，"A mathematical theory of communication" という論文を Bell System Technical Journal というベル電話研究所の機関誌に2回にわたって発表し，情報理論の基礎を作った．その中で**図1.1**のシャノンの通信系のモデルを示した．その後ファノ（Robert Mario Fano）は，1961年に著書 "Transmission of information" の中で**図1.2**に示すファノのモデルと呼ばれるディジタル通信系のモデルを示した．

図1.1 シャノンの通信系のモデル

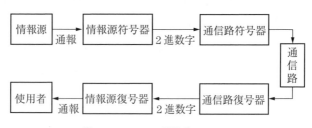

図1.2 ファノの通信系のモデル

ファノのモデルの特徴は，**シャノンのモデル**における送信機を情報源符号器と通信路符号器に，受信機を通信路復号器と情報源復号器に分離したことであり，情報源符号器と通信路復号器の出力はいずれも2進数字の0,1となっている．これは明らかにディジタル通信系のモデルといえる．情報源からの通報 (message) は情報源符号器により冗長度を除かれ，できる限り短い0,1系列に2進符号化される（情報源符号化）．つぎに0,1の通報は，通信路符号器により通信路の誤りに耐え得るよう意図的に冗長な0,1系列（冗長ビット，パリティチェックビット）を付加され，通信路に送出される（通信路符号化）．通信路

1.2 ディジタル通信の構成　3

の出力である受信信号は，まず通信路復号器で誤り訂正の復号が行われ2進数字として出力される。この2進数字は情報源復号器で最終的に元のアナログ量の通報に復元される。

ディジタル通信を構成するいろいろな要素技術は，上記のファノのモデルに従ってその位置付けを考えることができる。例えば，誤り訂正符号化やディジタル変調方式は通信路符号器を構成する要素技術と考えられる。また光ファイバ伝送路や無線のマルチパス通信路などは，ファノのモデルにおける通信路として位置付けられる。したがってディジタル通信を考えるとき，個々の要素技術の役割や目的をこの通信系のモデルに当てはめて考えるとわかりやすい。

C *2*

COMPUTER SCIENCE TEXTBOOK SERIES □

信号解析の基礎

ディジタル通信では，図 1.2 のファノのモデルに示したように，情報ビット
を通信路符号器により通信路への信号として送信する。この信号は 0, 1 系列で
あるが，0, 1 信号そのものは時間的に変化する時間波形として送られる。また
通信路には雑音が存在し，この雑音も時間波形である。これらの時間波形は周
波数成分（周波数スペクトル）を持つ。ここでは時間波形と周波数スペクトル
との関係を表すフーリエ級数およびフーリエ変換について述べる。また，確率
過程としての雑音波形の取り扱いについても述べる。

2.1 フーリエ級数

2.1.1 フーリエ級数とは

フーリエ級数（Fourier series）は，ある時間関数 $f(t)$ が T_0 を周期とする周
期関数であり，積分

$$\int_{-T_0/2}^{+T_0/2} \left| f(t) \right| dt \tag{2.1}$$

が有限な値を持つとき，式 (2.2) として表せる[†]。

$$\begin{cases} f(t) = a_0/2 + \sum_{n=1}^{\infty} (a_n \cos n\omega_0 t + b_n \sin n\omega_0 t), \quad \omega_0 = (2\pi)/T_0 \\ a_n = \dfrac{2}{T_0} \int_{-T_0/2}^{+T_0/2} f(t) \cos n\omega_0 t \, dt, \quad n = 0, 1, 2, \cdots \\ b_n = \dfrac{2}{T_0} \int_{-T_0/2}^{+T_0/2} f(t) \sin n\omega_0 t \, dt, \quad n = 1, 2, \cdots \end{cases} \tag{2.2}$$

[†] $f(t)$ の不連続な点 α では，$f(t)$ のフーリエ級数は $[f(\alpha+0)+f(\alpha-0)]/2$ に収束する。

式 (2.2) は周期 T_0 を持つ時間波形 $f(t)$ が，直流成分 $a_0/2$ と周波数 nf_0 の周波数スペクトル成分（$a_n \cos n\omega_0 t + b_n \sin n\omega_0 t$）で表すことができることを示す式である。

式 (2.2) で $\theta = \omega_0 t$ なる変数変換を行うと

$$t : -\frac{T_0}{2} \to +\frac{T_0}{2}, \quad \theta : -\pi \to +\pi, \quad dt = \frac{1}{\omega_0} d\theta = \frac{T_0}{2\pi} d\theta \tag{2.3}$$

であり

$$\begin{cases} f(\theta) = a_0/2 + \sum_{n=1}^{\infty} (a_n \cos n\theta + b_n \sin n\theta), \quad \theta = \omega_0 t = 2\pi t / T_0 \\ a_n = \frac{1}{\pi} \int_{-\pi}^{+\pi} f(\theta) \cos n\theta \, d\theta, \quad n = 0, 1, 2, \cdots \\ b_n = \frac{1}{\pi} \int_{-\pi}^{+\pi} f(\theta) \sin n\theta \, d\theta, \quad n = 1, 2, \cdots \end{cases} \tag{2.4}$$

と表示できる。さらに式 (2.5) の**複素形フーリエ級数表示**もできる。

$$f(t) = \sum_{n=-\infty}^{\infty} c_n e^{jn\omega_0 t}, \quad c_n = \frac{1}{T_0} \int_{-T_0/2}^{+T_0/2} f(t) e^{-jn\omega_0 t} \, dt,$$

$$n = 0, \pm 1, \pm 2, \cdots, \quad \omega_0 = \frac{2\pi}{T_0} \tag{2.5}$$

（証明）

$$\begin{aligned} f(t) &= a_0/2 + \sum_{n=1}^{\infty} (a_n \cos n\omega_0 t + b_n \sin n\omega_0 t) \\ &= a_0/2 + \sum_{n=1}^{\infty} \left(a_n \frac{e^{jn\omega_0 t} + e^{-jn\omega_0 t}}{2} + b_n \frac{e^{jn\omega_0 t} - e^{-jn\omega_0 t}}{2j} \right) \\ &= a_n/2 + \sum_{n=1}^{\infty} \left[\left(\frac{a_n}{2} + \frac{b_n}{2j} \right) e^{jn\omega_0 t} + \left(\frac{a_n}{2} - \frac{b_n}{2j} \right) e^{-jn\omega_0 t} \right] \end{aligned} \tag{2.6}$$

ここで，$a_n = a_{-n}$（even function；n に関し偶関数），$b_n = -b_{-n}$（odd function；n に関し奇関数）であるから

$$\begin{aligned} f(t) &= a_0/2 + \sum_{n=1}^{\infty} \left[[(a_n - jb_n)/2] e^{jn\omega_0 t} + [(a_{-n} - jb_{-n})/2] e^{j(-n)\omega_0 t} \right] \\ &= a_0/2 + \sum_{n=1}^{\infty} [(a_n - jb_n)/2] e^{jn\omega_0 t} + \sum_{n=-\infty}^{-1} [(a_n - jb_n)/2] e^{jn\omega_0 t} \end{aligned} \tag{2.7}$$

ここで

$$c_n = (a_n - jb_n)/2 \tag{2.8}$$

と置くと

$$c_0 = (a_0 - jb_0)/2 = a_0/2 \qquad (\because\ b_0 = 0) \tag{2.9}$$

したがって

$$f(t) = c_0 + \sum_{n=1}^{\infty} c_n e^{jn\omega_0 t} + \sum_{n=-\infty}^{-1} c_n e^{jn\omega_0 t} = \sum_{n=-\infty}^{\infty} c_n e^{jn\omega_0 t} \tag{2.10}$$

また

$$\begin{aligned}
c_n &= (a_n - jb_n)/2 \\
&= \frac{1}{2}\left[\frac{2}{T_0}\int_{-T_0/2}^{+T_0/2} f(t)\cos n\omega_0 t\,dt - j\frac{2}{T_0}\int_{-T_0/2}^{+T_0/2} f(t)\sin n\omega_0 t\,dt\right] \\
&= \frac{1}{T}\int_{-T_0/2}^{+T_0/2} f(t)(\cos n\omega_0 t - j\sin n\omega_0 t)\,dt \\
&= \frac{1}{T_0}\int_{-T_0/2}^{+T_0/2} f(t)e^{-jn\omega_0 t}\,dt
\end{aligned} \tag{2.11}$$

（証明終）

2.1.2 フーリエ級数展開の例

図 2.1 の波形（繰返し方形波）$f(t)$ をフーリエ級数展開する。

$$\begin{cases}
a_n = \dfrac{2}{T_0}\displaystyle\int_{-T_0/2}^{+T_0/2} f(t)\cos n\omega_0 t\,dt = \dfrac{2}{T_0}\displaystyle\int_{-\tau/2}^{+\tau/2} A\cos n\omega_0 t\,dt \\
\quad = \dfrac{2A}{T_0}\left[\dfrac{\sin n\omega_0 t}{n\omega_0}\right]_{-\frac{\tau}{2}}^{+\frac{\tau}{2}} = \dfrac{2A}{\pi}\dfrac{1}{n}\sin\left(n\dfrac{\tau}{T_0}\pi\right), \quad n=0,1,2\cdots \\
b_n = \dfrac{2}{T_0}\displaystyle\int_{-T_0/2}^{+T_0/2} f(t)\sin n\omega_0 t\,dt = 0 \qquad \because f(t) = f(-t)
\end{cases} \tag{2.12}$$

したがって

$$f(t) = a_0/2 + \sum_{n=1}^{\infty} a_n \cos n\omega_0 t \tag{2.13}$$

このとき

$$\frac{1}{T_0}\int_{-T_0/2}^{+T_0/2} f^2(t)\,dt = \frac{a_0^2}{4} + \sum_{n=1}^{\infty} \frac{a_n^2}{2} \tag{2.14}$$

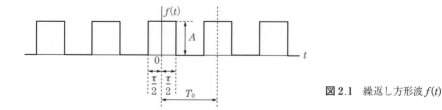

図 2.1　繰返し方形波 $f(t)$

となる[†]。$\tau/T_0 = 1/2$ の場合，式 (2.14) の $a_0^2/4$, $a_n^2/2$, $n = 1, 3, 5\cdots$ の値を図 2.2 に示す。ただし

$$a_n = (2A/n\pi) \sin(n\pi/2) = A \sin(n\pi/2)/(n\pi/2) \tag{2.15}$$

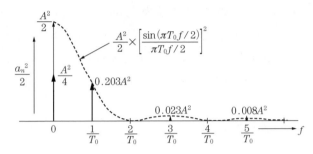

図 2.2 繰返し方形パルス列の周波数スペクトル
（電力スペクトル密度）

図 2.2 よりわかることは，図 2.1 の繰返し方形波 $f(t)$ は，直流に $A^2/4$ の電力成分，周波数 $f_0 = 1/T_0$ に $0.203A^2$ の電力成分，周波数 $3f_0$ に $0.023A^2$ の電力成分，周波数 $5f_0$ に $0.008A^2$ の電力成分を持つことである。

2.2 フーリエ変換

時間関数が孤立波で非周期関数であるときには，時間波形と周波数スペクトルの関係はフーリエ積分で表すことができる。

すなわち，時間関数 $f(t)$ が非周期関数であり，積分

$$\int_{-\infty}^{+\infty} |f(t)| dt \tag{2.16}$$

が有限な値を持つとき，$f(t)$ は式 (2.17) に示すフーリエ積分で表すことができる。

[†] 以下の公式を覚えておくと便利である。

$$\frac{1}{2\pi} \int_{-\pi}^{+\pi} \cos n\theta \cos m\theta \, d\theta = \begin{cases} 1/2, & n = m \\ 0, & n \neq m \end{cases} \qquad \frac{1}{2\pi} \int_{-\pi}^{+\pi} \sin n\theta \sin m\theta \, d\theta = \begin{cases} 1/2, & n = m \\ 0, & n \neq m \end{cases}$$

$$\frac{1}{2\pi} \int_{-\pi}^{+\pi} \sin n\theta \cos m\theta \, d\theta = 0$$

8　　2. 信 号 解 析 の 基 礎

$$\begin{cases} f(t) = \displaystyle\int_{-\infty}^{+\infty} F(j\omega)e^{j\omega t}df \\[2mm] F(j\omega) = \displaystyle\int_{-\infty}^{+\infty} f(t)e^{-j\omega t}dt \end{cases} \tag{2.17}$$

式 (2.17) の $F(j\omega)$ を $f(t)$ の**フーリエ変換**（Fourier transform）という。ここで $F(j\omega)$ は非周期波形（孤立波）$f(t)$ の周波数スペクトルを表す複素量である。したがって絶対値 $|F(j\omega)|$ はフーリエ振幅スペクトル，位相 $\theta(\omega) = \arg\{F(j\omega)\}$ はフーリエ位相スペクトルと呼ばれる。

2.2.1　フーリエ変換対の導出

複素形フーリエ級数

$$f(t) = \sum_{n=-\infty}^{\infty} c_n e^{jn\omega_0 t} \tag{2.18}$$

ただし，$c_n = \dfrac{1}{T_0}\displaystyle\int_{-T_0/2}^{+T_0/2} f(t)e^{-jn\omega_0 t}dt,\ \ n=0,\ \pm 1,\ \pm 2,\ \cdots,\ \ \omega_0 = \dfrac{2\pi}{T_0}$ より

$$\begin{aligned} f(t) &= \sum_{n=-\infty}^{\infty} \frac{1}{T_0}\int_{-T_0/2}^{+T_0/2} f(\lambda)e^{-jn\omega_0\lambda}d\lambda\ e^{jn\omega_0 t} \\ &= \frac{1}{2\pi}\sum_{n=-\infty}^{\infty} e^{jn\omega_0 t}\omega_0 \int_{-T_0/2}^{+T_0/2} f(\lambda)e^{-jn\omega_0\lambda}d\lambda \end{aligned} \tag{2.19}$$

ここで $T_0 \to \infty$ の極限を考えると，$f(t)$ は非周期関数になり

$$\omega_0 \to d\omega \quad (\because\ \ \omega_0 = 2\pi/T_0),\ n\omega_0 \to \omega \tag{2.20}$$

となって，結局，式 (2.21) が得られる[†]。

$$f(t) = \frac{1}{2\pi}\int_{-\infty}^{+\infty}\int_{-\infty}^{+\infty} f(\lambda)e^{-j\omega\lambda}d\lambda\ e^{j\omega t}d\omega \tag{2.21}$$

式 (2.21) を二つに分けて書くと

$$\begin{cases} F(j\omega) = \displaystyle\int_{-\infty}^{+\infty} f(t)e^{-j\omega t}dt \\[2mm] f(t) = \displaystyle\int_{-\infty}^{+\infty} F(j\omega)e^{j\omega t}df \end{cases} \tag{2.22}$$

[†]　$f(t)$ が不連続な点 α で，左辺は $[f(\alpha+0)+f(\alpha-0)]/2$ なる値を取る。

なる**フーリエ変換対**が得られる[†]。

2.2.2 フーリエ変換の例

図 2.3 の時間関数 $f(t)$ は図 2.1 の例において $T_0 \to \infty$ に相当する。

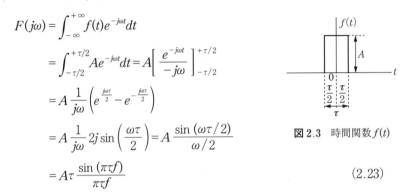

$$\begin{aligned}
F(j\omega) &= \int_{-\infty}^{+\infty} f(t)e^{-j\omega t} dt \\
&= \int_{-\tau/2}^{+\tau/2} Ae^{-j\omega t} dt = A\left[\frac{e^{-j\omega t}}{-j\omega}\right]_{-\tau/2}^{+\tau/2} \\
&= A\frac{1}{j\omega}\left(e^{\frac{j\omega\tau}{2}} - e^{-\frac{j\omega\tau}{2}}\right) \\
&= A\frac{1}{j\omega} 2j\sin\left(\frac{\omega\tau}{2}\right) = A\frac{\sin(\omega\tau/2)}{\omega/2} \\
&= A\tau \frac{\sin(\pi\tau f)}{\pi\tau f}
\end{aligned} \quad (2.23)$$

図 2.3 時間関数 $f(t)$

$|F(j\omega)|$ および $|F(j\omega)|^2$ のグラフを**図 2.4**に示す[††]。

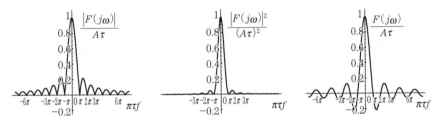

（a）振幅スペクトル密度　　（b）エネルギースペクトル密度　　（c）フーリエスペクトル

図 2.4 波形 $f(t)$ の振幅スペクトル密度とエネルギースペクトル密度

また先のフーリエ級数展開の例において式 (2.11) および式 (2.12) より

[†] その他のフーリエ変換対の表記法

$$\begin{cases} F(j\omega) = \dfrac{1}{2\pi}\int_{-\infty}^{+\infty} f(t)e^{-j\omega t} dt \\ f(t) = \int_{-\infty}^{+\infty} F(j\omega)e^{j\omega t} d\omega \end{cases}, \quad \begin{cases} F(j\omega) = \dfrac{1}{\sqrt{2\pi}}\int_{-\infty}^{+\infty} f(t)e^{-j\omega t} dt \\ f(t) = \dfrac{1}{\sqrt{2\pi}}\int_{-\infty}^{+\infty} F(j\omega)e^{j\omega t} d\omega \end{cases} \quad (2.24)$$

[††] $F(j\omega) = A\tau \sin(\pi\tau f)/(\pi\tau f)$ において $\pi\tau f = x$ と置くと，$\sin x/x$ なる関数が得られるが，これを**標本化関数**（sampling function）あるいは **sinc 関数**と呼ぶ。

10   2. 信号解析の基礎

$$c_n = \frac{1}{T_0} \int_{-T_0/2}^{+T_0/2} f(t) e^{-jn\omega_0 t} dt = \frac{1}{2}(a_n - jb_n) = \frac{A\tau}{T_0} \sin\left(\pi\tau \frac{n}{T_0}\right) \Big/ \left(\pi\tau \frac{n}{T_0}\right)$$

(2.25)

であるが，$T_0 \to \infty$，$nf_0 = n/T_0 \to f$ とすると，式 (2.26) を得る。

$$T_0 c_n \to A\tau \sin(\pi\tau f)/(\pi\tau f) = F(j\omega)$$

(2.26)

図 2.4 (a) の $|F(j\omega)|$ は波形 $f(t)$ の振幅スペクトルを表し，その 2 乗 $|F(j\omega)|^2$ はエネルギースペクトルを表す。これらの詳細は 2.3.2 項および 2.4.2 項で述べる。

2.3 Parseval の公式について

2.3.1 フーリエ級数における Parseval の公式

フーリエ級数

$$\begin{cases} f(t) = a_0/2 + \sum_{n=1}^{\infty}(a_n \cos n\omega_0 t + b_n \sin n\omega_0 t), \quad \omega_0 = (2\pi)/T_0 \\ a_n = (2/T_0) \int_{-T_0/2}^{+T_0/2} f(t) \cos n\omega_0 t \, dt, \quad n = 0, 1, 2 \cdots \\ b_n = (2/T_0) \int_{-T_0/2}^{+T_0/2} f(t) \sin n\omega_0 t \, dt, \quad n = 1, 2, \cdots \end{cases}$$

(2.27)

において，式 (2.28) が成立する。

$$\frac{1}{T_0} \int_{-T_0/2}^{+T_0/2} f^2(t) dt = \frac{a_0^2}{4} + \frac{1}{2} \sum_{n=1}^{\infty}(a_n^2 + b_n^2) = \sum_{n=-\infty}^{\infty} |c_n|^2$$

(2.28)

（簡単な証明）

$$f(t) = \frac{a_0}{2} + \sum_{n=1}^{\infty}(a_n \cos n\omega_0 t + b_n \sin n\omega_0 t)$$

$$[f(t)]^2 = \frac{a_0}{2} f(t) + \sum_{n=1}^{\infty}[a_n f(t) \cos n\omega_0 t + b_n f(t) \sin n\omega_0 t]$$

$$\frac{1}{T_0} \int_{-T_0/2}^{+T_0/2} f^2(t) dt$$

$$= \frac{1}{T_0} \int_{-T_0/2}^{+T_0/2} \left[\frac{a_0}{2} f(t) + \sum_{n=1}^{\infty}[a_n f(t) \cos n\omega_0 t + b_n f(t) \sin n\omega_0 t]\right] dt$$

$$= \frac{a_0}{2T_0} \int_{-T_0/2}^{+T_0/2} f(t)dt$$

$$+ \frac{1}{2}\sum_{n=1}^{\infty} \left[a_n \frac{2}{T_0} \int_{-T_0/2}^{+T_0/2} f(t) \cos n\omega_0 t \, dt + b_n \frac{2}{T_0} \int_{-T_0/2}^{+T_0/2} f(t) \sin n\omega_0 t \, dt \right]$$

$$= \frac{a_0^2}{4} + \frac{1}{2}\sum_{n=1}^{\infty} (a_n^2 + b_n^2) \tag{2.29}$$

さらに

$$c_n = (a_n - jb_n)/2 \tag{2.30}$$

であるから

$$|c_n|^2 = c_n c_n{}^* = (a_n^2 + b_n^2)/4 \tag{2.31}$$

また

$$c_{-n} = (a_{-n} - jb_{-n})/2 = (a_n + jb_n)/2 = c_n{}^*, \quad |c_{-n}|^2 = c_{-n}c_{-n}{}^* = c_n{}^* c_n = |c_n|^2 \tag{2.32}$$

したがって

$$\sum_{n=-\infty}^{\infty} |c_n|^2 = |c_0|^2 + 2\sum_{n=1}^{\infty} |c_n|^2 = \frac{a_0^2}{4} + \frac{1}{2}\sum_{n=1}^{\infty} (a_n^2 + b_n^2) \tag{2.33}$$

（証明終）

等式 (2.28) を**フーリエ級数における Parseval の公式**という。この等式において，左辺は $f(t)$ の電力（平均電力）を表している[†]。また，右辺は各周波数成分の電力の総和を表しており，これら時間領域で計算した電力と周波数領域で計算した電力が等しいことを示している。

2.3.2 フーリエ積分における Parseval の公式

$f(t)$ のフーリエ変換を $F(j\omega)$，$g(t)$ のフーリエ変換を $G(j\omega)$ と記すとき，つぎの等式が成立する。

$$\int_{-\infty}^{+\infty} f(t)g^*(t)dt = \int_{-\infty}^{+\infty} F(j\omega)G^*(j\omega)df \tag{2.34}$$

特に $f(t) = g(t)$ であり，かつ実関数であれば，つぎの等式が成立する。

$$\int_{-\infty}^{+\infty} f(t)^2 dt = \int_{-\infty}^{+\infty} \left| F(j\omega) \right|^2 df \tag{2.35}$$

[†]　$f(t)$ が電圧（V）の次元を持つとし，$1\,\Omega$ の抵抗の両端に印加されるとき，$1\,\Omega$ の抵抗で消費される平均電力（W）を考える。以後波形 $f(t)$ の2乗平均値は平均電力を表すものとする。

12   2. 信号解析の基礎

（簡単な証明）

$$\int_{-\infty}^{+\infty} f(t)g^*(t)dt = \int_{-\infty}^{+\infty} g^*(t) \int_{-\infty}^{+\infty} F(j\omega)e^{j\omega t}df \ dt$$

$$= \int_{-\infty}^{+\infty} \int_{-\infty}^{+\infty} g^*(t)e^{j\omega t}dt \ F(j\omega)df$$

$$= \int_{-\infty}^{+\infty} \left[\int_{-\infty}^{+\infty} g(t)e^{-j\omega t}dt \right]^* F(j\omega)df = \int_{-\infty}^{+\infty} G^*(j\omega)F(j\omega)df$$

$$(2.36)$$

ここで $g(t) = f(t)$（実関数）とおくと, $\displaystyle\int_{-\infty}^{+\infty} f(t)^2 dt = \int_{-\infty}^{+\infty} \left| F(j\omega) \right|^2 df$ を得る。

（証明終）

等式 (2.35) を**フーリエ積分における Parseval の公式**という。この等式において, 左辺は 1 Ω の抵抗で消費される時間関数 $f(t)$ （V）の全エネルギー（単位はワット×秒（W・s）＝ジュール（J））を表しており, また右辺はエネルギースペクトル密度 $|F(j\omega)|^2$ （2.4.2 項参照）の全周波数にわたる積分を表しており, これら時間領域で計算したエネルギーと周波数領域で計算したエネルギーの両者が等しいことを示している。

★例 2.1★

図 2.3 の時間関数 $f(t)$

$$f(t) = \begin{cases} A, & -\tau/2 \leqq t \leqq \tau/2 \\ 0, & t < -\tau/2, \tau/2 < 2 \end{cases} \tag{2.37}$$

において, Parseval の公式が成立することを示す。

$$\int_{-\infty}^{+\infty} f(t)^2 dt = \int_{-\tau/2}^{+\tau/2} A^2 dt = A^2\tau \tag{2.38}$$

一方, 式 (2.24) より

$$F(j\omega) = A\tau \sin(\pi\tau f)/(\pi\tau f) \tag{2.39}$$

したがって

$$\int_{-\infty}^{+\infty} \left| F(j\omega) \right|^2 df = A^2\tau^2 \int_{-\infty}^{+\infty} \left(\frac{\sin \pi\tau f}{\pi\tau f} \right)^2 df = A^2\tau^2 \cdot \frac{1}{\pi\tau} \cdot \int_{-\infty}^{+\infty} \left(\frac{\sin x}{x} \right)^2 dx$$

$$= A^2\tau^2 \cdot \frac{1}{\pi\tau} \cdot \pi = A^2\tau \tag{2.40}$$

よって

$$\int_{-\infty}^{+\infty} f(t)^2 dt = \int_{-\infty}^{+\infty} \left| F(j\omega) \right|^2 df \qquad (2.41)$$

2.4 電力スペクトル密度とエネルギースペクトル密度について

2.4.1 電力スペクトル密度—周期関数に対して—

時間関数 $f(t)$ が周期的なときは，$f(t)$ はフーリエ級数に展開され，Parseval の公式 (2.28) より

$$(1/T_0)\int_{-T_0/2}^{+T_0/2} f^2(t)dt = \frac{a_0^2}{4} + \frac{1}{2}\sum_{n=1}^{\infty}(a_n^2 + b_n^2) = \sum_{n=-\infty}^{\infty}|c_n|^2 \qquad (2.42)$$

が成立する。ここで

$$P(f) = \sum_{n=-\infty}^{\infty}|c_n|^2\delta(f - nf_0), \quad f_0 = 1/T_0 \qquad (2.43)$$

とすると

$$(1/T_0)\int_{-T_0/2}^{+T_0/2} f^2(t)dt = \sum_{n=-\infty}^{\infty}|c_n|^2 = \int_{-\infty}^{+\infty}P(f)df \qquad (2.44)$$

となる。このことから式 (2.43) の $P(f)$ は $f(t)$ の**電力スペクトル密度**（power spectral density，単位は W/Hz）といわれる。

2.4.2 エネルギースペクトル密度—孤立波に対して—

時間関数 $f(t)$ のエネルギー

$$\int_{-\infty}^{+\infty}f(t)^2 dt \qquad (2.45)$$

が有限であるとき，$f(t)$ のフーリエ変換 $F(j\omega)$ の絶対値の 2 乗 $|F(j\omega)|^2$ を**エネルギースペクトル密度**（energy spectral density，単位は W·s/Hz＝J/Hz）という。

式 (2.35) の Parseval の公式より

$$\int_{-\infty}^{+\infty}f(t)^2 dt = \int_{-\infty}^{+\infty}\left|F(j\omega)\right|^2 df \qquad (2.46)$$

が成立するから，$|F(j\omega)|^2 \Delta f$ は周波数 f を中心とする微少な周波数幅 ($\pm \Delta f/2$) 区間のエネルギー成分を表すことになる。このことから $|F(j\omega)|^2$ が波形 $f(t)$ のエネルギースペクトル密度を表すことは明らかである。

2.4.3 電力スペクトル密度―定常確率過程に対して―

つぎに $f(t)$ が（非周期的な）**定常確率過程**（雑音のような波形，例えばガウス雑音）である場合を考える。この場合，ある一つの波形（見本関数：sample function）$f(t)$ に対し，式 (2.47) の時間関数 $f_T(t)$ を考える。

$$f_T(t) = \begin{cases} f(t), & |t| \leq T/2 \\ 0, & |t| > T/2 \end{cases} \tag{2.47}$$

$f_T(t)$ の様子を**図 2.5** に示す。

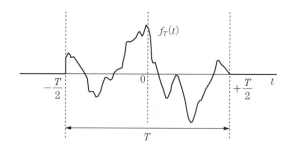

図 2.5 区間 T に対し波形 $f(t)$ から切り出された波形 $f_T(t)$

この $f_T(t)$ は孤立波であり，フーリエ変換が存在し

$$F_T(j\omega) = \int_{-\infty}^{+\infty} f_T(t) e^{-j\omega t} dt \tag{2.48}$$

である。また，Parseval の定理より

$$\int_{-\infty}^{+\infty} f_T(t)^2 dt = \int_{-\infty}^{+\infty} \left| F_T(j\omega) \right|^2 df \tag{2.49}$$

が成立する。式 (2.49) は時間関数 $f_T(t)$ の全エネルギーを表している。したがって式 (2.49) を $f_T(t)$ の時間長 T で割り

$$(1/T) \int_{-\infty}^{+\infty} f_T^2(t) dt = (1/T) \int_{-T/2}^{+T/2} f_T^2(t) dt = (1/T) \int_{-\infty}^{+\infty} \left| F_T(j\omega) \right|^2 df$$

$$= \int_{-\infty}^{+\infty} \left[\left| F_T(j\omega) \right|^2 / T \right] df \tag{2.50}$$

とすれば，式 (2.50) は $f_T(t)$ の平均電力を表している。また $|F_T(j\omega)|^2 / T$ は $f_T(t)$ の電力スペクトル密度を表す。ここで $T \to \infty$ として $f_T(t)$ を $f(t)$ に近づけると，$T \to \infty$ のとき平均電力はある値に収束するとして

$$\lim_{T \to \infty} |F_T(j\omega)|^2 / T \tag{2.51}$$

を得る。これから式 (2.51) はある有限な値を持つ f の関数になる。また式 (2.51) はある見本関数 $f(t)$ に対する電力スペクトル密度を表すと考えられる。したがって，式 (2.51) の電力スペクトル密度のさまざまな見本関数に対する集合平均をとった

$$\lim_{T \to \infty} E\{|F_T(j\omega)|^2\} / T = P(f) \tag{2.52}$$

が定常確率過程 $f(t)$ の**電力スペクトル密度**を表すことになる。

2.5　自己相関関数について

時間関数 $f(t)$ に対し以下のⅠ）～Ⅲ）で定義される $R(\tau)$ を**自己相関関数**（auto-correlation function）という。

Ⅰ）　$R(\tau)$ が周期 T_0 の周期関数の場合

$$R(\tau) = (1 / T_0) \int_{-T_0/2}^{T_0/2} f(t)f(t-\tau)dt \tag{2.53}$$

Ⅱ）　$f(t)$ が有限エネルギーを持つ場合（孤立波の場合）

$$R(\tau) = \int_{-\infty}^{\infty} f(t)f(t-\tau)dt \tag{2.54}$$

Ⅲ）　$f(t)$ が定常確率過程の場合

$$R(\tau) = \lim_{T \to \infty} (1 / T) \int_{-T/2}^{T/2} f(t)f(t-\tau)dt \tag{2.55}$$

特に定常確率過程 $f(t)$ が**エルゴード過程**[†]であるときは

$$R(\tau) = \lim_{T \to \infty} (1 / T) \int_{-T/2}^{T/2} f(t)f(t-\tau)dt = E\{f(t)f(t-\tau)\} \tag{2.56}$$

となる。ただし，$E\{\ \}$ は集合平均を表す。

[†]　時間平均と集合平均（確率による平均）が等しい性質を持つ確率過程。

2.5.1 自己相関関数 $R(\tau)$ の 2, 3 の性質

a) $R(0) = R(\tau)|_{\tau=0}$ は以下の量を表す.

・$f(t)$ が周期関数の場合

$$R(0) = (1/T_0) \int_{-T_0/2}^{T_0/2} f^2(t)dt \tag{2.57}$$

となり, $f(t)$ の平均電力を表す.

・$f(t)$ が有限エネルギーを持つ場合

$$R(0) = \int_{-\infty}^{\infty} f^2(t)dt \tag{2.58}$$

となり, $f(t)$ のエネルギーを表す.

・$f(t)$ が定常確率過程である場合

$$R(0) = \lim_{T \to \infty} (1/T) \int_{-T/2}^{T/2} f^2(t)dt \tag{2.59}$$

となり, $f(t)$ の平均電力を表す.

b) 上記の 3 種類の時間関数 $f(t)$ に対し

$$R(\tau) \leq R(0) \tag{2.60}$$

c) 上記の 3 種類の時間関数 $f(t)$ に対し

$$R(\tau) = R(-\tau) \quad (\tau に関し偶関数) \tag{2.61}$$

2.5.2 自己相関関数の例

時間関数 $f(t)$ が図 2.6 で表されるとき, $f(t)$ の自己相関関数 $R(\tau)$ を求める. $f(t)$ は孤立波で式 (2.54) の定義より

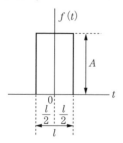

図 2.6 時間関数 $f(t)$

$$R(\tau) = \int_{-\infty}^{\infty} f(t)f(t-\tau)dt \tag{2.62}$$

式 (2.62) は図 2.7 の四つの図を用いることで計算できる. $R(\tau)$ の値は図における斜線を施した部分の面積である.

したがって

（a） $\tau<-l$　（b） $-l\leqq\tau<0$　（c） $0\leqq\tau<+l$　（d） $+l\leqq\tau$

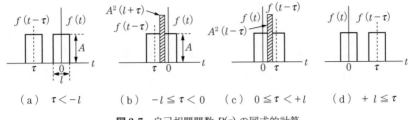

図 2.7 自己相関関数 $R(\tau)$ の図式的計算

$$R(\tau)=\begin{cases}0, \quad \tau<-l & \cdots\cdots 図（a）\\ A^2(l+\tau), \quad -l\leqq\tau<0 & \cdots 図（b）\\ A^2(l-\tau), \quad 0\leqq\tau<l & \cdots\cdots 図（c）\\ 0, \quad l\leqq\tau & \cdots\cdots 図（d）\end{cases} \tag{2.63}$$

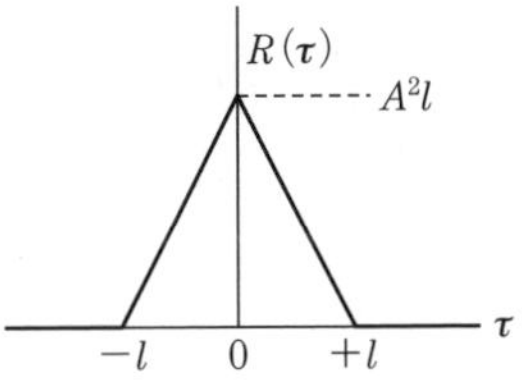

図 2.8 方形波に対する自己相関関数 $R(\tau)$

式 (2.63) の $R(\tau)$ を**図 2.8** に示す。

2.6 自己相関関数とフーリエ変換

自己相関関数 $R(\tau)$ をフーリエ変換すると電力スペクトル密度 $P(f)$，またはエネルギースペクトル密度 $|F(j\omega)|^2$ を得る。以下にこの関係を示す。

Ⅰ） 時間関数 $f(t)$ が周期関数の場合

$$\begin{aligned}R(\tau)&=R(-\tau)=(1/T_0)\int_{-T/2}^{T_0/2}f(t)f(t+\tau)dt\\&=(1/T_0)\int_{-T_0/2}^{T_0/2}f(t)\left(\sum_{n=-\infty}^{\infty}c_n e^{jn\omega_0(t+\tau)}\right)dt\\&=\sum_{n=-\infty}^{\infty}\left[c_n e^{jn\omega_0\tau}\ (1/T_0)\int_{-T_0/2}^{T_0/2}f(t)e^{jn\omega_0 t}dt\right]=\sum_{n=-\infty}^{\infty}c_n c_n{}^* e^{jn\omega_0\tau}\\&=\sum_{n=-\infty}^{\infty}|c_n|^2 e^{jn\omega_0\tau}\end{aligned} \tag{2.64}$$

ただし

$$c_n=(1/T_0)\int_{-T_0/2}^{T_0/2}f(t)e^{-jn\omega_0 t}dt \tag{2.65}$$

つぎに $R(\tau)$ を τ に関しフーリエ変換すると，式 (2.66) となる。

18　　2. 信号解析の基礎

$$\int_{-\infty}^{+\infty} R(\tau)e^{-j\omega\tau}d\tau = \int_{-\infty}^{+\infty}\sum_{n=-\infty}^{\infty}|c_n|^2 e^{-jn\omega_0\tau}e^{-j\omega\tau}d\tau$$

$$= \sum_{n=-\infty}^{\infty}|c_n|^2\int_{-\infty}^{+\infty}e^{j(n\omega_0-\omega)\tau}d\tau = \sum_{n=-\infty}^{\infty}|c_n|^2\delta(f-nf_0)^{\dagger} \qquad (2.66)$$

式 (2.66) は式 (2.43) で示した電力スペクトル密度に等しい。すなわち

$$\int_{-\infty}^{+\infty} R(\tau)e^{-j\omega\tau}d\tau = \sum_{n=-\infty}^{\infty}|c_n|^2\delta(f-nf_0) = P(f) \qquad (2.67)$$

また，周期関数 $f(t)$ の平均電力は式 (2.68) となる。

$$\int_{-\infty}^{+\infty} P(f)df = \int_{-\infty}^{+\infty}\sum_{n=-\infty}^{\infty}|c_n|^2\delta(f-nf_0)df = \sum_{n=-\infty}^{\infty}|c_n|^2 = R(0) \qquad (2.68)$$

Ⅱ）$f(t)$ が有限エネルギーを持つ場合

$$R(\tau) = R(-\tau) = \int_{-\infty}^{\infty}f(t)f(t+\tau)dt = \int_{-\infty}^{\infty}f(t)dt\int_{-\infty}^{\infty}F(j\omega)e^{j\omega(t+\tau)}df$$

$$= \int_{-\infty}^{\infty}F(j\omega)e^{j\omega\tau}df\int_{-\infty}^{\infty}f(t)e^{j\omega t}dt = \int_{-\infty}^{+\infty}F(j\omega)F^*(j\omega)e^{j\omega\tau}df$$

$$= \int_{-\infty}^{+\infty}\left|F(j\omega)\right|^2 e^{j\omega\tau}df \qquad (2.69)$$

ただし，$F(j\omega) = \int_{-\infty}^{\infty}f(t)e^{-j\omega t}df$

また

$$\int_{-\infty}^{+\infty} R(\tau)e^{-j\omega\tau}d\tau = \int_{-\infty}^{\infty}\int_{-\infty}^{\infty}f(t)f(t+\tau)dt\,e^{-j\omega\tau}d\tau$$

$$= \int_{-\infty}^{\infty}f(t)e^{j\omega t}dt\int_{-\infty}^{\infty}f(t+\tau)e^{-j\omega(t+\tau)}d\tau$$

$$= F^*(j\omega)F(j\omega) = |F(j\omega)|^2 \qquad (2.70)$$

式 (2.69)，(2.70) から，自己相関関数 $R(\tau)$ とエネルギースペクトル密度 $|F(j\omega)|^2$ はたがいにフーリエ変換対をなすことがわかる。したがって

$$|F(j\omega)|^2 = \int_{-\infty}^{+\infty}R(\tau)e^{-j\omega\tau}d\tau, \quad R(\tau) = \int_{-\infty}^{+\infty}\left|F(j\omega)\right|^2 e^{j\omega\tau}df \qquad (2.71)$$

また，$f(t)$ のエネルギーは，式 (2.72) で与えられる。

---

† **デルタ関数の定義式**

$$\delta(f) = \int_{-\infty}^{+\infty}e^{j2\pi ft}dt = \int_{-\infty}^{+\infty}e^{-j2\pi ft}dt = 2\int_{-\infty}^{+\infty}\cos(2\pi ft)dt = \frac{1}{\pi}\lim_{a\to\infty}\left[\sin(af)/f\right]$$

$$R(0) = \int_{-\infty}^{+\infty} f^2(t)dt = \int_{-\infty}^{+\infty} \left| F(j\omega) \right|^2 df \tag{2.72}$$

Ⅲ) $f(t)$ が定常確率過程の場合

$$R(\tau) = R(-\tau) = \lim_{T \to \infty} (1/T) \int_{-T/2}^{+T/2} f(t)f(t+\tau)dt \tag{2.73}$$

まず，見本関数 $f(t)$ に対し

$$f_T(t) = \begin{cases} f(t), & |t| \leq T/2 \\ 0, & |t| > T/2 \end{cases} \tag{2.74}$$

なる $f_T(t)$ を考え

$$R(\tau) = \lim_{T \to \infty} (1/T) \int_{-\infty}^{+\infty} f_T(t)f_T(t+\tau)dt \tag{2.75}$$

とする。このとき式 (2.69) より

$$\int_{-\infty}^{+\infty} f_T(t)f_T(t+\tau)dt = \int_{-\infty}^{+\infty} \left| F_T(j\omega) \right|^2 e^{j\omega\tau} df \tag{2.76}$$

ただし，$F_T(j\omega) = \int_{-\infty}^{+\infty} f_T(t)e^{-j\omega t}dt$ が成立する。したがって

$$R(\tau) = \lim_{T \to \infty} (1/T) \int_{-\infty}^{+\infty} \left| F_T(j\omega) \right|^2 e^{j\omega\tau} df = \int_{-\infty}^{+\infty} \lim_{T \to \infty} \left[\left| F_T(j\omega) \right|^2 / T \right] e^{j\omega\tau} df \tag{2.77}$$

ここで $|F_T(j\omega)|^2$ に対し集合平均をとっても $R(\tau)$ が変化しないとすると

$$R(\tau) = \int_{-\infty}^{+\infty} \lim_{T \to \infty} \left[E\{|F_T(j\omega)|^2\} / T \right] e^{j\omega\tau} df \tag{2.78}$$

したがって，定常確率過程の電力スペクトル密度 $P(f)$ は式 (2.52) より

$$P(f) = \lim_{T \to \infty} E\{|F_T(j\omega)|^2\} / T \tag{2.79}$$

で与えられるから

$$R(\tau) = \int_{-\infty}^{\infty} P(f)e^{j\omega\tau} df \tag{2.80}$$

なる関係が得られる。式 (2.80) は，定常確率過程 $f(t)$ の自己相関関数 $R(\tau)$ と電力スペクトル密度 $P(f)$ はフーリエ変換対をなすことを示しており，これを特に**ウィーナー・ヒンチンの定理**（Wiener-Khintchine theorem）という。

20   2. 信号解析の基礎

2.7 畳込み積分について

2.7.1 畳込み積分

線形系の**単位インパルス応答**を $h(t)$，その入力を $x(t)$，出力を $y(t)$ とすると，これらの間に式 (2.81) が成立する。

$$y(t) = \int_{-\infty}^{\infty} h(t-\tau)x(\tau)d\tau \qquad (2.81)$$

式 (2.81) を**畳込み積分**（convolutional integral），または重畳積分（super-position integral）と呼ぶ。

つぎに，$h(t)$，$x(t)$ および $y(t)$ のフーリエ変換が存在するとし，それぞれを $H(j\omega)$，$X(j\omega)$ および $Y(j\omega)$ とする。このとき次式が成立し

$$
\begin{aligned}
y(t) &= \int_{-\infty}^{\infty} \left[\int_{-\infty}^{\infty} H(j\omega)e^{j\omega(t-\tau)}df \right] x(\tau)d\tau \\
&= \int_{-\infty}^{\infty} H(j\omega) \left[\int_{-\infty}^{\infty} x(\tau)e^{-j\omega\tau}d\tau \right] e^{j\omega t}df \\
&= \int_{-\infty}^{\infty} [H(j\omega)X(j\omega)]e^{j\omega t}df
\end{aligned}
$$

式 (2.82) が得られる。

$$Y(j\omega) = H(j\omega)X(j\omega) \qquad (2.82)$$

$H(j\omega)$ は**伝達関数**と呼ばれる。以上の関係を**図 2.9** で示す。

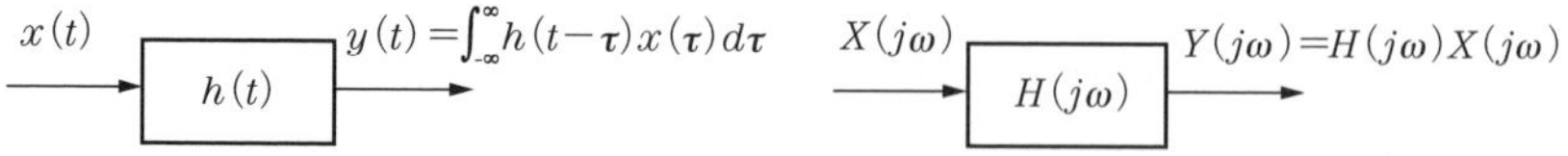

$$x(t) \longrightarrow \boxed{h(t)} \longrightarrow y(t)=\int_{-\infty}^{\infty}h(t-\tau)x(\tau)d\tau$$

$$X(j\omega) \longrightarrow \boxed{H(j\omega)} \longrightarrow Y(j\omega)=H(j\omega)X(j\omega)$$

（a）　時間領域における表現　　　（b）　周波数領域における表現

図 2.9　畳込み積分の時間領域における表現と周波数領域における表現

2.7.2 畳込み積分の導出

図 2.10 に示すように $t=n\Delta\tau$ における方形のパルスを $x(n\Delta\tau)\Delta\tau\cdot\delta(t-n\Delta\tau)$ なるインパルスで近似する。このとき次式が成立する。

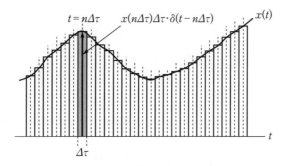

図 2.10 畳込み積分の導出のための図

$$\int_{-\infty}^{\infty} x(n\Delta\tau)\Delta\tau \cdot \delta(t-n\Delta\tau)dt = x(n\Delta\tau)\Delta\tau \tag{2.83}$$

インパルス $x(n\Delta\tau)\Delta\tau \cdot \delta(t-n\Delta\tau)$ に対する線形フィルタ $h(t)$ の応答は

$$x(n\Delta\tau)\Delta\tau \cdot h(t-n\Delta\tau) \tag{2.84}$$

となる。入力 $x(t)$ はインパルス $x(n\Delta\tau)\Delta\tau \cdot \delta(t-n\Delta\tau)$, $n=-\infty,\cdots,+\infty$ の和で表され

$$x(t) = \sum_{n=-\infty}^{\infty} x(n\Delta\tau)\Delta\tau \cdot \delta(t-n\Delta\tau) \tag{2.85}$$

となる。したがって式 (2.85) の入力 $x(t)$ に対する出力 $y(t)$ は

$$y(t) = \sum_{n=-\infty}^{\infty} x(n\Delta\tau)h(t-n\Delta\tau)\Delta\tau \tag{2.86}$$

となる。ここで $\Delta\tau \to 0$ の極限をとると式 (2.87) の畳込み積分を得る。

$$y(t) = \int_{-\infty}^{\infty} x(\tau)h(t-\tau)d\tau \tag{2.87}$$

2.8 確率過程と確率密度関数

2.8.1 ガウス過程について

ガウス過程(Gaussian process)は，雑音波形を表す典型的な数学モデルである。これを $x(t)$ と記し，その様子を**図 2.11** に示す。

任意の時刻 $t=t$ における $x(t)$ の値 x の**確率分布**，すなわち**確率密度関数** (probability density function, p.d.f.) $p(x)$ は

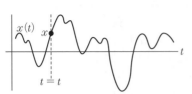
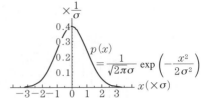

図2.11 ガウス過程の波形　　　図2.12 ガウス分布の確率密度関数

$$p(x) = \frac{1}{\sqrt{2\pi}\,\sigma} \exp\left(-\frac{x^2}{2\sigma^2}\right), \quad \int_{-\infty}^{+\infty} p(x)dx = 1,$$
$$E\{x\} = 0, \quad \sigma^2 = E\{x^2\} \tag{2.88}$$

と表せる。ただし σ^2 は**分散**（variance），σ は**標準偏差**（standard deviation）と呼ばれる量である。ここで $E\{\ \}$ は**期待値（平均値）**をとることを表す。この $p(x)$ を**ガウス分布**（Gaussian distribution）または**正規分布**（normal distribution）という。$p(x)$ を**図2.12**に示す。このとき x 軸の $-\sigma \sim +\sigma$，$-2\sigma \sim +2\sigma$ および $-3\sigma \sim +3\sigma$ の範囲内にそれぞれ 68.27％，95.45％および 99.73％の確率（面積）が入る。

以下にガウス過程の波形の例を示す（これらの波形は計算機の乱数を使用して発生させたものである）。

図2.13（a）に帯域制限された**白色ガウス雑音**の波形を示す。白色ガウス雑音は，きわめてよく現れる重要な雑音である。

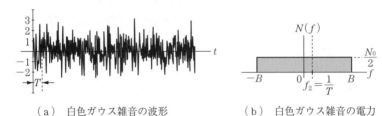

（a）　白色ガウス雑音の波形　　　（b）　白色ガウス雑音の電力
　　　　$(\sigma^2 = 1,\ T = 1/f_2 = 16/B)$　　　　スペクトル密度（$B = 16f_2$）

図2.13　白色ガウス雑音の波形とその電力スペクトル密度

図（a）の波形は図（b）の電力スペクトル密度（帯域 $-B \sim +B$ でフラットすなわち白色）を持ち，またその電力（分散）は $\sigma^2 = 1$ となっている（面積 $N_0 B = \sigma^2 = 1$）。したがって図（a）からわかるように振幅の範囲はほぼ

$-3\sigma \sim +3\sigma = -3 \sim +3$ 内に入っている。この白色ガウス雑音波形の $\Delta t =$ $1/(2B)$ 秒ごとのサンプル値はたがいに独立なガウス変数である。なぜならば，電力スペクトル密度の逆フーリエ変換は，ウィーナー・ヒンチンの定理の式 (2.80) から自己相関関数となり，これは $R(\tau) = N_0 B \sin{(2\pi B\tau)}/(2\pi B\tau)$ で与えられ，$\tau = 1/(2B)$ ごとの相関値 $R(\tau)$ は 0 となるからである。したがって逆に $\Delta t = 1/(2B)$ ごとに分散 $\sigma^2 = 1$ を持つ独立なガウス変数を発生させ，時間軸上に逐次プロットし sinc 関数で補間すれば，図 (a) に示す白色ガウス雑音波形が得られるといえる。

以上の白色ガウス雑音をフィルタリングすることにより，任意の電力スペクトル密度の形を持つガウス雑音を発生できる。この例を電力スペクトル密度が 1 次のバターワース LPF（low pass filter）特性（1 次の RC 低域通過フィルタの特性）と 2 次のバターワース LPF 特性で与えられる場合につき，**図 2.14** および**図 2.15** に示す。白色ガウス雑音以外は有色ガウス雑音と呼ばれるが，電力スペクトル密度が $1/f$ の形を持つ雑音はピンクノイズといわれ，$1/f$ ゆらぎを作り出す。

図 2.14 および図 2.15 より，狭帯域な（LPF の遮断周波数 f_c が小さい）雑音ほど，時間波形がゆっくりと滑らかに変化し，反対に広帯域な（f_c が大きい）雑音ほど時間波形が激しく急に変化することがわかる。またいずれの雑音も分散 $\sigma^2 = 1$ で同一の電力を持つので，振幅の範囲はほぼ $-3 \sim +3$ の範囲内に入っている。

さらに 1 次の LPF 特性と 2 次の LPF 特性の雑音を比較すると，同じ遮断周波数 f_c の値に対し 2 次の LPF 特性の雑音は，1 次よりもより滑らかに変化することがわかる。これは 2 次の LPF 特性は 1 次に比べ高域における電力スペクトル密度の周波数成分がより大きく除去されているためである。

つぎに**図 2.16** にガウス過程に対する**見本関数**の例を示す。図 (a) ～ (c) の見本関数 1 ～ 3 は，いずれも同一の電力スペクトル密度を持ち同じ統計的性質を持っているが同一の波形ではない。このようにガウス過程は同一の電力スペクトル密度を持っていても個々の波形は皆異なっており，これらの個々の波形を見本関数と呼ぶ。

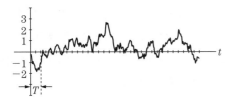

（a） $f_c=0.1/T$ のときのガウス過程

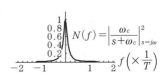

（b） $f_c=0.1/T$ のときの電力スペクトル密度の形

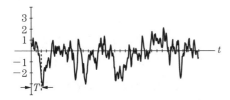

（c） $f_c=0.5/T$ のときのガウス過程

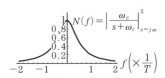

（d） $f_c=0.5/T$ のときの電力スペクトル密度の形

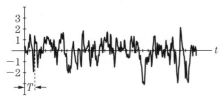

（e） $f_c=1.0/T$ のときのガウス過程

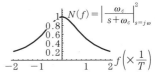

（f） $f_c=1.0/T$ のときの電力スペクトル密度の形

（g） $f_c=2.0/T$ のときのガウス過程

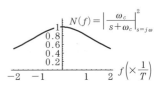

（h） $f_c=2.0/T$ のときの電力スペクトル密度の形

図 2.14 ガウス雑音の波形（1次のバターワースLPF特性電力スペクトル密度の場合）

2.8 確率過程と確率密度関数　25

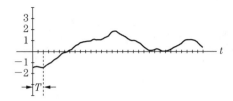

（a）　$f_c=0.1/T$ のときのガウス過程

（b）　$f_c=0.1/T$ のときの電力スペクトル密度の形

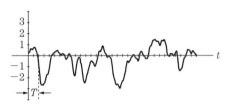

（c）　$f_c=0.5/T$ のときのガウス過程

（d）　$f_c=0.5/T$ のときの電力スペクトル密度の形

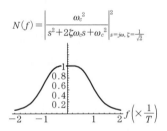

（e）　$f_c=1.0/T$ のときのガウス過程

（f）　$f_c=1.0/T$ のときの電力スペクトル密度の形

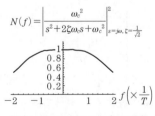

（g）　$f_c=2.0/T$ のときのガウス過程

（h）　$f_c=2.0/T$ のときの電力スペクトル密度の形

図 2.15　ガウス雑音の波形（2次のバターワース LPF 特性電力スペクトル密度の場合）

26   2. 信号解析の基礎

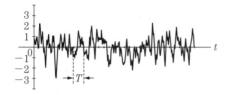

（a）見本関数1

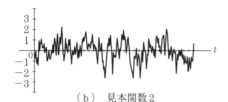

（b）見本関数2

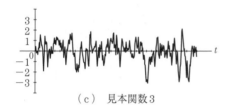

（c）見本関数3

（d）電力スペクトル密度の形

図 2.16　ガウス過程における見本関数の例

2.8.2　結合確率密度関数

図 2.17 において，時刻 t_1 における振幅値 $x(t_1) = x_1$ と時刻 t_2 における $x(t_2) = x_2$ に対する同時確率密度関数を $p(x_1, x_2)$ とすると，これは **2次元ガウス分布**

$$\begin{cases} p(x_1, x_2) = \dfrac{1}{2\pi\sigma^2\sqrt{1-\rho^2}} \exp\left[-\dfrac{1}{2(1-\rho^2)}\left(\dfrac{x_1^2}{\sigma^2} + \dfrac{x_2^2}{\sigma^2} - 2\rho\dfrac{x_1 x_2}{\sigma^2}\right)\right] \\ \rho = \dfrac{E\{x_1 x_2\}}{\sigma^2} = \dfrac{R_x(\tau)}{\sigma^2} \end{cases} \quad (2.89)$$

として表せる。ここで ρ は**相関係数**と呼ばれる。この相関係数 ρ は x_1 と x_2 の相関の程度を表す量であり，$|\rho| \leq 1$ である。また ρ は時間差の関数であり，$x(t)$ の自己相関関数 $R_x(\tau)$ を分散 σ^2 で割った量として与えられる。すなわち式 (2.89) より

$$\rho = \rho(\tau) = R_x(\tau)/\sigma^2 \quad (2.90)$$

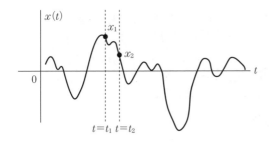

図 2.17 ガウス過程における時間相関

例えばガウス過程 $x(t)$ の電力スペクトル密度 $X(f)$ が

$$X(f) = 2\sigma^2\beta/(\omega^2+\beta^2), \qquad \omega = 2\pi f \tag{2.91}$$

なる1次のRC低域フィルタ（1次のバターワース特性）の電力伝達関数の形で与えられた場合は

$$X(f) = 2\sigma^2\beta/(\omega^2+\beta^2) \Leftrightarrow R_x(\tau) = \sigma^2\exp(-\beta|\tau|) \tag{2.92}$$

となる。ただし "$\Leftrightarrow$" はフーリエ変換を表す。この関係は先に式 (2.80) で表し，ウィーナー・ヒンチンの定理と呼んだ。このとき相関係数は

$$\rho(\tau) = \exp(-\beta|\tau|) \tag{2.93}$$

となる。確率論の公式より

$$p(x_2|x_1) = p(x_1, x_2)/p(x_1) \tag{2.94}$$

であるから

$$p(x_2|x_1) = \dfrac{\dfrac{1}{2\pi\sigma^2\sqrt{1-\rho^2}}\exp\left[-\dfrac{1}{2(1-\rho^2)}\left(\dfrac{x_1^2}{\sigma^2}+\dfrac{x_2^2}{\sigma^2}-2\rho\dfrac{x_1 x_2}{\sigma^2}\right)\right]}{\dfrac{1}{\sigma\sqrt{2\pi}}\exp\left(-\dfrac{x_1^2}{2\sigma^2}\right)}$$

$$= \dfrac{1}{\sigma\sqrt{1-\rho^2}\sqrt{2\pi}}\exp\left[-\dfrac{(x_2-\rho x_1)^2}{2(\sigma\sqrt{1-\rho^2})^2}\right] \tag{2.95}$$

と変形できる。上式の意味するところを図解すれば**図2.18**のようになる。すなわち時刻 t_1 における値 x_1 を条件とする時間差 τ 後の $x(t_2)$ の値 x_2 は，平均値 ρx_1，分散 $\sigma^2(1-\rho^2)$ のガウス分布をする。

ここで $\rho(\tau) = \exp(-\beta|\tau|)$ で与えられるから，時間差 τ が小さいほど式 (2.95) の条件つきガウス分布の分散は小さくなり，x_1 と x_2 の相関が強くなって x_2 は自由に値を取り得ない。逆に時間差 τ が十分大きいと $\rho \to 0$ となるので

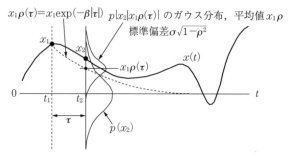

図 2.18 ガウス過程における $t=t_1$ における値 x_1 と
$t=t_2$ における値 x_2 の相関の説明

$$p(x_2|x_1) = \frac{1}{\sqrt{2\pi}\sigma}\exp\left(-\frac{x_2^2}{2\sigma^2}\right) = p(x_2) \tag{2.96}$$

となって，これは条件なしのガウス分布 $p(x_2)$ になり，x_2 は x_1 の値に関係なく自由に値を取り得るようになる。このように相関係数 $\rho(\tau)$，または自己相関関数 $R_x(\tau)$ は，時刻 t_1 と t_2 の間の拘束の強さを表す量であり，これはまた電力スペクトル密度 $X(f)$ とフーリエ変換により1対1の関係で結ばれている。また，自己相関関数 $R_x(\tau)$ が $R_x(\tau) = \sigma^2 \exp(-\beta|\tau|)$ なる指数関数で与えられるガウス過程のことを**ガウス・マルコフ過程**（Gauss-Markov process）と呼び，よく使用される代表的なガウス過程の一つである。

2.8.3 特性関数とモーメント母関数

前項で2次元ガウス分布について述べたが，一般には n 次元ガウス分布を考えることができる。このとき確率密度関数に対し**特性関数**（characteristic function）を考えると便利であり，以下に特性関数について説明を加える。特性関数は，確率密度関数 $p(x)$ のフーリエ変換として

$$F(\xi) = \int_{-\infty}^{\infty} p(x) e^{-j\xi x} dx \tag{2.97}$$

で定義される。したがってその逆変換は

$$p(x) = [1/(2\pi)] \int_{-\infty}^{\infty} F(\xi) e^{+j\xi x} d\xi \tag{2.98}$$

式 (2.97) のフーリエ変換 $F(\xi)$ の定義は，$e^{-j\xi x}$ の確率密度 $p(x)$ による期待値

と同じであり

$$F(\xi) = E\{e^{-j\xi x}\} \tag{2.99}$$

と表すこともできる。ここで $e^{-j\xi x}$ はつぎのようにテーラー展開できる。

$$e^{-j\xi x} = \sum_{n=0}^{\infty} (-j\xi)^n x^n / n! \tag{2.100}$$

式 (2.99) と式 (2.100) より

$$F(\xi) = \sum_{n=0}^{\infty} (-j\xi)^n E\{x^n\} / n! = 1 - j\xi E\{x\} - \xi^2 E\{x^2\} / 2! + j\xi^3 E\{x^3\} / 3! + \cdots \tag{2.101}$$

と書ける。すなわち $F(\xi)$ の級数展開の各係数に n 次モーメント $E\{x^n\}$ が現れる。したがって式 (2.101) の関係から $E\{x^n\}$ を求めるのに

$$E\{x^n\} = (j)^n [(\partial / \partial \xi)^n F(\xi)]_{\xi=0} \tag{2.102}$$

が使用できる。このように特性関数 $F(\xi)$ はモーメント $E\{x^n\}$ を計算する元となることから**モーメント母関数**（moment generating function）とも呼ばれる。

ここで特性関数 $F(\xi)$ において $-j\xi \to \lambda$ と置き換え，$F(\lambda) = E\{e^{\lambda x}\}$ を得れば

$$\begin{cases} \mathrm{Prob}\{x \geqq a\} \leqq e^{-\lambda a} F(\lambda), & \lambda > 0 \\ \mathrm{Prob}\{x \leqq a\} \leqq e^{-\lambda a} F(\lambda), & \lambda < 0 \end{cases} \tag{2.103}$$

が成立する。式 (2.103) 右辺を λ で最小化した不等式を **Chernoff の不等式**と呼ぶ。

2.8.4　n 次元の同時確率密度関数

n 次元の同時確率密度関数 $p(x_1, x_2, \cdots, x_n)$ に対しても同様に特性関数 $F(\xi_1, \xi_2, \cdots, \xi_n)$ が定義でき

$$F(\xi_1, \xi_2, \cdots, \xi_n) = E\left\{\exp\left(-j \sum_{k=1}^{n} \xi_k x_k\right)\right\}$$
$$= \int_{-\infty}^{+\infty} \cdots \int_{-\infty}^{+\infty} \exp\left(-j \sum_{k=1}^{n} \xi_k x_k\right) p(x_1, \cdots, x_n) dx_1 \cdots dx_n \tag{2.104}$$

で与えられる。n 次元ガウス分布に対しては，その特性関数は

$$F(\xi_1, \xi_2, \cdots, \xi_n) = \exp\left(-j \sum_{k=1}^{n} \xi_k m_k\right) \cdot \exp\left(-\frac{1}{2} \sum_{k=1}^{n} \sum_{m=1}^{n} \mu_{km} \xi_k \xi_m\right),$$

30   2. 信号解析の基礎

$$m_k = E\{x_k\}, \qquad \mu_{km} = E\{(x_k - m_k)(x_m - m_m)\} \tag{2.105}$$

となる。ここで m_k は変数 x_k の平均値であり，μ_{km} は**共分散**（covariance）と呼ばれる。共分散の定義から

$$\mu_{km} = \mu_{mk} \tag{2.106}$$

となる。この共分散を行列で表したものを**共分散行列**と呼び

$$\boldsymbol{\mu} = [\mu_{ij}], \qquad i = 1, \cdots, n, \qquad j = 1, \cdots, n \tag{2.107}$$

で表す。またこの $\boldsymbol{\mu}$ の逆行列を

$$\boldsymbol{\Lambda} = \boldsymbol{\mu}^{-1} = [\lambda_{ij}], \qquad i = 1, \cdots, n, \qquad j = 1, \cdots, n \tag{2.108}$$

と表す（逆行列は存在するものとする）。この $\boldsymbol{\Lambda}$ を使うと**多次元ガウス分布**の特性関数 $F(\xi_1, \xi_2, \cdots, \xi_n)$ の逆変換すなわち同時確率密度関数 $p(x_1, x_2, \cdots, x_n)$ は

$$p(x_1, x_2, \cdots, x_n)$$
$$= 1 / [(2\pi)^{n/2} \det(\boldsymbol{\mu})^{1/2}] \cdot \exp\left[-\frac{1}{2} \sum_{i=1}^{n} \sum_{j=1}^{n} \lambda_{ij}(x_i - m_i)(x_j - m_j) \right] \tag{2.109}$$

で与えられる。ただし det( ) は行列式の値である。例えば 2 次元の場合，共分散行列は

$$\boldsymbol{\mu} = \begin{bmatrix} \sigma_1^{\,2} & \sigma_1\sigma_2\rho \\ \sigma_1\sigma_2\rho & \sigma_2^{\,2} \end{bmatrix} \tag{2.110}$$

となり，その逆行列は

$$\boldsymbol{\Lambda} = \boldsymbol{\mu}^{-1} = \frac{1}{\sigma_1^{\,2}\sigma_2^{\,2}(1-\rho^2)} \begin{bmatrix} \sigma_2^{\,2} & -\sigma_1\sigma_2\rho \\ -\sigma_1\sigma_2\rho & \sigma_1^{\,2} \end{bmatrix} \tag{2.111}$$

と計算され，したがって $p(x_1, x_2)$ は

$$p(x_1, x_2) = \frac{1}{2\pi\sigma_1\sigma_2\sqrt{1-\rho^2}} \exp\left[-\frac{1}{2(1-\rho^2)} \left[\frac{(x_1 - m_1)^2}{\sigma_1^{\,2}} + \frac{(x_2 - m_2)^2}{\sigma_2^{\,2}} \right.\right.$$
$$\left.\left. -2\rho \frac{(x_1 - m_1)(x_2 - m_2)}{\sigma_1\sigma_2} \right] \right] \tag{2.112}$$

と計算される。ここで $\rho = E\{(x_1 - m_1)(x_2 - m_2)\} / (\sigma_1\sigma_2)$。また式 (2.112) で $\sigma_1 = \sigma_2 = \sigma$ および $m_1 = m_2 = 0$ と置けば以前に示した式 (2.89) を得る。

式 (2.112) で相関係数 $\rho = 0$ の場合は

$$p(x_1, x_2) = \frac{1}{\sqrt{2\pi}\sigma_1} \exp\left[-\frac{(x_1 - m_1)^2}{2\sigma_1^2} \right] \cdot \frac{1}{\sqrt{2\pi}\sigma_2} \exp\left[-\frac{(x_2 - m_2)^2}{2\sigma_2^2} \right]$$

$$= p_1(x_1) \cdot p_2(x_2) \tag{2.113}$$

となって，二つの独立な確率密度関数の積として表され，確率変数 X_1 と X_2 は統計的に独立となる。またこのとき

$$\boldsymbol{\mu} = \begin{bmatrix} \sigma_1^2 & 0 \\ 0 & \sigma_2^2 \end{bmatrix} \tag{2.114}$$

となって共分散行列は対角行列となる。このようにガウス分布においては共分散 $E\{x_i x_j\}$ が 0 であることと，確率変数 X_i と X_j とが統計的に独立であることは同等の記述である。

2.8.5 確率変数の和の分布

2 次元ガウス分布の特性関数は

$$F(\xi_1, \xi_2) = \exp\left(-j\sum_{k=1}^{2} \xi_k m_k \right) \cdot \exp\left(-\frac{1}{2}\sum_{k=1}^{2}\sum_{m=1}^{2} \mu_{km}\xi_k\xi_m \right) \tag{2.115}$$

で与えられるが，共分散 $\mu_{km}(k \neq m)$ が 0 のときは

$$F(\xi_1, \xi_2) = \exp\left(-j\sum_{k=1}^{2} \xi_k m_k \right) \cdot \exp\left(-\frac{1}{2}\sum_{k=1}^{2} \mu_{kk}\xi_k^2 \right)$$

$$= \left(e^{-j\xi_1 m_1} \cdot e^{-\xi_1^2\sigma_1^2/2} \right) \cdot \left(e^{-j\xi_2 m_2} \cdot e^{-\xi_2^2\sigma_2^2/2} \right)$$

$$= F_1(\xi_1) \cdot F_2(\xi_2) \tag{2.116}$$

となって，二つの特性関数の積として書ける。ここで n 個の変数 $x_1, \cdots, x_n$ の和 y

$$y = \sum_{i=1}^{n} x_i \tag{2.117}$$

に対する特性関数 $G_y(\xi)$ について考えてみる。式 (2.97) の定義から

$$G_y(\xi) = \int_{-\infty}^{+\infty} p(y)e^{-j\xi y}dy = E\{e^{-j\xi y}\} \tag{2.118}$$

となるが，これをより詳しく書けば

$$G_y(\xi) = \int_{-\infty}^{+\infty} \cdots \int_{-\infty}^{+\infty} \exp\left(-j\xi\sum_{i=1}^{n} x_i \right) p(x_1, \cdots, x_n)dx_1\cdots dx_n$$

$$= \int_{-\infty}^{+\infty} \cdots \int_{-\infty}^{+\infty} \exp\left(-j\sum_{i=1}^{n} \xi_i x_i \right) p(x_1, \cdots, x_n)dx_1\cdots dx_n\bigg|_{\xi_1 = \xi_2 = \cdots = \xi_n = \xi}$$

32   2. 信号解析の基礎

$$= F(\xi_1, \xi_2, \cdots, \xi_n)\big|_{\xi_1 = \xi_2 = \cdots = \xi_n = \xi} \tag{2.119}$$

となる。ここで $F(\xi_1, \cdots, \xi_n)$ は

$$F(\xi_1, \cdots, \xi_n) = \int_{-\infty}^{+\infty} \cdots \int_{-\infty}^{+\infty} \exp\Big[-j\sum_{i=1}^{n} \xi_i x_i\Big] p(x_1, \cdots, x_n) dx_1 \cdots dx_n$$

$$= E\Big\{\exp\Big(-j\sum_{i=1}^{n} \xi_i x_i\Big)\Big\} \tag{2.120}$$

で与えられる n 変数確率密度関数に対する特性関数である。したがって n 変数の和 $y = \sum_{i=1}^{n} x_i$ に対する特性関数 $G_y(\xi)$ は，$F(\xi_1, \cdots, \xi_n)$ において $\xi_1 = \xi_2 = \cdots = \xi_n = \xi$ と置くことによって得られることがわかる。特に n 個の変数 $x_1, \cdots, x_n$ がたがいに独立のときは

$$F(\xi_1, \xi_2, \cdots, \xi_n) = F_1(\xi_1) F_2(\xi_2) \cdots F_n(\xi_n) \tag{2.121}$$

となるが，この場合 $y = \sum_{i=1}^{n} x_i$ に対する特性関数は

$$G_y(\xi) = F(\xi_1, \xi_2, \cdots, \xi_n)\big|_{\xi_1 = \xi_2 = \cdots = \xi_n = \xi} = F_1(\xi) F_2(\xi) \cdots F_n(\xi) \tag{2.122}$$

となる。式 (2.122) の逆フーリエ変換は

$$p(y) = p_1(x_1) \otimes p_2(x_2) \otimes \cdots \otimes p_n(x_n) \tag{2.123}$$

で与えられ，よく知られた**畳込み積分**の形となる。ただし $\otimes$ は畳込み積分の演算を表す。特に 2 変数の場合は

$$p(y) = p_1(x_1) \otimes p_2(x_2) = \int_{-\infty}^{+\infty} p_1(y - x_2) p_2(x_2) dx_2 = \int_{-\infty}^{+\infty} p_1(x_1) p_2(y - x_1) dx_1$$

$$\tag{2.124}$$

と表される。したがって式 (2.113) のたがいに独立な 2 変数ガウス分布の場合，和 $y = x_1 + x_2$ の特性関数は

$$G_y(\xi) = F_1(\xi) \cdot F_2(\xi) = (e^{-j\xi_1 m_1} \cdot e^{-\xi_1^2 \sigma_1^2/2}) \cdot (e^{-j\xi_2 m_2} \cdot e^{-\xi_2^2 \sigma_2^2/2})\big|_{\xi_1 = \xi_2 = \xi}$$

$$= e^{-j\xi(m_1 + m_2)} \cdot e^{-\xi^2(\sigma_1^2 + \sigma_2^2)/2} \tag{2.125}$$

となり，これは平均値 $m_1 + m_2$，分散 $\sigma_1^2 + \sigma_2^2$ を持つガウス分布の特性関数にほかならない。以上は二つの独立なガウス変数の和の分布がガウス分布となることの証明であるが，一般に n 個のたがいに独立でないガウス変数の線形和もやはりガウス分布になることが特性関数の計算から示される (演習問題【10】)。

2.8.6 確率密度関数の変換（レイリー分布について）

平均値が0で同一の分散σ^2を持つたがいに独立な二つのガウス変数X, Yの同時確率密度関数は

$$p(x, y) = [1/(2\pi\sigma^2)]\exp[-(x^2+y^2)/(2\sigma^2)] \tag{2.126}$$

で与えられるが，ここで変数変換（極座標変換）

$$x = \rho\cos\phi, \qquad y = \rho\sin\phi \tag{2.127}$$

をすることを考える。すなわち$\rho = \sqrt{x^2+y^2}$, $\phi = \tan^{-1}(y/x)$。このとき

$$\int_{-\infty}^{+\infty}\int_{-\infty}^{+\infty} p(x, y)dxdy = \int_{0}^{\infty}\int_{0}^{2\pi} p(x, y)|\partial(x, y)/\partial(\rho, \phi)|d\rho d\phi$$

$$= \int_{0}^{\infty}\int_{0}^{2\pi} q(\rho, \phi)d\rho d\phi = 1 \tag{2.128}$$

となるから，変数変換後の確率密度関数は

$$q(\rho, \phi) = p(x, y)|\partial(x, y)/\partial(\rho, \phi)| \tag{2.129}$$

となる。ここで関数行列式またはヤコビアン（Jacobian）は

$$\frac{\partial(x, y)}{\partial(\rho, \phi)} = \begin{vmatrix} \dfrac{\partial x}{\partial \rho} & \dfrac{\partial x}{\partial \phi} \\ \dfrac{\partial y}{\partial \rho} & \dfrac{\partial y}{\partial \phi} \end{vmatrix} = \cos\phi\cdot\rho\cos\phi + \rho\sin\phi\cdot\sin\phi = \rho \tag{2.130}$$

と計算されるから

$$q(\rho, \phi) = p(x, y)|\partial(x, y)/\partial(\rho, \phi)| = [1/(2\pi\sigma^2)]e^{-(x^2+y^2)/(2\sigma^2)}|\rho|$$

$$= [\rho/(2\pi\sigma^2)]e^{-\rho^2/(2\sigma^2)} \tag{2.131}$$

と求められる。ただし$|\rho| = \rho \geqq 0$である。ここで

$$q_1(\rho) = \int_{0}^{2\pi} q(\rho, \phi)d\phi = \int_{0}^{2\pi}[\rho/(2\pi\sigma^2)]e^{-\rho^2/(2\sigma^2)}d\phi = (\rho/\sigma^2)e^{-\rho^2/(2\sigma^2)} \tag{2.132}$$

となり，この確率密度関数$q_1(\rho)$を**レイリー分布**（Rayleigh distribution）と呼ぶ。一方，位相ϕの分布は，定積分公式より

$$q_2(\phi) = \int_{0}^{\infty} q(\rho, \phi)d\rho = \int_{0}^{\infty}[\rho/(2\pi\sigma^2)]e^{-\rho^2/(2\sigma^2)}d\rho = 1/(2\pi), \quad 0 \leq \phi \leq 2\pi \tag{2.133}$$

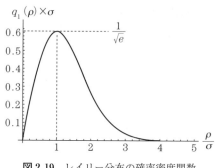

図 2.19 レイリー分布の確率密度関数

となり，これは $0 \sim 2\pi$ にわたる**一様（均一）分布**である．レイリー確率密度関数 $q_1(\rho)$ を**図 2.19**に示す．

なお $\rho^2 = x^2 + y^2$ は自由度 2 のカイ二乗 (χ^2) 分布に従うが，これは指数分布となる．一般に平均値 0 で分散 σ^2 を持つ n 個のたがいに独立なガウス変数 $X_i, i=1,\cdots,n$ の和，$Y = \sum_{i=1}^{n} X_i^2$ は自由度 n の **χ^2 分布**

$$p(y) = y^{(n/2)-1} e^{-y/(2\sigma^2)} / [\sigma^n 2^{n/2} \Gamma(n/2)] \tag{2.134}$$

に従う．ただし $\Gamma(p), p>0$ は Γ （gamma）関数であり，$\Gamma(1/2) = \sqrt{\pi}$，m を整数として $\Gamma(m) = (m-1)!$ である．

2.8.7 ランダム電信過程と電力スペクトル密度の計算

確率過程の電力スペクトル密度の計算の例として，**ランダム電信過程**（random telegraph process）を考える．これは**図 2.20**のように，時刻 t に対し 2 値 0 と 1 を等確率 0.5 で取る確率過程であり，$0 \to 1$ および $1 \to 0$ の遷移ポイントの生起時刻は**ポアソン**（Poisson）**生起確率**に従う．

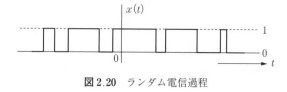

図 2.20 ランダム電信過程

すなわち時間間隔 τ の間に k 個の遷移のポイントが生起する確率 $P(k, \tau)$ は

$$P(k, \tau) = (\nu\tau)^k \exp(-\nu\tau) / (k!) \tag{2.135}$$

で与えられる．ただし，ν は単位時間当りの遷移ポイントの平均生起個数（個/秒）である．式 (2.135) をポアソン生起確率と呼ぶ．

図 2.20 のランダム電信過程 $x(t)$ の平均値 m は

$$m = E\{x\} = (x=0) \cdot \text{Prob}\{x=0\} + (x=1) \cdot \text{Prob}\{x=1\}$$

$$= 0 \cdot (1/2) + 1 \cdot (1/2) = 1/2 \qquad (2.136)$$

となる。自己相関関数 $R_x(\tau)$ は定義から

$$R_x(\tau) = E\{x(t)x(t-\tau)\} = E\{x(t)x(t+\tau)\} \qquad (2.137)$$

で与えられる。ただし図 2.20 の $x(t)$ は**エルゴード過程**であるので，自己相関関数の計算に当たって時間平均を取る代わりに集合平均 $E\{\ \}$ を取っている。$t = t_1$, $t+\tau = t_2$, $x(t_1) = x_1$, $x(t_2) = x_2$ と置くと，式 (2.137) は

$$R_x(\tau) = E\{x_1 \cdot x_2\} \qquad (2.138)$$

となる。変数 x_1 と x_2 は 0 と 1 しか取り得ず，これらの同時確率を

$$\text{Prob}\{x_1 = 0, x_2 = 0\} = P(0, 0), \quad \text{Prob}\{x_1 = 0, x_2 = 1\} = P(0, 1)$$
$$\text{Prob}\{x_1 = 1, x_2 = 0\} = P(1, 0), \quad \text{Prob}\{x_1 = 1, x_2 = 1\} = P(1, 1) \qquad (2.139)$$

とすると

$$R_x(\tau) = E\{x_1 \cdot x_2\} = \sum_{i=0}^{1} \sum_{j=0}^{1} (i \cdot j) \times \text{Prob}(i, j)$$
$$= (0 \cdot 0)P(0, 0) + (0 \cdot 1)P(0, 1) + (1 \cdot 0)P(1, 0) + (1 \cdot 1)P(1, 1)$$
$$= P(1, 1) \qquad (2.140)$$

となる。ここで同時確率 $P(1, 1)$ は，$x_1 = 1$ でかつ偶数（even number）回の遷移が時間間隔 τ の間に起こる確率に等しい。すなわち

$$P(1, 1) = \text{Prob}\{x_1 = 1 \text{ and } k \text{ is even}\} \qquad (2.141)$$

となる。しかし $x_1 = 1$ の確率と k が偶数の確率はたがいに独立であるから

$$P(1, 1) = \text{Prob}\{x_1 = 1\} \cdot \text{Prob}\{k \text{ is even}\} = (1/2) \cdot \text{Prob}\{k \text{ is even}\} \qquad (2.142)$$

となる。したがって

$$R_x(\tau) = P(1, 1) = (1/2) \cdot \sum_{k=\text{even}} P(k, \tau)$$
$$= (1/2) \cdot \exp(-\nu\tau) \sum_{k=\text{even}} (\nu\tau)^k / (k!) \qquad (2.143)$$

ここで

$$\sum_{k=\text{even}} (\nu\tau)^k / (k!) = (1/2)\left[\sum_{k=0}^{\infty} (\nu\tau)^k / (k!) + \sum_{k=0}^{\infty} (-\nu\tau)^k / (k!) \right]$$
$$= (1/2)[\exp(\nu\tau) + \exp(-\nu\tau)] \qquad (2.144)$$

と書けるから，$R_x(\tau) = R_x(-\tau)$ であることを考慮して，結局

36　　2. 信号解析の基礎

$$R_x(\tau) = (1/4) \cdot [1 + \exp(-2\nu|\tau|)] \tag{2.145}$$

を得る。これを図 2.21 に示す。

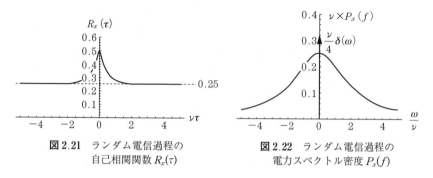

図 2.21 ランダム電信過程の自己相関関数 $R_x(\tau)$

図 2.22 ランダム電信過程の電力スペクトル密度 $P_x(f)$

ウィーナー・ヒンチンの定理により自己相関関数 $R_x(\tau)$ のフーリエ変換は電力スペクトル密度であるから

$$\begin{aligned}
P_x(f) &= \int_{-\infty}^{+\infty} R_x(\tau) \cdot e^{-j\omega\tau} d\tau = \int_{-\infty}^{+\infty} [[1+\exp(-2\nu|\tau|)]/4] \cdot e^{-j\omega\tau} d\tau \\
&= (1/4) \int_{-\infty}^{0} [1+\exp(+2\nu\tau)] \cdot e^{-j\omega\tau} d\tau \\
&\quad + (1/4) \int_{0}^{\infty} [1+\exp(-2\nu\tau)] \cdot e^{-j\omega\tau} d\tau \\
&= (1/4) \int_{-\infty}^{+\infty} e^{-j\omega\tau} d\tau + (1/4) \int_{-\infty}^{0} \exp(+2\nu\tau) \cdot e^{-j\omega\tau} d\tau \\
&\quad + (1/4) \int_{0}^{\infty} \exp(-2\nu\tau) \cdot e^{-j\omega\tau} d\tau \\
&= (1/4)\delta(f) + (1/4)[1/(j\omega+2\nu) - 1/(j\omega-2\nu)] \\
&= (1/4)\delta(f) + (1/4) \cdot 4\nu/(\omega^2+4\nu^2) \tag{2.146}
\end{aligned}$$

を得る。電力スペクトル密度 $P_x(f)$ のグラフを図 2.22 に示す。これから角周波数 $\omega=0$ に δ 関数が現れることがわかるが，これは直流成分 $(1/2)^2 = 1/4$ を表している。また連続的部分のスペクトルは1次の RC 低域フィルタ（1次のバターワース特性）の振幅特性の2乗の形になっていることがわかる。

2.8.8 ポアソン過程について

前項で述べたランダム電信過程の $0 \to 1$ および $1 \to 0$ の遷移のポイントの生

2.8 確率過程と確率密度関数

起確率はポアソン分布に従うとしたが，この確率 $p(k,\tau)$ を以下に導いてみる。

すなわち図2.23のような時間区間 τ 中で k 個のポイント（点）が生起する確率 $p(k,\tau)$ を求める。まず τ 区間を n 個の微小な $\Delta\tau$ 区間に分割する。すなわち

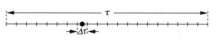

図2.23 ランダム生起のモデル化

$$\Delta\tau = \tau/n, \quad n \gg 1 \tag{2.147}$$

ここで単位時間当りのポイントの平均生起個数は ν〔個/秒〕である。この微小 $\Delta\tau$ 区間で高々1個のポイントが生起する確率を p とすれば，$\Delta\tau$ 区間で生起するポイントの平均個数は

$$1 \times p + 0 \times (1-p) = p \tag{2.148}$$

となり，したがって平均生起率 ν は

$$\nu = p/\Delta\tau \tag{2.149}$$

となる。よって

$$p = \nu\Delta\tau \tag{2.150}$$

つぎに τ 区間に k 個のポイントが生起する確率は，n 個の $\Delta\tau$ 区間のうち k 個の $\Delta\tau$ 区間にポイントが生起する確率である。ここで各 $\Delta\tau$ 区間に高々1個生起するポイントの確率はたがいに独立であり，この確率は

$$_nC_k \cdot p^k(1-p)^{n-k} = {_nC_k} \cdot (\nu\Delta\tau)^k(1-\nu\Delta\tau)^{n-k} \tag{2.151}$$

と表せる。ここで $\Delta\tau \to 0$（すなわち $n \to \infty$）の極限を取ると

$$\begin{aligned}
P(k,\tau) &= \lim_{\Delta\tau \to \infty} {_nC_k} \cdot (\nu\Delta\tau)^k(1-\nu\Delta\tau)^{n-k} \\
&= \lim_{n \to \infty} \frac{n!}{k!(n-k)!}\left(\nu\frac{\tau}{n}\right)^k\left(1-\nu\frac{\tau}{n}\right)^{n-k} \\
&= \lim_{n \to \infty} \frac{n(n-1)\cdots(n-k+1)}{k!} \frac{(\nu\tau)^k}{n^k}\left(1-\nu\frac{\tau}{n}\right)^n\left(1-\nu\frac{\tau}{n}\right)^{-k} \\
&= \frac{(\nu\tau)^k}{k!} \lim_{n \to \infty}\left[1\left(1-\frac{1}{n}\right)\cdots\left(1-\frac{k-1}{n}\right)\left(1-\nu\frac{\tau}{n}\right)^{-k}\left(1-\nu\frac{\tau}{n}\right)^n\right] \\
&= \frac{(\nu\tau)^k}{k!} \lim_{n \to \infty}\left(1-\nu\frac{\tau}{n}\right)^n
\end{aligned} \tag{2.152}$$

となる。ここでつぎの関係

$$\lim_{n\to\infty}(1+a/n)^n = e^a \tag{2.153}$$

を用いると

$$P(k,\tau) = (\nu\tau)^k e^{-\nu\tau}/k! \tag{2.154}$$

なる**ポアソン生起確率**が求められる。このグラフを**図 2.24**に示す。

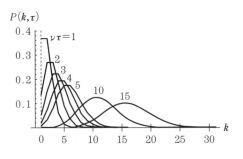

図 2.24 ポアソン生起確率 $P(k,\tau)$ のグラフ

この確率 $P(k,\tau)$ を用いて，k の平均値を求めると式 (2.155) のようになる。

$$E\{k\} = \sum_{k=0}^{\infty} kP(k,\tau) = \sum_{k=1}^{\infty} k\frac{(\nu\tau)^k e^{-\nu\tau}}{k!} = (\nu\tau)e^{-\nu\tau}\sum_{k=1}^{\infty}\frac{(\nu\tau)^{k-1}}{(k-1)!}$$

$$= (\nu\tau)e^{-\nu\tau}\sum_{k=0}^{\infty}\frac{(\nu\tau)^k}{k!} = (\nu\tau)e^{-\nu\tau}\cdot e^{\nu\tau} = \nu\tau \tag{2.155}$$

ポアソン生起は**ランダム生起**（random origination）とも呼ばれ，ポイントの生起の 1) 定常性，2) 独立性，および 3) 希少性（$\Delta\tau$ 区間におけるポイントの生起は高々 1 個）なる仮定のみから導かれた確率分布である。

このポアソン生起のポイントは時間軸上の確率過程（**時系列**，time series）

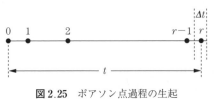

図 2.25 ポアソン点過程の生起時間間隔の導出

とみなすことができ，これを**ポアソン点過程**（Poisson point process）と呼ぶ。このポアソン点過程においてポイントの生起時間間隔の確率分布について調べる。**図 2.25** において最初のポイント 0 の生起から r 番目のポイントの生起までの時間を t とし，この変数 t に対する確率密度関数を $f_r(t)$ とする。このとき時刻 t で r 番目のポイントが生起する確率は $f_r(t)\Delta t$ と表せる。しかしこの確率は，時間区間 t の間に $r-1$ 個のポイントが生起し，

かつ $t-\Delta t/2 \sim t+\Delta t/2$ の間に1個のポイントが生起する確率に等しい。したがって式 (2.154) と式 (2.150) を用いて

$$f_r(t)\Delta t = P(r-1,t)\cdot(\nu\Delta t) = \nu^r t^{r-1} e^{-\nu t} \Delta t/(r-1)! \tag{2.156}$$

これから

$$f_r(t) = \nu P(r-1,t) = \nu^r t^{r-1} e^{-\nu t}/(r-1)! \tag{2.157}$$

が得られ，この $f_r(t)$ は**ガンマ分布**（gamma distribution）と呼ばれる。ここで $r=1$ とすれば，ポアソン点過程の時間間隔 t の確率密度関数となり

$$f_1(t) = \nu e^{-\nu t}, \qquad t \geq 0 \tag{2.158}$$

となって，これは指数分布である。したがってポアソン過程におけるポイントの生起時間間隔 t は式 (2.158) の**指数分布**に従う。

2.9 狭帯域信号および狭帯域雑音の表現

2.9.1 狭帯域信号

通信に用いる信号には，**基底帯域信号**（ベースバンド信号，baseband signal）と**搬送波帯域信号**（carrier band signal または pass band signal）の2種類がある。このうち，基底帯域信号とは直流付近の比較的低い周波数帯域を持ち，通常は情報信号そのものである。また搬送波帯域信号は被変調信号（modulated signal）のことであり無線伝送等のためにある中心周波数 f_c を中心に存在する信号である。これを**図 2.26** で説明する。

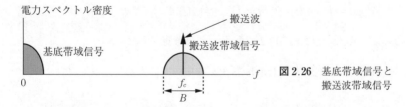

図 2.26 基底帯域信号と搬送波帯域信号

一般に狭帯域搬送波信号は式 (2.159) の形で表される。

$$a(t) = \rho(t)\cos[2\pi f_c t + \theta(t)] \tag{2.159}$$

ここで f_c は**搬送波**（carrier）周波数であり，この信号のスペクトルの帯域幅

40   2. 信号解析の基礎

B に比べ十分大きい。

$$f_c \gg B \tag{2.160}$$

また，$\rho(t)$ は**狭帯域信号** $a(t)$ の振幅，$\theta(t)$ は位相である。式 (2.159) は

$$a(t) = I(t) \cos 2\pi f_c t - Q(t) \sin 2\pi f_c t \tag{2.161}$$

と書ける。ただし

$$I(t) = \rho(t) \cos \theta(t), \quad Q(t) = \rho(t) \sin \theta(t) \tag{2.162}$$

ここで $I(t)$ および $Q(t)$ はそれぞれ**同相成分**（in-phase component）および**直交成分**（quadrature component）と呼ばれる。これらは情報信号である変調信号（modulating signal）を表すものである。$a(t)$ はさらに

$$a(t) = \mathrm{Re}\{u(t)e^{j2\pi f_c t}\} = \mathrm{Re}\{u(t)e^{j\omega_c t}\} \tag{2.163}$$

と表すことができる。このとき

$$u(t) = I(t) + jQ(t) \tag{2.164}$$

と表される。また

$$\rho(t) = |u(t)| = \sqrt{I^2(t) + Q^2(t)} \tag{2.165}$$

と表せ，$\rho(t)$ は狭帯域信号の**包絡線**（envelope）を表す。またこのとき位相 $\theta(t)$ は

$$\theta(t) = \arg\{u(t)\} = \tan^{-1}(Q(t)/I(t)) \tag{2.166}$$

と表せる。この $u(t)$ はベースバンド信号を表すものであり，そのスペクトルは直流付近の低い周波数帯に分布している。この $u(t)$ を**複素ベースバンド信号**と呼ぶことにする。ここで $a(t)$ をフーリエ変換すると

$$A(j\omega) = \int_{-\infty}^{+\infty} a(t)e^{-j\omega t}dt = \int_{-\infty}^{+\infty} \mathrm{Re}\{u(t)e^{j\omega_c t}\}e^{-j\omega t}dt \tag{2.167}$$

となるが，$\mathrm{Re}\{z\} = (z + z^*)/2$ であることを考慮すると

$$A(j\omega) = (1/2) \int_{-\infty}^{+\infty} [u(t)e^{j\omega_c t} + u^*(t)e^{-j\omega_c t}]e^{-j\omega t}dt$$

$$= (1/2) \int_{-\infty}^{+\infty} u(t)e^{-j(\omega - \omega_c)t}dt + (1/2) \int_{-\infty}^{+\infty} [u(t)e^{-j(-\omega - \omega_c)t}]^* dt$$

$$= (1/2)U[j(\omega - \omega_c)] + (1/2)U^*[j(-\omega - \omega_c)] \tag{2.168}$$

と表せる。ただし $U(j\omega)$ は $u(t)$ のフーリエ変換であり，( )* は複素共役を表す。複素ベースバンド信号 $u(t)$ のフーリエスペクトル $U(j\omega)$ は両側スペクト

ル表示で $f=0$ を中心とした低域周波数関数であるから，式 (2.168) の $A(j\omega)$ の意味するところを図解すれば**図 2.27** のようになる。すなわち $a(t)$ の振幅スペクトル $|A(j\omega)|$ は，周波数 $+f_c$ と $-f_c$ を中心とした狭帯域信号になっていることがわかる。

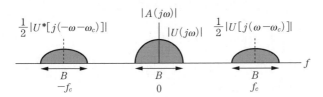

図 2.27 帯域系と低域系のフーリエ振幅スペクトル

2.9.2 狭帯域信号の演算

搬送波帯域の狭帯域信号 $a(t)$ を中心周波数 f_c の帯域通過フィルタ (band pass filter, BPF) でフィルタリングする場合を考える。

BPF の単位インパルス応答を $g(t)$ とし，そのフーリエ変換である伝達関数を $G(j\omega)$ とすると

$$g(t) = \int_{-\infty}^{+\infty} G(j\omega)e^{j\omega t}df, \quad G(j\omega) = \int_{-\infty}^{+\infty} g(t)e^{-j\omega t}dt \tag{2.169}$$

であり

$$\begin{aligned} g(t) &= \int_{-\infty}^{0} G(j\omega)e^{j\omega t}df + \int_{0}^{\infty} G(j\omega)e^{j\omega t}df \\ &= \int_{0}^{\infty} G(-j\omega')e^{-j\omega' t}df' + \int_{0}^{\infty} G(j\omega)e^{j\omega t}df \end{aligned} \tag{2.170}$$

と書ける。ただし $\omega' = -\omega$ である。$g(t)$ は実関数であり式 (2.169) より

$$G(-j\omega') = \int_{-\infty}^{+\infty} g(t)e^{j\omega' t}dt = \left\{\int_{-\infty}^{+\infty} g(t)e^{-j\omega' t}dt\right\}^* = G^*(j\omega') \tag{2.171}$$

がいえるので

$$\begin{aligned} g(t) &= \int_{0}^{\infty} G^*(j\omega')e^{-j\omega' t}df' + \int_{0}^{\infty} G(j\omega)e^{j\omega t}df = \left\{\int_{0}^{\infty} G(j\omega)e^{j\omega t}df\right\}^* \\ &\quad + \int_{0}^{\infty} G(j\omega)e^{j\omega t}df = 2\mathrm{Re}\left\{\int_{0}^{\infty} G(j\omega)e^{j\omega t}df\right\} \end{aligned} \tag{2.172}$$

を得る。ただし，z を複素数として公式 $z + z^* = 2\mathrm{Re}\{z\}$ を用いた。ここで式 (2.172) の $G(j\omega)$ は狭帯域系であり，$f > 0$ において $f = f_c$ の近傍だけで値を持つので，$f = 0$ の近傍だけで値を持つ等価低域周波数関数 $H(j\omega)$ を用いて

$$G(j\omega)|_{f>0} = H\{j(\omega - \omega_c)\} \tag{2.173}$$

と表せる。したがって式 (2.172) と式 (2.173) より

$$g(t) = 2\mathrm{Re}\left\{ \int_0^\infty H\{j(\omega - \omega_c)\} e^{j\omega t} df \right\} \tag{2.174}$$

を得る。ここで $H\{j(\omega - \omega_c)\}$ は $f < 0$ で値を持たないので，式 (2.174) の積分の下限は $-\infty$ で置き換えられ

$$g(t) = 2\mathrm{Re}\left\{ \int_{-\infty}^\infty H\{j(\omega - \omega_c)\} e^{j\omega t} df \right\} \tag{2.175}$$

と書ける。ここで $f'' = f - f_c$ と置くと

$$g(t) = 2\mathrm{Re}\left\{ \int_{-\infty}^\infty H(j\omega'') e^{j(\omega'' + \omega_c)t} df'' \right\} = 2\mathrm{Re}\left\{ e^{j\omega_c t} \int_{-\infty}^\infty H(j\omega'') e^{j\omega'' t} df'' \right\}$$
$$= 2\mathrm{Re}\{h(t) e^{j\omega_c t}\} \tag{2.176}$$

が得られる。ただし $h(t)$ は

$$h(t) = \int_{-\infty}^\infty H(j\omega) e^{j\omega t} df \tag{2.177}$$

であり，$H(j\omega)$ の逆フーリエ変換であり，**等価低域インパルス応答**である。式 (2.176) の $g(t) = 2\mathrm{Re}\{h(t) e^{j\omega_c t}\}$ は，係数の 2 を別として式 (2.163) の狭帯域信号の複素ベースバンド信号表現と同じである。式 (2.176) の両辺をフーリエ変換すると

$$G(j\omega) = \int_{-\infty}^{+\infty} g(t) e^{-j\omega t} dt = \int_{-\infty}^{+\infty} \{h(t) e^{j\omega_c t}\} e^{-j\omega t} dt + \int_{-\infty}^{+\infty} \{h^*(t) e^{-j\omega_c t}\} e^{-j\omega t} dt$$
$$= \int_{-\infty}^{+\infty} h(t) e^{-j(\omega - \omega_c)t} dt + \left\{ \int_{-\infty}^{+\infty} h(t) e^{-j(-\omega - \omega_c)t} dt \right\}^*$$
$$= H\{j(\omega - \omega_c)\} + H^*\{j(-\omega - \omega_c)\} \tag{2.178}$$

を得る。式 (2.178) が BPF に関する帯域系の周波数関数 $G(j\omega)$ と等価低域系の周波数関数 $H(j\omega)$ の関係である。これは式 (2.168) の関係と係数の $1/2$ を除き同じである。

2.9 狭帯域信号および狭帯域雑音の表現　　43

つぎに狭帯域信号 $a(t)$ が BPF $g(t)$ に入力され，その出力が $q(t)$ であるとする。$q(t)$ も狭帯域信号であるので

$$q(t) = \text{Re}\{v(t)e^{j\omega_c t}\} \tag{2.179}$$

と書ける。ただし $v(t)$ は $q(t)$ の複素ベースバンド信号表現である。式 (2.179) の両辺をフーリエ変換すると，式 (2.168) と同様に

$$Q(j\omega) = (1/2)V\{j(\omega - \omega_c)\} + (1/2)V^*\{j(-\omega - \omega_c)\} \tag{2.180}$$

を得る。演算子 $\otimes$ を 2.7.1 項で述べた**畳込み積分**の演算子とするとき，$q(t)$ は $q(t) = g(t) \otimes a(t)$ なる畳込み積分で与えられ，周波数領域では $Q(j\omega) = G(j\omega)A(j\omega)$ と表せる。したがって $Q(j\omega)$ は式 (2.168) と式 (2.178) を用いて

$$Q(j\omega) = [H\{j(\omega - \omega_c)\} + H^*\{j(-\omega - \omega_c)\}] \cdot$$
$$\left[\frac{1}{2}U\{j(\omega - \omega_c)\} + \frac{1}{2}U^*\{j(-\omega - \omega_c)\}\right] \tag{2.181}$$

と表せる。式 (2.181) の右辺の計算において，**狭帯域条件**から f_c を中心とするスペクトルと $-f_c$ を中心とするスペクトルは重なり合わないので

$$H\{j(\omega - \omega_c)\}U^*\{j(-\omega - \omega_c)\} = H^*\{j(-\omega - \omega_c)\}U\{j(\omega - \omega_c)\} = 0 \tag{2.182}$$

がいえる。この関係から

$$Q(j\omega) = (1/2)H\{j(\omega - \omega_c)\}U\{j(\omega - \omega_c)\}$$
$$+ (1/2)H^*\{j(-\omega - \omega_c)\}U^*\{j(-\omega - \omega_c)\} \tag{2.183}$$

を得る。したがって式 (2.180)，(2.183) より等価低域系の入出力関係として

$$V(j\omega) = H(j\omega)U(j\omega) \tag{2.184}$$

が得られる。また式 (2.184) の時間領域表現として $v(t) = h(t) \otimes u(t)$ なる等価低域系での畳込み表現が得られる。すなわち，狭帯域信号 $a(t)$ を BPF である $g(t)$ で帯域通過フィルタリングすることは，等価低域系ではベースバンド信号 $u(t)$ を低域通過フィルタ (low pass filter，LPF) である $h(t)$ で低域通過フィルタリングすることに等しい。このような等価低域系の演算を用いることにより，搬送波周波数 f_c に係わる項をすべて省いて簡単化し，しかも数学的に厳密な計算ができる。また入力信号 $a(t) = \text{Re}\{u(t)e^{j\omega_c t}\}$ のキャリヤ周波数が Δf

ずれて $f_c \pm \Delta f$ となったときは，等価低域系の入力信号を $u(t) \to u(t)e^{\pm j\Delta\omega t}$ と変更すればよい．以上の等価低域系と帯域系の演算の関係をまとめて図 2.28 に示す．

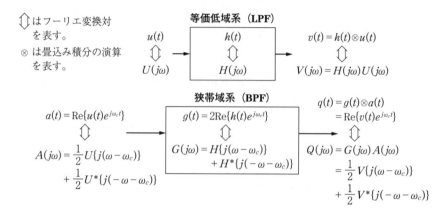

図 2.28 フィルタリング演算における狭帯域系と等価低域系の関係

具体例として，図 2.29 に示す LCR 回路で構成される BPF（単一同調回路）を考える．伝達関数は

$$G(j\omega) = \frac{V_2}{V_1} = \frac{R}{j\omega L + 1/(j\omega C) + R} = \frac{(R/L)j\omega}{(j\omega)^2 + (R/L)j\omega + 1/(LC)} \tag{2.185}$$

となる．$j\omega = s$ とおいて $G(s)$ を逆ラプラス変換すると，単位インパルス応答

$$\begin{cases} g(t) = 2ae^{-at}\sqrt{1/\{1-1/(4Q^2)\}}\cos\{\omega_c t + \tan^{-1}\sqrt{1/\{4Q^2-1\}}\}, & t \geq 0 \\ a = R/(2L), \quad \omega_c = \sqrt{1/(LC)\{1-1/(4Q^2)\}}, \quad Q = \sqrt{L/C}/R \end{cases} \tag{2.186}$$

を得る．ただし $Q = \sqrt{L/C}/R$ は LCR 直列共振回路の **Q 値**（quality factor）で

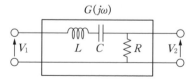

図 2.29 LCR 回路で構成される BPF

2.9 狭帯域信号および狭帯域雑音の表現   45

あり共振の鋭さ（BPFの選択度）を表す。したがって式 (2.176) の関係を用いると

$$g(t) = \mathrm{Re}\Big[2ae^{-at}\sqrt{1/\{1-1/(4Q^2)\}}\,e^{j\tan^{-1}\sqrt{1/\{4Q^2-1\}}}\,e^{j\omega_c t}\Big] = 2\mathrm{Re}\{h(t)e^{j\omega_c t}\}$$

(2.187)

がいえ，BPFの等価低域インパルス応答 $h(t)$ として

$$h(t) = ae^{-at}\sqrt{1/\{1-1/(4Q^2)\}}\,e^{j\tan^{-1}\sqrt{1/\{4Q^2-1\}}} \approx ae^{-at} = \{R/2L\}e^{-\{R/(2L)\}t},$$

$$Q \gg 1, \quad t \geqq 0$$

(2.188)

が得られる。式 (2.188) で通常は $Q \gg 1$ であり $h(t) = \{R/(2L)\}e^{-\{R/(2L)\}t}$ がいえる。一方，式 (2.185) の $G(j\omega)$ は，式 (2.178) および式 (2.186) の下段の関係から

$$G(j\omega) = \frac{a+j(a^2/\omega_c)}{j(\omega-\omega_c)+a} + \left\{\frac{a+j(a^2/\omega_c)}{j(-\omega-\omega_c)+a}\right\}^*$$

$$= H\{j(\omega-\omega_c)\} + H^*\{j(-\omega-\omega_c)\}$$

(2.189)

のように2項の和に分解できる。したがって

$$H(j\omega) = \frac{a+j(a^2/\omega_c)}{j\omega+a}$$

(2.190)

がいえ，式 (2.190) を逆フーリエ変換すると

$$h(t) = a\{1+j(a/\omega_c)\}e^{-at} = ae^{-at}\sqrt{1/\{1-1/(4Q^2)\}}\,e^{j\tan^{-1}\sqrt{1/\{4Q^2-1\}}} \approx ae^{-at},$$

$$Q \gg 1, \quad t \geqq 0$$

(2.191)

が得られる。式 (2.188) と式 (2.191) は同一の結果であり，図 2.28 の狭帯域系と等価低域系の関係が理解できる。

2.9.3　狭帯域雑音

狭帯域信号と同様に狭帯域雑音を式 (2.192) で表現することができる。

$$n(t) = x(t)\cos 2\pi f_c t - y(t)\sin 2\pi f_c t$$

(2.192)

特に $x(t)$ と $y(t)$ がたがいに独立なガウス過程であるとき，$n(t)$ は**狭帯域ガウス雑音**と呼ばれる。$n(t)$ の電力スペクトル密度を $N(f)$ とするとき，この様子を**図 2.30** に示す。

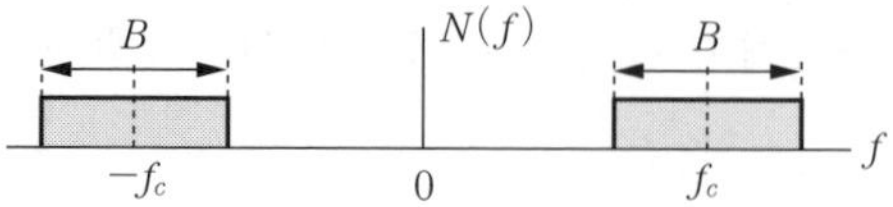

46　　2. 信 号 解 析 の 基 礎

図 2.30　狭帯域雑音 $n(t)$ の電力スペクトル密度 $N(f)$

$n(t)$ は複素表現を用いて

$$n(t) = \mathrm{Re}\{z(t)e^{j2\pi f_c t}\} = \mathrm{Re}\{z(t)e^{j\omega_c t}\} \tag{2.193}$$

と書ける。このとき

$$\begin{cases} z(t) = x(t) + jy(t) = \rho_n(t)e^{j\phi_n(t)} \\ \rho_n(t) = |z(t)| = \sqrt{x^2(t) + y^2(t)} \\ \phi_n(t) = \arg\{z(t)\} = \tan^{-1}[y(t)/x(t)] \end{cases} \tag{2.194}$$

$n(t)$ が狭帯域ガウス雑音であるときは，包絡線 $\rho_n(t) = \rho_n$ はレイリー分布をし，位相 $\phi_n(t) = \phi_n$ は $0 \sim 2\pi$ で一様分布をする。また $n(t)$ の電力（2 乗平均値）は式 (2.195) で与えられる。

$$\begin{aligned} E\{n^2(t)\} &= E\{[x(t)\cos 2\pi f_c t - y(t)\sin 2\pi f_c t]^2\} \\ &= E\{x^2 \cos^2\omega_c t + y^2 \sin^2\omega_c t - 2xy \cos\omega_c t \cdot \sin\omega_c t\} \\ &= E\{x^2 \cos^2\omega_c t\} + E\{y^2 \sin^2\omega_c t\} - 2E\{xy \cos\omega_c t \cdot \sin\omega_c t\} \\ &= E\{x^2\}\cos^2\omega_c t + E\{y^2\}\sin^2\omega_c t - 2E\{xy\}\cos\omega_c t \cdot \sin\omega_c t \\ &= E\{x^2\}(\cos^2\omega_c t + \sin^2\omega_c t) = E\{x^2\} = E\{y^2\} = \sigma^2 \\ &\quad (\because E\{xy\} = 0, \quad E\{x^2\} = E\{y^2\}) \end{aligned} \tag{2.195}$$

2.9.4　正弦波信号と狭帯域雑音の和

つぎに狭帯域信号 $s(t)$ と狭帯域雑音 $n(t)$ が共存する場合につき考える。すなわち狭帯域信号として正弦波を考え

$$\begin{aligned} v(t) &= s(t) + n(t) = A\cos 2\pi f_c t + [x(t)\cos 2\pi f_c t - y(t)\sin 2\pi f_c t] \\ &= [A + x(t)]\cdot\cos 2\pi f_c t - y(t)\sin 2\pi f_c t \end{aligned} \tag{2.196}$$

とする。これはさらに

$$v(t) = \rho(t)\cos[2\pi f_c t + \phi(t)], \qquad \rho(t) = \sqrt{[A + x(t)]^2 + y^2(t)},$$
$$\phi(t) = \tan^{-1}[y(t)/[A + x(t)]] \tag{2.197}$$

と書ける。ここで包絡線 $\rho(t)$ と位相 $\phi(t)$ に関する確率密度関数 $q(\rho, \phi)$ を求める。まず $x(t)$ と $y(t)$ がたがいに独立な平均値 0 で分散 σ^2 のガウス分布をする

2.9 狭帯域信号および狭帯域雑音の表現

ことから

$$p(x,y) = [1/(2\pi\sigma^2)]e^{-(x^2+y^2)/(2\sigma^2)} \tag{2.198}$$

を得る。ここで座標変換（変数変換）

$$A + x = \rho\cos\phi, \quad y = \rho\sin\phi \tag{2.199}$$

を行うと

$$\rho = \sqrt{(A+x)^2 + y^2}, \quad \phi = \tan^{-1}[y/(A+x)] \tag{2.200}$$

を得る。式 (2.200) の関係を**図 2.31** に示す。したがって

$$\int_{-\infty}^{+\infty}\int_{-\infty}^{+\infty} p(x,y)dxdy = \int_0^\infty \int_0^{2\pi} p(x,y)\left|\frac{\partial(x,y)}{\partial(\rho,\phi)}\right| d\rho d\phi$$

$$= \int_0^\infty \int_0^{2\pi} q(\rho,\phi)d\rho d\phi = 1 \tag{2.201}$$

より

$$q(\rho,\phi) = p(x,y)\left|\frac{\partial(x,y)}{\partial(\rho,\phi)}\right| \tag{2.202}$$

となる。ここで**ヤコビアン**（Jacobian）は

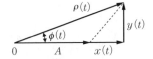

図 2.31　座標変換のベクトル図

$$\frac{\partial(x,y)}{\partial(\rho,\phi)} = \begin{vmatrix} \dfrac{\partial x}{\partial\rho} & \dfrac{\partial x}{\partial\phi} \\ \dfrac{\partial y}{\partial\rho} & \dfrac{\partial y}{\partial\phi} \end{vmatrix} = \begin{vmatrix} \cos\phi & -\rho\sin\phi \\ \sin\phi & \rho\cos\phi \end{vmatrix} = \rho\cos^2\phi + \rho\sin^2\phi = \rho \tag{2.203}$$

したがって確率密度関数

$$q(\rho,\phi) = p(x,y)|\rho| = p(\rho\cos\phi - A, \rho\sin\phi)\cdot\rho$$

$$= [\rho/(2\pi\sigma^2)]e^{-[(\rho\cos\phi - A)^2 + (\rho\sin\phi)^2]/(2\sigma^2)}$$

$$= [\rho/(2\pi\sigma^2)]e^{-(\rho^2 + A^2 - 2A\rho\cos\phi)/(2\sigma^2)},$$

$$\rho \geq 0, \quad 0 \leq \phi \leq 2\pi \tag{2.204}$$

を得る。ここで $q(\rho,\phi)$ は $q_1(\rho)$ と $q_2(\phi)$ の積で表せないことに注意する。すなわち ρ と ϕ はたがいに独立ではない。しかし $q(\rho,\phi)$ を ϕ について積分すれば $q_1(\rho)$ が得られ

$$q_1(\rho) = \int_0^{2\pi} q(\rho,\phi)d\phi = [\rho/(2\pi\sigma^2)]e^{-(\rho^2 + A^2)/(2\sigma^2)} \int_0^{2\pi} e^{(\rho A\cos\phi/2\sigma^2)} d\phi \tag{2.205}$$

となるが，ここで積分公式

$$I_0(z) = (1/2\pi) \int_0^{2\pi} e^{z\cos\theta} d\theta \tag{2.206}$$

を用いれば（$I_0(z)$ は第1種0次の変形ベッセル関数）

$$q_1(\rho) = \frac{\rho}{\sigma^2} I_0\left(\frac{\rho A}{\sigma^2}\right) e^{-(\rho^2+A^2)/(2\sigma^2)}, \qquad \rho \geq 0 \tag{2.207}$$

を得る．式 (2.207) の確率密度関数 $q_1(\rho)$ はライス分布または**仲上・ライス分布**（Nakagami-Rice distribution）と呼ばれる．これを**図 2.32** に示す．ただし $S/N = A^2/(2\sigma^2)$ である．ここで $A \to 0$ とすると $I_0(0) \to 1$ となって

$$q_1(\rho) = \rho e^{-\rho^2/(2\sigma^2)}/\sigma^2, \qquad \rho \geq 0 \tag{2.208}$$

これは式 (2.132) で示したレイリー分布に一致する．

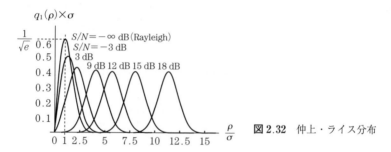

図 2.32 仲上・ライス分布

つぎに $q(\rho, \phi)$ における位相 ϕ の確率密度関数 $q_2(\phi)$ は

$$\begin{aligned}q_2(\phi) &= \int_0^\infty q(\rho, \phi) d\rho \\ &= \frac{1}{2\pi} e^{-A^2/(2\sigma^2)} + \frac{A\cos\phi}{2\sigma\sqrt{2\pi}} \left[1 + erf\left(\frac{A\cos\phi}{\sigma\sqrt{2}}\right)\right] e^{-A^2\sin^2\phi/(2\sigma^2)}\end{aligned} \tag{2.209}$$

となる．ここで $A \to 0$ のときは $erf(0) \to 0$ となって

$$q_2(\phi) = 1/(2\pi), \qquad 0 \leq \phi \leq 2\pi \tag{2.210}$$

となり，これは式 (2.133) と一致して一様分布（均一分布）になる．

ここで正弦波と狭帯域雑音の和

$$v(t) = s(t) + n(t) = A\cos 2\pi f_c t + [x(t)\cos 2\pi f_c t - y(t)\sin 2\pi f_c t] \tag{2.211}$$

において，正弦波の電力（信号電力）S は

$$S = A^2/2 \tag{2.212}$$

狭帯域雑音の電力 N は,式 (2.195) より

$$N = E\{[x(t)\cos 2\pi f_c t - y(t)\sin 2\pi f_c t]^2\} = E\{x^2\} = E\{y^2\} = \sigma^2 \tag{2.213}$$

で与えられるから,信号対雑音電力比 S/N は

$$S/N = A^2/(2\sigma^2) \tag{2.214}$$

で与えられる。正弦波信号と狭帯域雑音の和

$$\begin{aligned} v(t) &= \sqrt{[A+x(t)]^2 + y^2(t)} \cdot \cos[2\pi f_c t + \tan^{-1}[y(t)/[A+x(t)]]] \\ &= \rho(t)\cos[2\pi f_c t + \phi(t)] \end{aligned} \tag{2.215}$$

における包絡線 $\rho(t)$ の変化の様子を S/N をパラメータに取って**図2.33**に表す。

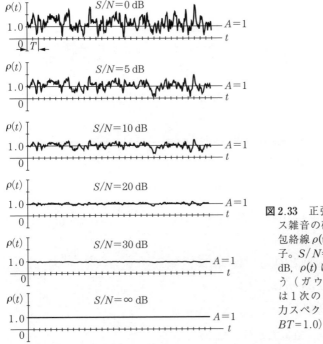

図 2.33 正弦波 + 狭帯域ガウス雑音の確率過程における包絡線 $\rho(t)$ の時間変動の様子。$S/N = 0, 5, 10, 20, 30, \infty$ dB,$\rho(t)$ はライス分布に従う(ガウス過程 $x(t)$, $y(t)$ は 1 次の RC フィルタの電力スペクトル密度を持ち,$BT = 1.0$)

2.10 誤差関数および $Q(x)$ 関数について

ビット誤り率など,確率の計算によく用いられる関数をつぎに挙げる。

・**誤差関数**（error function）
$$erf(x) = (2/\sqrt{\pi}) \int_0^x e^{-t^2} dt \tag{2.216}$$

・**誤差補関数**（complementary error function）
$$erfc(x) = 1 - erf(x) = (2/\sqrt{\pi}) \int_x^\infty e^{-t^2} dt \tag{2.217}$$

これらの関係を式 (2.218) に示す。
$$\begin{cases} erf(-x) = -erf(x) \\ erfc(-x) = 2 - erfc(x) \\ erf(0) = 0, \quad erf(\infty) = erfc(0) = 1, \quad erfc(\infty) = 0, \quad erfc(-\infty) = 2 \end{cases} \tag{2.218}$$

・$Q(x)$ 関数 （Gaussian error integral） （図 2.34 参照）
$$\begin{aligned} Q(x) &= (1/\sqrt{2\pi}) \int_x^\infty \exp(-y^2/2) dy \\ &= \frac{1}{\pi} \int_0^{\pi/2} \exp[-x^2/(2\sin^2\theta)] d\theta \end{aligned} \tag{2.219}$$

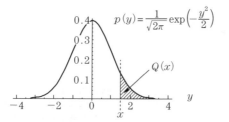

図 2.34　$Q(x)$ 関数の面積と意味

・誤差補関数 $erfc(x)$ と $Q(x)$ 関数の関係
$$\begin{cases} Q(x) = (1/2) erfc(x/\sqrt{2}) \\ erfc(x) = 2Q(\sqrt{2}\,x) \end{cases} \tag{2.220}$$

・$Q(x)$ 関数の展開，近似式，不等式
$$\begin{cases} Q(x) = \dfrac{e^{-x^2/2}}{x\sqrt{2\pi}} \left(1 - \dfrac{1}{x^2} + \dfrac{1\cdot 3}{x^4} - \dfrac{1\cdot 3\cdot 5}{x^6} + \cdots \right), \quad x > 0, \\ Q(x) \approx e^{-x^2/2}/(x\sqrt{2\pi}), \quad x \gg 1, \\ Q(x) \leq e^{-x^2/2} \end{cases} \tag{2.221}$$

これらの $erfc(x)$ や $Q(x)$ 関数はいずれもガウス確率密度関数の半無限積分であるが，この積分が解析的には求まらず，このような特殊関数を考えている．またこれらの関数値は数表としても与えられている．また $erf(x)$ と $erfc(x)$ は各種計算ソフトウェアの特殊関数として使用できる．特に関数 $Q(x)$ は図 2.34 に示すように平均値 0 で分散 $\sigma^2 = 1$ の正規分布において斜線の部分の確率（tail probability）$\text{Prob}\{y \geq x\}$ を表している．

演習問題

【1】 図 2.35 の波形をフーリエ級数に展開せよ．

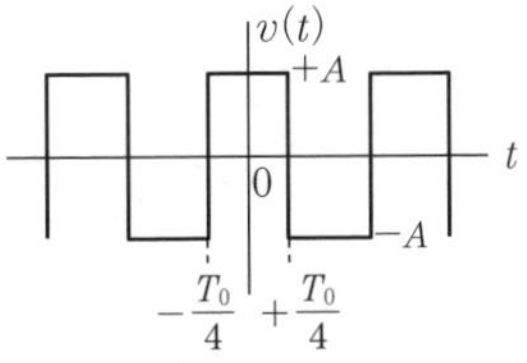

【2】 時間関数 $v(t)$ が周期 $T_0 (= 1/f_0 = 2\pi/\omega_0)$ の周期関数であり，フーリエ級数 $v(t) = a_0/2 + \sum_{n=1}^{\infty}(a_n \cos n\omega_0 t + b_n \sin n\omega_0 t)$ として表せるとき，以下の問いに答えよ．

図 2.35

1) $v(t)$ の直流成分 $a_0/2$ の電力 P_0 を求めよ．
2) $v(t)$ の周波数 nf_0 の**周波数成分** $v_n(t) = (a_n \cos n\omega_0 t + b_n \sin n\omega_0 t)$ の電力 P_n を求めよ．
3) 時間関数 $v(t)$ の電力 P を求めよ．

【3】 電力とエネルギーに関する下記の問いに答えよ．
1) 時間波形 $v(t) = A\cos\omega_0 t + B\sin 2\omega_0 t$ の電力 P〔W〕を計算せよ．
2) 図 2.36 の時間波形 $v(t)$ のエネルギー E〔J〕を求めよ．

$$v(t) = \begin{cases} \cos(2\pi t/T_0), & |t| \leq T_0/4 \\ 0, & |t| > T_0/4 \end{cases} \qquad v(t) = \frac{1}{\sqrt{2\pi}\sigma}\exp\left(-\frac{t^2}{2\sigma^2}\right)$$

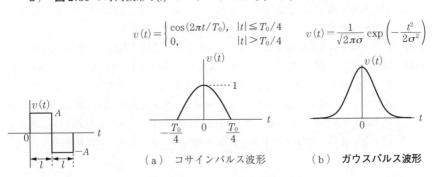

（a）コサインパルス波形　　（b）ガウスパルス波形

図 2.36　　　　　　　　　　図 2.37

【4】 図2.37(a), (b)の波形のフーリエ変換を求めよ。
【5】 以下の問に答えよ。
  1) 図2.38に示すRC回路（1次のRC低域通過フィルタ（LPF），1次のバターワースLPF）の単位インパルス応答 $h(t)$ を求めよ。
  2) $h(t)$ のフーリエ変換 $H(j\omega)$ を求めよ。
  3) $h(t)$ の自己相関関数 $R(\tau)$ を求めよ。
  4) $R(\tau)$ からRC回路の電力伝達関数 $H(f)$ を求めよ。
  5) $H(f) = |H(j\omega)|^2$ となることを確かめよ。
  6) 波形 $h(t)$ のエネルギー E を求めよ。
【6】 図2.39の時間波形 $f(t)$ の自己相関関数 $R(\tau)$ を図示せよ。
【7】 単位インパルス応答 $h(t)$ が図2.40の波形で与えられるとき，時刻 t における出力 $y(t)$ を計算する畳込み積分の公式（2.81）の物理的意味を考えよ。

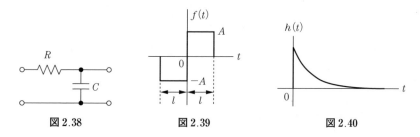

図2.38　　　　　図2.39　　　　　図2.40

【8】 畳込み積分の公式において，以下が成立することを示せ。
$$y(t) = \int_{-\infty}^{\infty} h(t-\tau)x(\tau)d\tau = \int_{-\infty}^{\infty} x(t-\tau)h(\tau)d\tau$$

【9】 ポアソン生起確率は $P(k,\tau) = (\nu\tau)^k e^{-\nu\tau}/k!$ で与えられる。ポイント（事象）の平均生起個数が10〔個/秒〕であるとき，0.1秒間に1個のポイントが生起する確率を計算せよ。

【10】 n 個のガウス変数の和がガウス分布になることを特性関数の計算から示せ。

【11】 図2.2や図2.26の電力スペクトル密度のグラフは $f \geq 0$ に対してのみ描かれており，片側スペクトル表示と呼ばれる。一方，図2.4や図2.13(b)は $-\infty < f < +\infty$ に対して描かれており，両側スペクトル表示と呼ばれる。物理的には $f \geq 0$ の周波数しか存在しないので，片側スペクトル表示が実際の物理量を表すといえる。片側スペクトル表示と両側スペクトル表示の関係を示せ。

3 波形伝送と変調方式の理論

3.1 基底帯域波形伝送の理論

3.1.1 サンプリングとスペクトル

情報信号を送るためには，なんらかの波形を伝送する必要がある。この情報信号を表す波形は通常は低域のスペクトル成分からできており，**基底帯域波形**（ベースバンド波形，baseband waveform）という。限られた帯域を持つベースバンド波形で，情報をいかに高速に誤りなく伝送するかという問題は重要であり，これが基底帯域波形伝送の理論である。

ベースバンド波形は連続信号であり，このままではディジタル通信には適さない。そこで時間軸を一定間隔で刻み，連続波形をサンプリングすることを考える。まず，シャノンの標本化定理について考えてみる。時間関数 $f(t)$ の最高周波数が f_{max} であるとき，**図 3.1** に示すように $f(t)$ を T_s 間隔で**標本化**（サンプリング，sampling）することを考える。

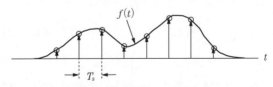

図 3.1 時間関数 $f(t)$ の標本化

標本化されたインパルス時系列を $f_s(t)$ とすると，時間信号 $f(t)$ から $f_s(t)$ を得るにはつぎの乗算を行えばよい。

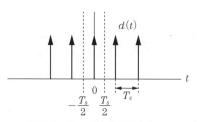

図 3.2 サンプリングのためのインパルス系列 $d(t)$

$$f_s(t) = f(t) \cdot d(t) \quad (3.1)$$

ここで $d(t)$ は

$$d(t) = \sum_{l=-\infty}^{\infty} \delta(t - lT_s) \quad (3.2)$$

で表されるインパルス系列である。これを**図 3.2**に示す。

式 (3.2) の $d(t)$ は周期 T_s の周期関数であるので，フーリエ級数（複素形フーリエ級数）に展開でき

$$d(t) = \sum_{k=-\infty}^{\infty} c_k e^{j2\pi k f_s t}, \qquad f_s = 1/T_s \quad (3.3)$$

と表せる。ここでフーリエ係数 c_k は

$$c_k = \frac{1}{T_s} \int_{-T_s/2}^{T_s/2} d(t) \cdot e^{-j2\pi k \frac{1}{T_s} t} dt = \frac{1}{T_s} \int_{-T_s/2}^{T_s/2} \sum_{l=-\infty}^{\infty} \delta(t - lT_s) \cdot e^{-j2\pi k \frac{1}{T_s} t} dt$$

$$= \frac{1}{T_s} \int_{-T_s/2}^{T_s/2} \delta(t) \cdot e^{-j2\pi k \frac{1}{T_s} t} dt = \frac{1}{T_s} \quad (3.4)$$

と計算できるから

$$d(t) = \sum_{k=-\infty}^{\infty} e^{j2\pi k f_s t} / T_s \quad (3.5)$$

と表せる。したがって

$$f_s(t) = f(t) \sum_{k=-\infty}^{\infty} e^{j2\pi k f_s t} / T_s \quad (3.6)$$

となる。ここで $f_s(t)$ のフーリエ変換を $F_s(j\omega)$ とすると

$$F_s(j\omega) = \int_{-\infty}^{+\infty} f_s(t) e^{-j\omega t} dt = \int_{-\infty}^{+\infty} \frac{f(t)}{T_s} \sum_{k=-\infty}^{\infty} e^{j2\pi k f_s t} e^{-j\omega t} dt$$

$$= \frac{1}{T_s} \sum_{k=-\infty}^{\infty} \int_{-\infty}^{+\infty} f(t) e^{-j2\pi (f - k f_s) t} dt = \frac{1}{T_s} \sum_{k=-\infty}^{\infty} F[j(\omega - k\omega_s)] \quad (3.7)$$

を得る。これを図解すると**図 3.3**のようになる。

すなわちサンプリング系列 $f_s(t)$ の振幅スペクトル $|F_s(j\omega)|$ は元の信号 $f(t)$ の振幅スペクトル $|F(j\omega)|$ を $f_s = 1/T_s$ ずつずらして $1/T_s$ を掛けたスペクトルの合計となっている。したがってこのサンプル値系列波形

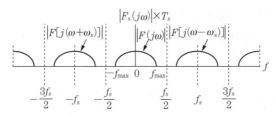

図 3.3 サンプリング波形 $f_S(t)$ の振幅スペクトル $|F_S(j\omega)|$

$$f_s(t) = \sum_{l=-\infty}^{\infty} f(lT_s) \cdot \delta(t - lT_s) \tag{3.8}$$

の各サンプル点…, $f[(l-1)T_s]$, $f[(lT_s)]$, $f[(l+1)T_s]$, …を伝送することは，図 3.3 の繰返しのスペクトル $F_s(j\omega)$ を伝送することに等しいといえる．

3.1.2 理想低域通過フィルタ

受信側で式 (3.7) の $F_s(j\omega)$ から元の $F(j\omega)$ すなわち時間波形 $f(t)$ を得るには，$F_s(j\omega)$ から周波数 $-f_{\max} \sim f_{\max}$ までの $F(j\omega)$ だけを取り出せばよく，これは $F_s(j\omega)$ を式 (3.9) で表される**理想低域通過フィルタ**（ideal low-pass filter, 理想 LPF）$H_L(j\omega)$

$$H_L(j\omega) = \begin{cases} 1 \cdot e^{-j\omega t_0}, & |f| \leq f_s/2 \\ 0, & |f| > f_s/2 \end{cases} \tag{3.9}$$

に通すことで行える．ここで t_0 は理想低域通過フィルタの遅延時間（**群遅延時間** $\tau = -d\theta(\omega)/d\omega$）である．$H_L(j\omega)$ の振幅・位相特性と低域スペクトル $F(j\omega)$ の切り出しの様子を**図 3.4** に示す．

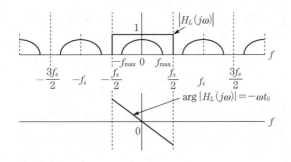

図 3.4 理想低域通過フィルタと低域スペクトル $F(j\omega)$ の切り出し

3.1.3 シャノン・染谷の標本化定理

式 (3.1) の入力 $f_s(t)$ に対する理想 LPF の応答出力を $f'(t)$ とすると，これは式 (3.10) で与えられる．

$$f'(t) = \int_{-\infty}^{+\infty} F_s(j\omega) H_L(j\omega) e^{j\omega t} df = \int_{-f_s/2}^{+f_s/2} F_s(j\omega) e^{-j\omega t_0} e^{j\omega t} df$$

$$= \int_{-f_s/2}^{+f_s/2} \frac{1}{T_s} \sum_{k=-\infty}^{\infty} F[j(\omega - k\omega_s)] e^{j\omega(t-t_0)} df$$

$$= \frac{1}{T_s} \int_{-f_s/2}^{+f_s/2} F(j\omega) e^{j\omega(t-t_0)} df = \frac{1}{T_s} \int_{-\infty}^{+\infty} F(j\omega) e^{j\omega(t-t_0)} df$$

$$= \frac{1}{T_s} f(t - t_0) \tag{3.10}$$

すなわち出力 $f'(t)$ は元の信号波形 $f(t)$ を t_0 だけ遅延させた波形に $1/T_s$ を掛けたものに等しく，したがってサンプル値系列 $f_s(t)$ から元の信号波形 $f(t)$ が再現されたことになる．ここで図 3.4 からわかるように元の波形 $f(t)$ が正しく再現されるためには，$f(t)$ の最高周波数 $f_{\max}$ は，サンプリング周波数 $f_s = 1/T_s$ の 1/2 より小さくなくてはならない．すなわち

$$f_{\max} < f_s/2 = 1/(2T_s) \tag{3.11}$$

この関係はシャノン・染谷の**標本化定理**（sampling theorem）と呼ばれ，きわめて重要な関係である．もしこの関係が満足されないと**図 3.5** に示すように元の信号のフーリエスペクトル $F(j\omega)$ を正しく切り出せない．すなわち隣接する高域のスペクトル成分が落ち込んできて元のフーリエスペクトル $F(j\omega)$ の上に重なりを生じる．この重なりがある状態で $-f_{\max} \sim +f_{\max}$ の切り出しを行うと再現された波形に誤差（歪み）を生じる．この誤差を**折返**

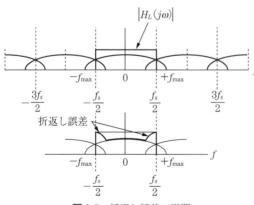

図 3.5　折返し誤差の説明

3.1 基底帯域波形伝送の理論　　57

し誤差（aliasing error）と呼ぶ。

この折返し誤差は信号歪みの大きな原因になり，また現実には理想 LPF の
ような急峻な遮断特性のフィルタは実現できないので，十分余裕をもって
$f_s/2 > f_{max}$ を満足しなければならない（over-sampling 技術などを使用する）。
理想 LPF の出力 $f'(t)$ を得る計算は，式 (3.10) のように周波数領域で行う方
法もあるが，以下の式 (3.12) に示すように時間領域で直接行うこともできる。
すなわち理想 LPF の単位インパルス応答を $h_L(t)$ とすると

$$
\begin{aligned}
f'(t) &= \int_{-\infty}^{\infty} f_s(\tau) h_L(t-\tau) d\tau \\
&= \int_{-\infty}^{\infty} \left[\sum_{l=-\infty}^{\infty} f(lT_s)\delta(\tau-lT_s) \right] h_L(t-\tau) d\tau \\
&= \sum_{l=-\infty}^{\infty} f(lT_s) \int_{-\infty}^{\infty} \delta(\tau-lT_s) h_L(t-\tau) d\tau = \sum_{l=-\infty}^{\infty} f(lT_s) h_L(t-lT_s)
\end{aligned}
\tag{3.12}
$$

となる。ここで $h_L(t)$ は

$$
\begin{aligned}
h_L(t) &= \int_{-\infty}^{\infty} H_L(j\omega) e^{j\omega t} df = \int_{-f_s/2}^{f_s/2} e^{-j\omega t_0} \cdot e^{j\omega t} df = \int_{-f_s/2}^{f_s/2} e^{j2\pi(t-t_0)f} df \\
&= \left[\frac{e^{j2\pi(t-t_0)f}}{j2\pi(t-t_0)} \right]_{-f_s/2}^{f_s/2} = \frac{1}{\pi(t-t_0)} \cdot \frac{\left[e^{j\pi(t-t_0)f_s} - e^{-j\pi(t-t_0)f_s} \right]}{2j} \\
&= f_s \frac{\sin\left[\pi f_s(t-t_0)\right]}{\pi f_s(t-t_0)}
\end{aligned}
\tag{3.13}
$$

で与えられるから，結局

$$
f'(t) = \frac{1}{T_s} \sum_{l=-\infty}^{\infty} f(lT_s) \frac{\sin\left[\pi f_s(t-t_0-lT_s)\right]}{\pi f_s(t-t_0-lT_s)}
\tag{3.14}
$$

で与えられる。ここで関数 $\sin(x)/x$ は**標本化関数**あるいは **sinc 関数**などと
呼ばれる。$h_L(t)$ の波形を**図 3.6** に示す。また式 (3.14) で表される出力 $f'(t)$ の
波形を**図 3.7** に示す。

図 3.7 の $f'(t)$ において，時間間隔 T_s ごとに置かれた標本化関数の時刻 $t = lT_s$, $l = \cdots, -2, -1, 0, +1, +2, \cdots$ における値は保存されている。なぜならば
時刻 $t = lT_s$ において標本化関数が取る値 $f(lT_s)$ は，中心の一つの標本化関数

58   3. 波形伝送と変調方式の理論

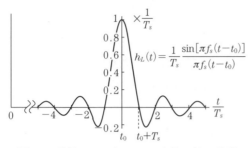

図 3.6 理想 LPF のインパルス応答 $h_L(t)$ の波形

のピーク値だけであって，それ以外の標本化関数の値による寄与は 0 だからである（すなわちほかの標本化関数は時刻 $t=lT_s$ で時間軸と零交差している）。これを時刻 $t=lT_s$ において複数の標本化関数の

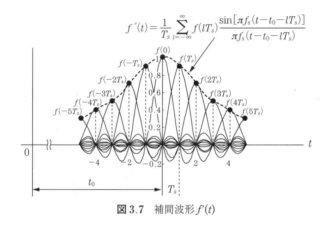

図 3.7 補間波形 $f'(t)$

間に**符号間干渉**（inter-symbol interference，**ISI**）がないという。また時刻 lT_s と $(l+1)T_s$ の間では隣接する多くの標本化関数の和によって $f'(t)$ の値が形成されている。すなわち $t=lT_s$ と $(l+1)T_s$ の間では $f'(t)$ は標本化関数によって補間（interpolate）されているわけで，この意味で標本化関数のことを**補間関数**とも呼ぶ。

3.1.4　理想低域通過フィルタのインディシャル応答

式 (3.9) で与えられる理想 LPF の単位ステップ（unit step）に対する応答（**インディシャル応答**，indicial response）を調べる。まず単位ステップのフーリエ変換は

$$u(t) \underset{\text{Fourier transform}}{\Longleftrightarrow} \pi\delta(\omega) + 1/(j\omega) \tag{3.15}$$

3.1 基底帯域波形伝送の理論 **59**

で与えられる。したがってこの $u(t)$ に対する理想 LPF の応答を $v(t)$ とすると

$$v(t) = \int_{-\infty}^{+\infty} H_L(j\omega)[\pi\delta(\omega) + 1/(j\omega)] \cdot e^{j\omega t} df$$

$$= \int_{-B}^{+B} e^{-j\omega t_0}[\pi\delta(\omega) + 1/(j\omega)] \cdot e^{j\omega t} df$$

$$= (1/2) \int_{-B}^{+B} \delta(\omega) \cdot e^{j\omega(t-t_0)} d\omega + \int_{-B}^{+B} e^{j\omega(t-t_0)}/(j\omega) df$$

$$= (1/2) + [(1/(2\pi)] \int_{-B}^{+B} \cos[\omega(t-t_0)]/(j\omega) d\omega$$

$$\quad + [(1/(2\pi)] \int_{-B}^{+B} \sin[\omega(t-t_0)]/\omega \, d\omega$$

$$= (1/2) + (1/\pi) \int_0^B \sin[\omega(t-t_0)]/\omega \, d\omega$$

$$= (1/2) + (1/\pi) \int_0^{B(t-t_0)} (\sin x)/x \, dx \tag{3.16}$$

を得る。ただし式 (3.16) における理想 LPF の（片側）帯域幅 $f_s/2$ をここでは B と置いている。また式 (3.16) の最後の式中の $(\sin x)/x$ の積分は**サイン積分**（sine integral）と呼ばれ

$$S_i(y) = \int_0^y \frac{\sin x}{x} \, dx \tag{3.17}$$

なる関数 $S_i(y)$ で表される。この関数は通常，数表あるいは計算機ソフトウェアの組込み関数として与えられている。したがってこのサイン積分関数を用いて $v(t)$ を表すと

$$v(t) = 1/2 + S_i[B(t-t_0)]/\pi \tag{3.18}$$

と表せる。サイン積分関数 $S_i(t)$ およびインディシャル応答 $v(t)$ をそれぞれ**図3.8 および図 3.9** に示す。

　図 3.9 のインディシャル応答を見てわかることは，入力である単位ステップは時刻 $t=0$ で理想 LPF に加えられているにもかかわらず，時刻 $t=0$ においてすでに出力が現れていることである。これは物理的に考えてあり得ないことであり，**因果律条件**（causality condition）に反する。このようなことが起きたのは，理想 LPF のように無限に遮断特性のよい LPF を考えたからであり，こ

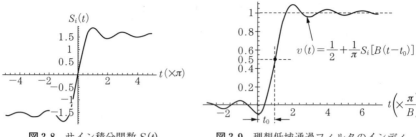

図 3.8 サイン積分関数 $S_i(t)$　　図 3.9 理想低域通過フィルタのインディシャル応答 $v(t)$

の仮定に無理があったわけである。したがって理想 LPF は実際には実現できないといえる。しかし通信理論において理想 LPF は，究極の低域通過フィルタとして理論展開上よく用いられる。また実際においても式 (3.9) や図 3.6 における遅延時間 t_0 を十分大きく取ることによって，理想 LPF に十分近い特性は実現し得る。

3.1.5 実際の低域通過フィルタの応答波形，符号間干渉とアイパターン

前項では理想 LPF について考えたが，つぎに実際の LPF の応答を調べる。まず最もシンプルなフィルタとして 1 次の RC 低域通過フィルタ（1 次のバターワースフィルタ）を考えると，その伝達関数およびインパルス応答は

$$H_L(s) = \omega_c/(s+\omega_c) \xrightarrow{\text{Laplace transform}} h_L(t) = \omega_c e^{-\omega_c t},$$
$$\omega_c = 2\pi f_c, \quad t \geq 0 \tag{3.19}$$

で与えられる。LPF への入力を $u(t)$ とすると，出力を $v(t)$ は

$$v(t) = h_L(t) \otimes u(t) = \int_{-\infty}^{+\infty} h_L(t-\tau)u(\tau)d\tau = \int_{-\infty}^{t} \omega_c e^{-\omega_c(t-\tau)}u(\tau)d\tau \tag{3.20}$$

なる畳込み積分で与えられるから，式 (3.20) を数値計算（数値積分）することにより，実際の $v(t)$ の波形が計算できる（直接畳込み積分する以外に状態変数法を用いたさらに効率的な逐次計算法もある）。

また LPF が 2 次のバターワース低域通過フィルタ

$$H_L(s) = \omega_c^2/(s^2 + 2\zeta\omega_c s + \omega_c^2)\big|_{\zeta=\frac{1}{\sqrt{2}}} \underset{\text{Laplace transform}}{\longleftrightarrow} h_L(t)$$
$$= (\omega_c/\sqrt{1-\zeta^2})e^{-\zeta\omega_c t}\sin(\sqrt{1-\zeta^2}\omega_c t)\big|_{\zeta=\frac{1}{\sqrt{2}}}$$

のときも同様な計算で出力 $v(t)$ が求まる．フィルタリング波形の計算例を図 3.10〜図 3.12 に示す．

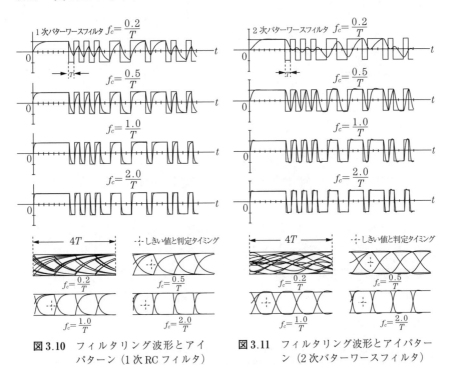

図 3.10 フィルタリング波形とアイパターン（1 次 RC フィルタ）

図 3.11 フィルタリング波形とアイパターン（2 次バターワースフィルタ）

これらの波形を見てわかることは，低域通過フィルタリングにより出力波形が鈍ることである．この鈍りの程度はフィルタの遮断周波数 f_c が小さいほど大きい．この鈍りの程度があまりに大きいと LPF の出力でデータの +1 と −1 とが判別できなくなる．これはあるデータシンボル（ビット）に対し前後の隣接するデータシンボルからの干渉で，そのデータの +1 と −1 が判別できなくなることによる．

この現象を**符号間干渉**（ISI）と呼ぶ．符号間干渉の程度を直視する方法として**アイパターン**（eye pattern）がある．これを図 3.12 の下段に示す．これ

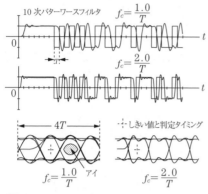

図 3.12　フィルタリング波形とアイパターン（10次バターワースフィルタ）

はシンボル継続長 T の整数倍にわたって何度も波形の軌跡（トレース）を重ねることにより符号間干渉を可視可するものである。アイ（目）すなわち開口が大きいほど符号間干渉が少ないといえ，良好な伝送ができる（オシロスコープなどで直視できる）。

3.1.6　ナイキストの基準とナイキスト間隔

低域通過フィルタの特性は帯域制限された通信路特性と考えることができ，このような帯域制限通信路において，送信ビット速度（bit/s）を上げていくと符号間干渉によりデータビットが正しく伝送できなくなる。そこである帯域幅 $0 \sim B$（Hz）が与えられたとき，符号間干渉なしに独立に伝送できる1秒当りの最大の信号標本値（振幅値）数はいくつかが問題となる。これに関してはナイキスト（Nyquist）が与えた基準がある（詳細は付録 A.4 参照）。

先の標本化定理の式（3.14）の説明で述べたように

$$\begin{aligned}
x(t) &= \frac{1}{T_s} \sum_{k=-\infty}^{\infty} x(kT_s) \frac{\sin[\pi f_s(t-t_0-kT_s)]}{\pi f_s(t-t_0-kT_s)} \bigg|_{t_0=0} \\
&= \frac{1}{T_s} \sum_{k=-\infty}^{\infty} x(kT_s) \frac{\sin[\pi f_s(t-kT_s)]}{\pi f_s(t-kT_s)} \\
&= \sum_{k=-\infty}^{\infty} x(kT_s) \phi(t-kT_s), \\
\phi(t) &= (1/T_s) \cdot \sin(\pi f_s t)/(\pi f_s t)
\end{aligned} \quad (3.21)$$

と表すと，時刻 $t=kT_s$ においては隣接する標本化関数からの符号間干渉はなく，信号サンプル値 $x(kT_s)$ は保存される。したがって標本値 $x(kT_s)$, $k=\cdots$, $-1, 0, +1, \cdots$ はたがいに干渉なく任意の実数値を取り得る。このとき波形 $x(t)$ のフーリエ変換 $X(j\omega)$ は

$$X(j\omega) = \int_{-\infty}^{\infty} x(t)e^{-j\omega t}dt = \int_{-\infty}^{\infty} \sum_{k=-\infty}^{\infty} x(kT_s)\phi(t-kT_s)e^{-j\omega t}dt$$

$$= \sum_{k=-\infty}^{\infty} x(kT_s) \cdot e^{-jkT_s\omega} \int_{-\infty}^{\infty} \phi(t')e^{-j\omega t'}dt'$$

$$= \sum_{k=-\infty}^{\infty} x(kT_s) \cdot e^{-jkT_s\omega} \cdot \Phi(j\omega)$$

$$= \begin{cases} \sum_{k=-\infty}^{\infty} x(kT_s) \cdot e^{-jkT_s\omega}, & |f| \leq f_s/2 \\ 0, & |f| > f_s/2 \end{cases} \quad (3.22)$$

と表せる。ここで

$$\Phi(j\omega) = \int_{-\infty}^{\infty} \phi(t)e^{-j\omega t}dt = \int_{-\infty}^{\infty} \left[f_s \frac{\sin(\pi f_s t)}{\pi f_s t} \right] e^{-j\omega t}dt = \begin{cases} 1, & |f| \leq f_s/2 \\ 0, & |f| > f_s/2 \end{cases}$$
$$(3.23)$$

なる関係を用いた。したがってフーリエ振幅スペクトル $|X(j\omega)|$ は帯域幅 $|f|$ $\leq f_s/2$ の中に完全に帯域制限されている。これを図3.13に示す。

このときサンプル値 $x(kT_s)$ が T_s ごとに取る系列値…, $x[(k-1)T_s]$, $x(kT_s)$, $x[(k+1)T_s]$, …によって振幅スペクトル $|X(j\omega)|$ の形が決まる。つまり帯域幅 $-B = -f_s/2 \sim +B = +f_s/2$ に帯域制限された任意のスペクトルを持つ時間波形 $x(t)$ は

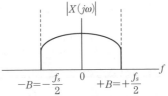

図3.13 $x(t)$ の振幅スペクトル密度 $|X(j\omega)|$

$$x(t) = \sum_{k=-\infty}^{\infty} x(kT_s)\phi(t-kT_s) \quad (3.24)$$

なる形で表現できる。これは(片側)帯域幅 $0 \sim B$ [Hz]の伝送路を通して T_s ごとの標本値が歪みなく伝送できる任意の振幅スペクトル $|X(j\omega)|$ を持つ時間関数 $x(t)$ が式(3.24)で表現できることを示している。この時間間隔

$$T_s = 1/f_s = 1/(2B) \quad (3.25)$$

を**ナイキスト間隔**(Nyquist interval)と呼び、また $f_s = 1/T_s$ を**ナイキスト周波数**と呼ぶ。以上から帯域幅 $0 \sim B$ [Hz]を通して1秒間に伝送できる独立なサ

64   **3. 波形伝送と変調方式の理論**

ンプル値数は $1/T_s = 2B$（個/秒）といえる。また通信路の帯域幅 B が与えられた場合，符号間干渉なく信号サンプル値系列を送信できる最小の時間間隔は $T_s = 1/(2B)$（秒）である。

3.1.7 ナイキストロールオフパルスによる伝送

標本化関数 $\phi(t)$ の T_s ごとの時刻 $t = kT_s$ においては符号間干渉が 0 になることを述べた。また標本化関数のフーリエスペクトル $\Phi(j\omega)$ は $|f| \leq B = 1/(2T_s)$ に完全に帯域制限されていることも述べた。

この帯域幅の制限を若干ゆるめ，帯域幅

$$|f| \leq (1+\alpha)/(2T_s), \qquad 0 \leq \alpha \leq 1 \tag{3.26}$$

に制限され（すなわち帯域幅が $1+\alpha$ 倍だけ増加し），かつ時刻 $t = kT_s$ において符号間干渉のない標本化関数（補間関数）が存在する。この代表的なものとして，**ナイキストロールオフ特性**がある。これは補間関数が

$$\phi(t) = f_s \frac{\sin(\pi f_s t)}{(\pi f_s t)} \cdot \frac{\cos(\alpha \pi f_s t)}{1 - 4\alpha^2 f_s^2 t^2} \tag{3.27}$$

と表されるもので，式 (3.26) および式 (3.27) 中のパラメータ α は**ロールオフ率**（roll-off rate）と呼ばれる。これに対するフーリエ変換は

$$\Phi(j\omega) = \begin{cases} 1, & 0 \leq f \leq (1-\alpha)f_s/2 \\ \dfrac{1}{2}\left[1 - \sin\left[\dfrac{\pi}{f_s\alpha}(f-f_s/2)\right]\right], & (1-\alpha)\dfrac{f_s}{2} < f \leq (1+\alpha)\dfrac{f_s}{2} \\ 0, & f > (1+\alpha)f_s/2 \end{cases} \tag{3.28}$$

で与えられる。$\phi(t)$ の波形および振幅スペクトル $|\Phi(j\omega)|$ をそれぞれ**図 3.14** および**図 3.15** に示す。

ここでロールオフ率 $\alpha = 0$ のときは，$\phi(t)$ は式 (3.21) における標本化関数（sinc 関数）に一致する。この波形を見てわかることは，α の値にかかわらず時刻 $t = kT_s$ においては $\phi(t)$ は値 0 を取り（時間軸と零交差しており），したがってこの時刻におけるサンプル値はたがいに独立となる（符号間干渉がな

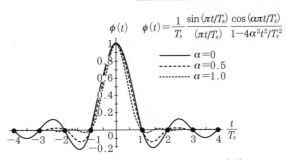

図 3.14 ナイキストロールオフパルス波形

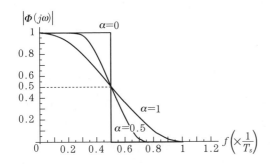

図 3.15 ナイキストロールオフパルスの振幅スペクトル (raised cosine spectrum と呼ばれる)

い)。ロールオフ率 α が 0 から 1 に近づくにつれ，補間関数 $\phi(t)$ のサイドローブの波打ちが小さくなり，$\alpha=1$ ではこの波打ちは非常に小さくなる。これと対照的にスペクトル $|\Phi(j\omega)|$ は α が 0 から 1 に近づくにつれしだいに広がり，$\alpha=1$ のときに最大の 2 倍である $B=1/T_s=f_s$ まで広がる（$\alpha=1$ のときの振幅特性を **2 乗余弦特性**という）。この $\phi(t)$ のサイドローブの波打ちは，受信側のサンプリング時刻のタイミングにずれ（**ジッタ**）がある場合には小さいほどよい。これはタイミングジッタがある場合は隣接するほかの補間関数からの干渉が（α が大きくなるにつれ）少なくなるからである。また実際にこれらの補間関数 $\phi(t)$ を作り出す場合，$\phi(t)$ の継続時間は短いほどよく（厳密な意味では $\phi(t)$ の継続時間は∞であるが，実際にはある程度の大きさのところで打ち切る），伝送帯域幅 $B=(1+\alpha)/(2T_s)$ を若干犠牲にしてもロールオフ率 α を大きくして使用される。現実には $\alpha=0.5$ 程度の値がよく用いられる。そしてこの場合は伝送帯域幅は $B=3/(4T_s)$ で，$\alpha=0$ のときの 1.5 倍が必要となる。

3.1.8 パルス振幅変調方式

ナイキストロールオフ特性などの符号間干渉のないパルス波形を用いることにより，T_s 間隔で独立なサンプル値（振幅値）を伝送することができ，この伝送方式を**パルス振幅変調**（pulse-amplitude modulation, **PAM**）方式という。したがって PAM 方式のブロック図は図 3.16 のようになる。

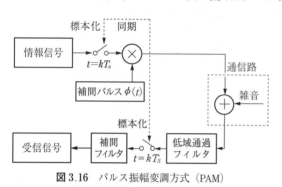

図 3.16 パルス振幅変調方式（PAM）

すなわち連続的な情報信号（information signal）はサンプラによって時間間隔 T_s ごとに標本化され，これらのサンプル値は**補間パルス**（interpolation pulse）$\phi(t)$ に乗算され，時刻 $t = kT_s$ において符号間干渉のない波形となって通信路に送出される。受信側では送信側に同期（synchronize）して，やはり時刻 $t = kT_s$ において受信波形を標本化することにより独立なサンプル値を得る。これらサンプル値系列から元の連続的な情報信号を復元するためには，適切な補間フィルタリング（interpolation filtering）により，サンプル値間を滑らかに補間する必要がある。この補間フィルタとしては理想的には遮断周波数 $f_c = 1/(2T_s)$ の理想 LPF を用いればよいことは 3.1.3 項の議論から明らかである。

3.2 ベースバンド通信方式

ベースバンド通信方式は，連続的情報信号を送るのに伝送帯域を搬送波周波数帯まで上げることなく，ベースバンド帯で伝送するものである。これは例えば，マイクロフォン出力の音声電気信号をペアケーブルを用いて伝送するような場合に相当する。この方式は伝送帯域が直流付近であるため，電磁波としてアンテナから送信することは難しく，無線通信には適用できない。したがって

有線伝送が基本である。3.1.8項のロールオフパルスを用いたPAM方式もこのベースバンド方式の範疇に入る。

3.3 振幅変調方式

アナログ通信方式としての**振幅変調**（amplitude modulation, **AM**）**方式**について述べる。アナログ通信方式では，連続的な情報信号からなんらかのアナログ的変換により送信信号を作成し，これを通信路に送出する。受信側では，受信信号から逆のアナログ的変換により元の連続的な情報信号を再生する。

3.3.1 AM波形とスペクトル

通常の振幅変調方式の信号波形は

$$v(t) = A[1 + km(t)] \cdot \cos(\omega_c t + \varphi) \tag{3.29}$$

と表せる。ここでAは信号振幅，kは**変調度**あるいは変調指数（$0 \leq k \leq 1$），$m(t)$は連続的な情報信号であり$|m(t)| \leq 1$，ω_cは搬送波（キャリヤ）の角周波数，φは搬送波の位相で一般に$0 \sim 2\pi$で一様分布する確率変数である。振幅変調波形の例を**図3.17**に示す。ただし横軸tは変調正弦波の周期で目盛っている。

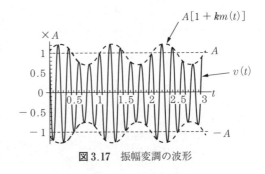

図3.17 振幅変調の波形

変調度kが1より大きくなると**過変調**（over-modulation）の状態になり，信号波形$v(t)$は**図3.18**（b）のようになる。過変調の状態では包絡線の$A[1 + km(t)]$の±が反転した部分が存在し，単に包絡線検波しただけでは信号の復調はできない。

つぎに通常の振幅変調波のスペクトルについて調べる。**変調信号**（modulating signal）を

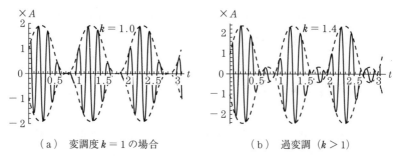

(a) 変調度 $k=1$ の場合　　(b) 過変調 $(k>1)$

図 3.18　過変調の説明

$$m(t) = \sin(\omega_m t) \tag{3.30}$$

なる正弦波信号とすると

$$\begin{aligned}
v(t) &= A[1+km(t)] \cdot \cos(\omega_c t + \varphi) = A[1 + k\sin(\omega_m t)] \cdot \cos(\omega_c t + \varphi) \\
&= A\cos(\omega_c t + \varphi) + Ak\sin(\omega_m t)\cos(\omega_c t + \varphi) \\
&= A\cos(\omega_c t + \varphi) + (Ak/2)\sin[(\omega_c + \omega_m)t + \varphi] \\
&\quad - (Ak/2)\sin[(\omega_c - \omega_m)t + \varphi]
\end{aligned} \tag{3.31}$$

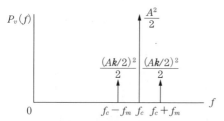

図 3.19　AM 波 $v(t)$ の片側電力スペクトル密度（正弦波変調）

と表せるから，これから AM 波 $v(t)$ の片側電力スペクトル密度は図 3.19 のように描ける．正弦波変調であり，線スペクトルとなっている．周波数 f_c にキャリヤの線スペクトルが，$f_c \pm f_m$ に情報である正弦波信号の線スペクトルが出ている．

つぎに変調信号 $m(t)$ が電力スペクトル密度 $P_m(f)$ を持つ定常確率過程である場合を考える．ウィーナー・ヒンチンの定理より AM 信号 $v(t)$ の自己相関関数を計算し，それをフーリエ変換することにより電力スペクトル密度 $P_v(f)$ が得られる．

$$\begin{aligned}
R_v(\tau) &= E\{v(t_1)v(t_2)\} \\
&= E\{A^2[1+km(t_1)][1+km(t_2)]\cos(\omega_c t_1 + \varphi)\cos(\omega_c t_2 + \varphi)\}
\end{aligned}$$

$$= (A^2/2)E\{[1+km(t_1)][1+km(t_2)]\} \cdot$$
$$E\{\cos[\omega_c(t_1+t_2)+2\varphi] + \cos[\omega_c(t_1-t_2)]\}$$
$$= (A^2/2)E\{[1+k^2m(t_1)m(t_2)]\}\cos[\omega_c(t_1-t_2)]$$
$$= (A^2/2)[1+k^2R_m(\tau)]\cos(\omega_c\tau) \tag{3.32}$$

ここで, $R_m(\tau) = E\{m(t_1)m(t_2)\}$, $\tau = |t_1 - t_2|$, $E\{m(t_1)\} = E\{m(t_2)\} = 0$, $p(\varphi) = 1/(2\pi)$
したがって

$$P_v(f) = \int_{-\infty}^{+\infty} R_v(\tau)e^{-j\omega\tau}d\tau = \int_{-\infty}^{+\infty} \frac{A^2}{2}[1+k^2R_m(\tau)]\cos(\omega_c\tau)e^{-j\omega\tau}d\tau$$
$$= \frac{A^2}{2}\int_{-\infty}^{+\infty}[1+k^2R_m(\tau)]\frac{e^{+j\omega_c\tau}+e^{-j\omega_c\tau}}{2}e^{-j\omega\tau}d\tau$$
$$= \frac{A^2}{4}\int_{-\infty}^{+\infty} e^{-j(\omega-\omega_c)\tau}d\tau + \frac{A^2}{4}\int_{-\infty}^{+\infty} e^{-j(\omega+\omega_c)\tau}d\tau$$
$$+ \frac{A^2k^2}{4}\int_{-\infty}^{+\infty} R_m(\tau)e^{-j(\omega-\omega_c)\tau}d\tau + \frac{A^2k^2}{4}\int_{-\infty}^{+\infty} R_m(\tau)e^{-j(\omega+\omega_c)\tau}d\tau$$
$$= \frac{A^2}{4}\delta(f-f_c) + \frac{A^2}{4}\delta(f+f_c) + \frac{A^2k^2}{4}P_m(f-f_c) + \frac{A^2k^2}{4}P_m(f+f_c),$$

$$P_m(f) = \int_{-\infty}^{+\infty} R_m(\tau)e^{-j\omega\tau}d\tau \tag{3.33}$$

を得る. これを**図 3.20** に示す. 図からわかるように電力スペクトル密度 $P_v(f)$ は情報信号のベースバンドスペクトル $P_m(f)$ を搬送波の周波数 f_c を中心とする位置にまで引き上げたものと, キャリヤの線スペクトルの和からできて

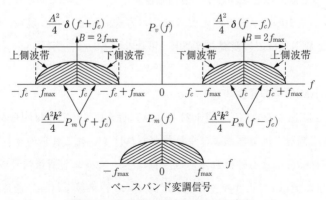

図 3.20 AM 信号の電力スペクトル密度

70   3. 波形伝送と変調方式の理論

いる。特に周波数 $|f| \leq f_c$ の部分を**下側波帯**（lower sideband），$|f| > f_c$ の部分を**上側波帯**（upper sideband）という。情報を担っているのはこの側波帯の部分であり，キャリヤ成分は情報信号とは関係がない。また図より，通常の振幅変調方式の必要伝送帯域幅は $B = 2f_{max}$ であることがわかる。すなわち元の情報信号（変調信号）の帯域幅 $0 \sim f_{max}$ の2倍の帯域幅が必要である。

つぎに通常の振幅変調波の電力について考察すると，これは電力スペクトル密度関数 $P_v(f)$ の積分で与えられ，正弦波変調信号の場合，搬送波電力成分 P_c，**側帯波**（sideband wave）電力成分 P_s および全電力 P はそれぞれ，図 3.19 より

$$P_c = A^2/2, \qquad P_s = (A^2k^2/8) \times 2 = A^2k^2/4,$$
$$P = P_c + P_s = A^2/2 + A^2k^2/4 = A^2(1 + k^2/2)/2 \qquad (3.34)$$

で与えられる。ここで変調の効率 η を P_s/P で定義すると

$$\eta = P_s/P = k^2/(2 + k^2), \qquad 0 \leq k \leq 1 \qquad (3.35)$$

となり，変調度 k は $0 \leq k \leq 1$ であるから，効率 η は最大でも $1/3$ までしか達しないことがわかる。このように通常の振幅変調方式は搬送波成分に大部分の電力が費やされ，電力効率が高い変調方式とはいえない。これは変調信号が定常確率過程で任意のスペクトルを持つ図 3.20 の場合も同様である。また必要伝送帯域幅も $B = 2f_{max}$ と情報信号の帯域幅 $0 \sim f_{max}$ の2倍必要であり，帯域幅の観点からも効率は悪い。しかし**包絡線検波**というきわめて簡単な復調方式が使用でき，歴史的に AM ラジオ放送はこの方式で始まった。現在に至るまで AM ラジオ放送にはこの変調方式が用いられている。

3.3.2 AM 信号の発生

通常の AM 信号の発生は，**図 3.21** のように行えばよいことは明らかである。すなわち増幅器，加算器および乗算器があればよい。これらのうちで乗算器（**ミキサ**（mixer）とも呼ばれる）は，特にベースバンド情報信号成分 $km(t)$（$m(t)$ の平均値は 0）とキャリヤ $A\cos(\omega_c t + \varphi)$ の乗算を行う。通常は搬送波周波数 f_c は情報信号 $m(t)$ の最高周波数 f_{max}（帯域）に比べて十分大きいため，

このような乗算はキャリヤの±（正負）によってリング状に接続されたダイオード回路をスイッチングして行うことことができる。このようなスイッチング動作を行う乗算器として**平衡変調器**（balanced modulator）の一種である**リング変調器**（ring modulator）がある。リング変調器の機能を図 3.22 に示す。

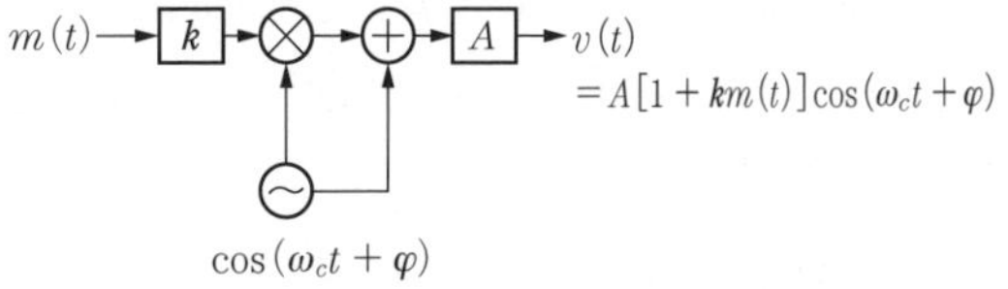

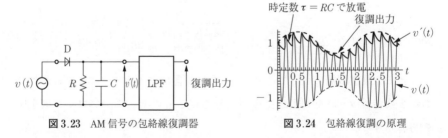

図 3.21　AM 信号の発生回路 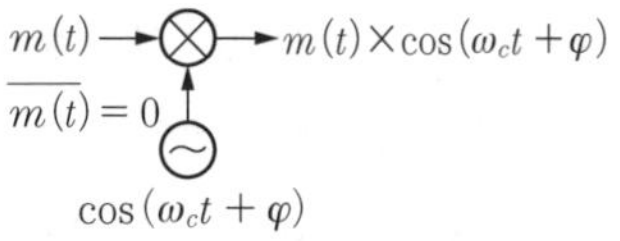　　　　　図 3.22　リング変調器の機能

3.3.3　AM 信号の復調法

通常の振幅変調信号の復調（あるいは検波）法について述べる。復調法としては，包絡線復調（envelope demodulation），同期復調（coherent demodulation）および 2 乗復調（square law demodulation）などがある。

まず**包絡線復調器**を図 3.23 に示す。この復調器はダイオードの整流作用と RC 回路の放電時定数の大きさを利用して，包絡線の抽出を行うものである。図 3.24 に示すようにキャリヤの正の半サイクルではダイオード D がオンし C への充電が行われるが，負の半サイクルでは D はオフして R を通して時定数 $\tau = RC$ の放電が行われる。

図 3.23　AM 信号の包絡線復調器　　　　図 3.24　包絡線復調の原理

RC 回路の出力 $v'(t)$ には，時定数 $\tau = RC$ の影響が残り"ギザギザ"が現れるが，これは図 3.23 中の LPF によって取り除け，出力として包絡線が得られる。なお，図 3.23 で D, R, C からなる回路部分は，時定数 τ が十分小さけ

れば半波整流回路，十分大きければ入力波形に対するピークホールド回路として動作する。

つぎに**同期復調器**のブロック図を図 3.25 に示す。同期復調においては，受信信号から**搬送波再生回路**（carrier recovery circuit）により周波数および位相が完全に同一の（周波数同期および位相同期した）キャリヤ成分 $\cos(\omega_c t + \varphi)$ を抽出し，乗算器（リング変調器など）によって入力信号 $v(t)$ との乗算を行う。この結果ミキサの出力は

$$v(t) \cdot 2\cos(\omega_c t + \varphi) = A[1 + km(t)] \cdot 2\cos^2(\omega_c t + \varphi)$$
$$= A[1 + km(t)] \cdot [1 + \cos(2\omega_c t + 2\varphi)]$$
$$= A[1 + km(t)] + A[1 + km(t)]\cos(2\omega_c t + 2\varphi) \quad (3.36)$$

となる。ここで式 (3.36) の 3 行目右辺第 1 項は直流＋変調信号成分，第 2 項は周波数 $2f_c$ を中心に広がる成分であり，LPF により周波数 $2f_c$ 近傍の成分を除去すると第 1 項の $A[1+km(t)]$ なる変調信号成分が得られる。さらに直流分を除去して増幅すれば変調信号 $m(t)$ が得られる。このような同期検波のためには搬送波再生回路が不可欠であり，**PLL**（phase-locked loop，位相同期ループ）などがこの目的で用いられる。

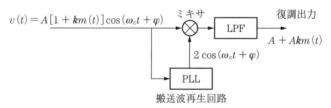

図 3.25　AM 信号の同期復調器のブロック図

つぎに **2 乗復調器**について述べる。2 乗復調器はダイオード等の非線形性である 2 乗特性 $y = x^2$ を利用して復調信号を得るものであり，ブロック図を図 3.26 に示す。

まず入力 $v(t)$ に直流のバイアス電圧 B を加え

$$x = B + v(t) = B + A[1 + km(t)]\cos(\omega_c t + \varphi) \quad (3.37)$$

とすると

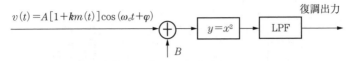

図 3.26 AM 信号の 2 乗復調器のブロック図

$$y = x^2 = [B + A[1+km(t)]\cos(\omega_c t + \varphi)]^2$$
$$= B^2 + A^2[1+km(t)]^2 \cos^2(\omega_c t + \varphi) + 2AB\{1+km(t)\}\cos(\omega_c t + \varphi)$$
$$= B^2 + A^2[1+km(t)]^2[1+\cos(2\omega_c t + 2\varphi)]/2$$
$$+ 2AB[1+km(t)]\cos(\omega_c t + \varphi) \tag{3.38}$$

となるが,LPF によって周波数 f_c および $2f_c$ 近傍の成分を除去すると

$$B^2 + A^2[1+km(t)]^2/2 \tag{3.39}$$

が得られる。さらに直流分を除去すれば

$$A^2 km(t) + A^2 k^2 m^2(t)/2 = A^2 k[m(t) + km^2(t)/2] \tag{3.40}$$

なる復調出力を得る。ここで $|m(t)| \gg km^2(t)/2$ すなわち $1 \gg k|m(t)|/2$ であれば変調信号 $m(t)$ が近似的に得られる。またこの条件が満足されないときは,式 (3.40) 第 2 項のために復調波形に歪みを生じる。したがって近似的な復調法ではあるが,復調器の構成がきわめて簡易であり,ダイオードの非線形性を利用した高周波用の**ダイオード検波器**などとして用いられている。

3.3.4 単側波帯方式

単側波帯 (single side band, **SSB**) **方式**について述べる。SSB 方式は AM 方式の一種である。これは通常の AM 方式において,キャリヤ成分を弱め(抑圧し),冗長な片側の側波帯を除去し,もう一方の側波帯のみで伝送する方式である。SSB 方式の電力スペクトル密度を**図 3.27** に示す。図では上側波帯により伝送する場合を示している。図 3.27 からわかるように SSB 方式では,伝送必要帯域幅は情報信号の帯域幅と同じ B (Hz) でよく,通常の AM 方式が $2B$ (Hz) 必要なのに比べ伝送帯域が半分で済む。キャリヤ成分を除くと SSB 信号の時間波形 $v(t)$ は式 (3.41) で表せる。

$$v(t) = Am(t)\cos(\omega_c t + \varphi) \pm A\hat{m}(t)\sin(\omega_c t + \varphi) \tag{3.41}$$

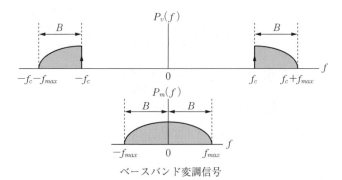

図 3.27 単側波帯方式の電力スペクトル密度

ただし式 (3.41) の±において+のときは下側波帯のスペクトルとなり，−のときは上側波帯のスペクトルとなる．また $\hat{m}(t)$ は $m(t)$ の**ヒルベルト変換** (Hilbert transform) と呼ばれ，式 (3.42) の積分変換により定義される．

$$\hat{m}(t) = \frac{1}{\pi}\int_{-\infty}^{+\infty}\frac{m(\lambda)}{t-\lambda}d\lambda \tag{3.42}$$

このヒルベルト変換は，単位インパルス応答が

$$h(t) = 1/(\pi t) \tag{3.43}$$

で与えられる線形フィルタの入力信号 $m(t)$ に対する応答としても定義できる．すなわち

$$\hat{m}(t) = h(t) \otimes m(t) = \frac{1}{\pi t}\otimes m(t) = \frac{1}{\pi}\int_{-\infty}^{+\infty}\frac{m(\lambda)}{t-\lambda}d\lambda \tag{3.44}$$

と表せる．ここでインパルス応答 $h(t)$ のフーリエ変換 $H(j\omega)$ は

$$h(t) = \frac{1}{\pi t} \Leftrightarrow H(j\omega) = \begin{cases} -j, & f>0 \\ +j, & f<0 \end{cases} \tag{3.45}$$

で与えられるから，ヒルベルト変換することは周波数領域で，$f>0$ のあらゆる周波数で $-\pi/2$ の位相シフトをすることに相当する（$f<0$ では $\pi/2$ の位相シフト）．物理的には $f>0$ の周波数で考えるので，全周波数で $-\pi/2$ の位相シフトを行えばヒルベルト変換したことになる．また $\hat{m}(t)$ のフーリエ変換を $\hat{M}(j\omega)$，$m(t)$ のフーリエ変換を $M(j\omega)$ として

$$\hat{M}(j\omega) = \begin{cases} -jM(j\omega), & f>0 \\ +jM(j\omega), & f<0 \end{cases} \tag{3.46}$$

と表せる。インパルス応答 $h(t)$ の線形回路はヒルベルト変換器（Hilbert transformer）と呼ばれる。ここでディジタル信号処理である高速フーリエ変換（fast Fourier transform, FFT）を用いて $M(j\omega)$ を計算すれば，式 (3.46) の演算は基本的に $M(j\omega)$ の実部と虚部を交換することで行え，こうして得られた $\hat{M}(j\omega)$ を逆 FFT（inverse FFT）すれば $\hat{m}(t)$ が得られる。

SSB 信号の発生は，AM 信号の片方の側波帯をフィルタリングして取り出すことで行える。また変調信号 $m(t)$ を直接ヒルベルト変換して $\hat{m}(t)$ を得てから式 (3.41) を用いることでも行える。

SSB 信号の復調はつぎの式 (3.47) で示す同期検波によって行える。

$$\begin{aligned} v(t) &\times 2\cos(\omega_c t + \varphi) \\ &= [Am(t)\cos(\omega_c t + \varphi) \pm A\hat{m}(t)\sin(\omega_c t + \varphi)] \times 2\cos(\omega_c t + \varphi) \\ &= 2Am(t)\cos^2(\omega_c t + \varphi) \pm 2A\hat{m}(t)\sin(\omega_c t + \varphi)\cos(\omega_c t + \varphi) \\ &= Am(t) + Am(t)\cos(2\omega_c t + 2\varphi) \pm A\hat{m}(t)\sin(2\omega_c t + 2\varphi) \end{aligned} \tag{3.47}$$

式 (3.47) の右辺第 3 行の三つの項を LPF に通せば $2\omega_c$ の角周波数成分を持つ二つの項が除去され変調信号 $m(t)$ が得られる。SSB 方式の帯域幅は変調により増大することなく，情報信号のそれと同じである。この狭帯域な特性により周波数分割多重化（frequency-division multiplex, FDM）のアナログ変調方式としてよく用いられる。

3.4　周波数変調方式

アナログ通信方式としての周波数変調（frequency modulation, FM）方式について述べる。

3.4.1　FM 波形とスペクトル

周波数変調方式の信号波形は，一般に

$$v(t) = A\cos[\omega_c t + \theta(t) + \varphi], \qquad \theta(t) = k\int_0^t m(\lambda)d\lambda \qquad (3.48)$$

と書ける。ここで A は搬送波の振幅，ω_c は搬送波中心角周波数，$\theta(t)$ は変調信号位相 (modulating signal phase)，φ は $0 \sim 2\pi$ で一様分布するランダム位相定数，k は変調指数を決める定数，$m(t)$ は変調信号（情報信号）であり，その平均値は 0 である。このとき FM 信号の**瞬時周波数** (instantaneous frequency) $f_i(t)$ は式 (3.49) で定義される。

$$f_i(t) = \frac{1}{2\pi}\frac{d}{dt}[\omega_c t + \theta(t) + \varphi] = f_c + \frac{1}{2\pi}\frac{d}{dt}\theta(t) = f_c + \frac{k}{2\pi}m(t) \qquad (3.49)$$

最大周波数偏移 (maximum frequency deviation) $\Delta f_{\max}$ は式 (3.50) で定義される。

$$\Delta f_{\max} = k|m(t)|_{\max}/(2\pi) \qquad (3.50)$$

周波数変調方式では，変調信号 $m(t)$ によって送信信号 $v(t)$ の時刻 t における瞬時周波数 $f_i(t)$ が変化し，送信信号 $v(t)$ の周波数変化で情報を送信する。したがって $v(t)$ の振幅（包絡線）は一定で A である。正弦波で変調された FM 信号波形 $v(t)$ を**図 3.28** に示す。また，式 (3.48) で

$$\theta(t) = \beta\theta_n(t) \qquad (3.51)$$

と置くと

$$v(t) = A\cos[\omega_c t + \beta\theta_n(t) + \varphi] \qquad (3.52)$$

と書ける。ただし，$\beta = |\theta(t)|_{\max}$，$\theta_n(t) = \theta(t)/|\theta(t)|_{\max}$ で β を**変調指数** (modulation

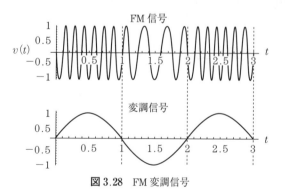

図 3.28 FM 変調信号

index）という。

つぎに具体的に変調信号 $m(t)$ が正弦波である場合について考える。このとき

$$m(t) = \cos(2\pi f_m t) \tag{3.53}$$

と置けるので

$$\theta(t) = k \int_0^t m(\lambda) d\lambda = \frac{k}{2\pi f_m} \sin(2\pi f_m t), \quad \beta = |\theta(t)|_{\max} = \frac{k}{2\pi f_m}$$

$$\theta_n(t) = \frac{\theta(t)}{|\theta(t)|_{\max}} = \sin(2\pi f_m t) \tag{3.54}$$

となって式 (3.52) より FM 信号波は

$$v(t) = A \cos[\omega_c t + \beta \sin(2\pi f_m t) + \varphi] \tag{3.55}$$

と表せる。このとき式 (3.50) より

$$\Delta f_{\max} = k|m(t)|_{\max} / (2\pi) = k|\cos(2\pi f_m t)|_{\max} / (2\pi) = k / (2\pi) \tag{3.56}$$

であり，式 (3.54) と式 (3.56) より，変調指数 β は

$$\beta = k / (2\pi f_m) = \Delta f_{\max} / f_m \tag{3.57}$$

と書ける。

正弦波変調の FM 波の式 (3.55) は

$$v(t) = A \cos[\omega_c t + \beta \sin(2\pi f_m t) + \varphi]$$
$$= A \cos(\omega_c t + \varphi) \cos[\beta \sin(\omega_m t)] - A \sin(\omega_c t + \varphi) \sin[\beta \sin(\omega_m t)] \tag{3.58}$$

と展開できるが，ここで

$$\begin{cases} \cos(\beta \sin x) = J_0(\beta) + 2 \sum_{n=1}^{\infty} J_{2n}(\beta) \cos(2nx) \\ \sin(\beta \sin x) = 2 \sum_{n=0}^{\infty} J_{2n+1}(\beta) \sin[(2n+1)x] \end{cases} \tag{3.59}$$

なる公式を利用すると，式 (3.58) はさらに

$$v(t) = A\left[J_0(\beta) + 2\sum_{n=1}^{\infty} J_{2n}(\beta) \cos(2n\omega_m t)\right] \cos(\omega_c t + \varphi)$$

$$- A\left[2\sum_{n=0}^{\infty} J_{2n+1}(\beta) \sin[(2n+1)\omega_m t]\right] \sin(\omega_c t + \varphi) \tag{3.60}$$

78   3. 波形伝送と変調方式の理論

と展開できる。ただし

$$J_n(\beta) = \frac{1}{2\pi} \int_{-\pi}^{\pi} \exp[\,j(\beta \sin x - nx)\,]dx = \sum_{m=0}^{\infty} \frac{(-1)^m (\beta/2)^{2m+n}}{m!(m+n)!} \tag{3.61}$$

は第 1 種 n 次の**ベッセル**（Bessel）**関数**である。式 (3.60) の展開・整理をさらに進めると，$v(t)$ は最終的に

$$v(t) = A \sum_{l=-\infty}^{\infty} J_l(\beta) \cos[\,(\omega_c + l\omega_m)t + \varphi\,] \tag{3.62}$$

と変形できる。ただし式 (3.60) の変形に当たり

$$\begin{cases} J_{2n}(\beta) = J_{-2n}(\beta), & n = 0, 1, 2, \cdots \\ J_{2n-1}(\beta) = -J_{-(2n-1)}(\beta), & n = 1, 2, \cdots \end{cases} \tag{3.63}$$

なる関係を用いた。式 (3.62) は，周波数 $f_c + lf_m$，$l = \cdots, -1, 0, +1, \cdots$ の周波数成分の振幅が $AJ_l(\beta)$ であることを示している。さらに式 (3.62) にオイラーの公式

$$\cos x = (e^{+jx} + e^{-jx})/2 \tag{3.64}$$

を用いると，簡単な計算により正弦波変調 FM 信号 $v(t)$ の振幅スペクトル密度は

$$|V(j\omega)| = (A/2) \sum_{l=-\infty}^{\infty} |J_l(\beta)|\delta[\,f - (f_c + lf_m)\,]$$

$$+ (A/2) \sum_{l=-\infty}^{\infty} |J_l(\beta)|\delta[\,f + (f_c + lf_m)\,] \tag{3.65}$$

と求まる。またこれに対応する電力スペクトル密度 $P_v(f)$ は

$$P_v(f) = (A^2/4) \sum_{l=-\infty}^{\infty} J_l^2(\beta)\delta[\,f - (f_c + lf_m)\,]$$

$$+ (A^2/4) \sum_{l=-\infty}^{\infty} J_l^2(\beta)\delta[\,f + (f_c + lf_m)\,] \tag{3.66}$$

で与えられる。振幅スペクトル密度 $|V(j\omega)|$ を**図 3.29** に示す。

図 3.29 からわかるように FM 信号のスペクトルは，変調指数 β の増加とともに広がる。FM 方式が**広帯域通信方式**と呼ばれるゆえんである。ベッセル関数 $J_n(\beta)$ のグラフを**図 3.30** に示す。

また変調指数 β が非常に小さい（$\beta \ll 1$）場合は，式 (3.55) より

3.4 周波数変調方式

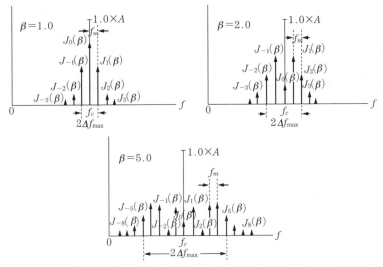

図 3.29　正弦波変調 FM 信号の振幅スペクトル密度（片側スペクトル表示）

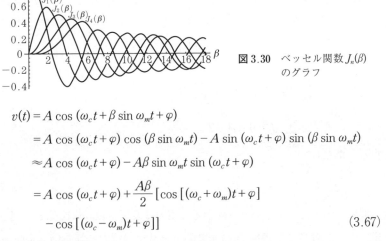

図 3.30　ベッセル関数 $J_n(\beta)$ のグラフ

$$v(t) = A \cos(\omega_c t + \beta \sin \omega_m t + \varphi)$$

$$= A \cos(\omega_c t + \varphi) \cos(\beta \sin \omega_m t) - A \sin(\omega_c t + \varphi) \sin(\beta \sin \omega_m t)$$

$$\approx A \cos(\omega_c t + \varphi) - A\beta \sin \omega_m t \sin(\omega_c t + \varphi)$$

$$= A \cos(\omega_c t + \varphi) + \frac{A\beta}{2}[\cos[(\omega_c + \omega_m)t + \varphi]$$

$$- \cos[(\omega_c - \omega_m)t + \varphi]] \tag{3.67}$$

と近似できる．ただし

$$\cos(\beta \sin \omega_m t) \approx 1, \quad \sin(\beta \sin \omega_m t) \approx \beta \sin \omega_m t, \quad \beta \ll 1 \tag{3.68}$$

なる近似を用いた．式 (3.67) の振幅スペクトルは AM 変調に対する

80　　**3. 波形伝送と変調方式の理論**

式 (3.31) の振幅スペクトルに近い。つぎに正弦波で変調された FM 信号の占有帯域幅 B について考えると，式 (3.66) の電力スペクトル密度 $P_v(f)$ と図 3.29 より

$$B \approx 2\beta f_m = 2\Delta f_{\max} \tag{3.69}$$

と与えられる。この理由は変調指数 β が大きい（$\beta > 1$）ときは，係数 $J_l(\beta)$ の値は $l = \beta$ 程度まで取れば十分だからである。すなわち $J_l(\beta)|_{l > \beta} \approx 0$ である。また $\beta \ll 1$ のときは，式 (3.67) から

$$B = 2f_m \tag{3.70}$$

であるから，変調指数 β の大小にかかわらず成立する式として

$$B = 2\beta f_m + 2f_m = 2(\beta + 1)f_m \tag{3.71}$$

を得る。これを**カーソン則**（Carson's rule）という。正弦波変調信号でない一般の任意の変調信号に対し，この帯域幅 B を公式として表すのは難しい。通常は FM 波の電力の 90 %，99 % あるいは 99.9 % の電力を通す帯域幅 B として定義される。

つぎに FM 信号の電力は，式 (3.66) の電力スペクトル密度 $P_v(f)$ を積分して

$$
\begin{aligned}
P &= \int_{-\infty}^{+\infty} P_v(f) df = (A^2/4) \int_{-\infty}^{+\infty} \Bigg[\sum_{l=-\infty}^{+\infty} J_l^2(\beta) \delta[f - (f_c + lf_m)] \\
&\quad + \sum_{l=-\infty}^{+\infty} J_l^2(\beta) \delta[f + (f_c + lf_m)] \Bigg] df \\
&= (A^2/2) \sum_{l=-\infty}^{+\infty} J_l^2(\beta) = A^2/2
\end{aligned}
\tag{3.72}
$$

を得る。ただし

$$\sum_{l=-\infty}^{+\infty} J_l^2(\beta) = 1 \tag{3.73}$$

なる関係を用いた。すなわち FM 信号の電力は変調指数 β に関係なく $A^2/2$ で一定で，これは単なる振幅 A の無変調キャリヤの電力に等しい。正弦波変調信号以外の任意の変調信号に対しても FM 信号の電力は $A^2/2$ で一定である。

3.4.2 FM信号の発生と検波

FM信号の発生は，**電圧制御発振器**（voltage controlled oscillator，**VCO**）を用いることで行える。これは情報信号 $m(t)$ を電圧として VCO に加えることにより，VCO の出力に直接 FM 信号を得るものである。これを**図 3.31** に示す。

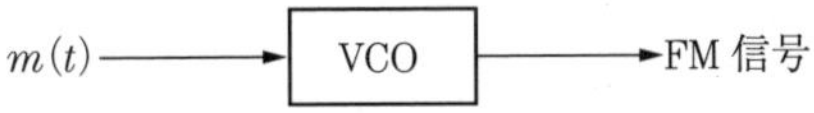

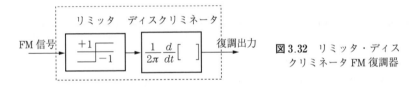

図 3.31 FM 信号の発生回路

また FM 信号を 2 乗回路 $y = x^2$ に通すことにより

$$v^2(t) = A^2 \cos^2[\omega_c t + \beta \theta_n(t) + \varphi]$$
$$= A^2/2 + (A^2/2) \cdot \cos[2\omega_c t + 2\beta \theta_n(t) + 2\varphi] \qquad (3.74)$$

なる中心周波数が $2f_c$ で変調指数が 2β の FM 信号を得ることができる。これを**周波数 2 逓倍**という。このようにして変調指数をさらに大きくすることもできる。

つぎに FM 信号の復調であるが，これは通常，**図 3.32** に示す**リミッタ・ディスクリミネータ**（limiter-discriminator，振幅制限・周波数弁別器）で行える。

図 3.32 リミッタ・ディスクリミネータ FM 復調器

すなわち，まずリミッタで通信路で受けた FM 信号の振幅（包絡線）変動を除去する。これを式 (3.75) で表す。

$$B(t)\cos[\omega_c t + \beta \theta_n(t) + \phi_n(t) + \varphi] \xrightarrow{\text{Limiter}} \cos[\omega_c t + \beta \theta_n(t) + \phi_n(t) + \varphi]$$
$$(3.75)$$

ただし $\phi_n(t)$ は通信路の雑音に起因する**位相雑音**（phase noise）である。つぎにディスクリミネータは FM 信号の瞬時周波数に比例した出力を作り出す。すなわち

$$\frac{1}{2\pi}\frac{d}{dt}[\beta\theta_n(t) + \phi_n(t) + \varphi] = \frac{1}{2\pi}\frac{d}{dt}\beta\theta_n(t) + \frac{1}{2\pi}\frac{d}{dt}\phi_n(t)$$

$$= \frac{1}{2\pi} km(t) + n'(t) \tag{3.76}$$

したがってディスクリミネータの動作は FM 信号の位相の時間微分を取ることである。通信路雑音がなければ，変調信号 $m(t)$ が正しく復調される。

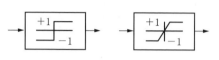

(a) ハードリミッタ　(b) ソフトリミッタ
図 3.33　ハードリミッタとソフトリミッタ

なお，図 3.33 に示すように，振幅変動を完全に除去するリミッタを**ハードリミッタ**（hard limiter）（図 (a)），ある一定振幅以上を制限するリミッタを**ソフトリミッタ**（soft limiter）（図 (b)）と呼ぶ。

3.4.3　FM 方式の雑音

FM 方式の雑音について以下簡略に述べる。まず図 3.34 に FM 受信機のブロック図を示す。通信路では白色ガウス雑音が相加し，変調情報信号は正弦波とする。

図 3.34　FM 受信機のブロック図

図 3.34 のリミッタ・ディスクリミネータの出力は，受信の BPF 出力における SN 比

$$\begin{cases} S_{\text{in}}/N_{\text{in}} = (A^2/2)/(N_0 B) \\ B = 2(\beta+1)f_m \end{cases} \tag{3.77}$$

が高いとき，途中の計算は省略するが，式 (3.78) のように表せる。

$$[1/(2\pi)]d[\beta\theta_n(t)]/dt + [1/(2\pi A)]dy(t)/dt \tag{3.78}$$

ただし，$y(t)$ は両側電力スペクトル密度 N_0 を持つ白色ガウス雑音であり，B は FM 信号の伝送帯域幅である。式 (3.77) で定義される $S_{\text{in}}/N_{\text{in}}$ は FM 信号

の伝送帯域幅 B（Hz）における復調前の S/N であり**入力 SN 比**と呼ばれる。また FM 信号は包絡線が一定であり，受信機への入力信号電力 $S_{in}=A^2/2$ は入力キャリヤ信号電力 C_{in} に等しいので，S_{in}/N_{in} のことを入力 **CN 比**（carrier-to-noise power ratio，C/N）と呼ぶこともある．変調信号は正弦波であり

$$[1/(2\pi)]d[\beta\theta_n(t)]/dt = \Delta f_{max}\cos(2\pi f_m t) \tag{3.79}$$

となるから，復調信号電力 S_{out} は

$$S_{out} = (\Delta f_{max})^2/2 = (\beta f_m)^2/2 \tag{3.80}$$

となる．一方，式 (3.78) において白色ガウス雑音 $y(t)$ を時間領域で微分することは，周波数領域では

$$d/dt \xrightleftharpoons[\text{Fourier transform}]{} j\omega = j2\pi f \tag{3.81}$$

なる操作であり，リミッタ・ディスクリミネータの出力雑音の電力スペクトル密度を $N'(f)$ としたとき

$$N'(f) = |j2\pi f|^2 N_0/(2\pi A)^2 = N_0 f^2/A^2, \quad |f|\leq B/2 \tag{3.82}$$

と与えられる．$N'(f)$ を**図 3.35** に示す．
図より出力雑音の電力スペクトル密度は f^2 に比例して増大する．またこのとき雑音の振幅スペクトル密度は $\sqrt{f^2}=f$ に比例するので，$0\sim B/2$（Hz）で三角形の振幅スペクトルになり，この意味でこれを**三角雑音**と呼ぶ．

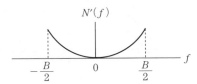

図 3.35 リミッタ・ディスクリミネータ出力雑音の電力スペクトル密度 $N'(f)$

図 3.34 の復調出力に関しては，変調信号周波数 f_m 以上の成分は必要なく LPF で除去されるので，出力雑音電力は $N'(f)$ の $-f_m\sim f_m$ にわたる積分で与えられる．

$$N_{out} = \int_{-f_m}^{+f_m} N'(f)df = \int_{-f_m}^{+f_m}(N_0 f^2/A^2)df = (N_0/A^2)\cdot(2f_m^3/3) \tag{3.83}$$

したがって LPF 出力の S/N は

$$\frac{S_{out}}{N_{out}} = \frac{(\beta f_m)^2/2}{(N_0/A^2)\cdot(2f_m^3/3)} = \frac{3B\beta^2}{2f_m}\cdot\frac{A^2/2}{N_0 B}$$

$$= 3\beta^2(\beta+1) \cdot \frac{S_{in}}{N_{in}}, \qquad \frac{S_{in}}{N_{in}} \gg 1 \tag{3.84}$$

となる。ただしここで式 (3.77) の関係を用いている。

式 (3.84) の S_{out}/N_{out} と式 (3.77) の S_{in}/N_{in} の比 $3\beta^2(\beta+1)$ は FM 方式の**復調利得**（検波利得）と呼ばれ，例えば $\beta=2$ のときは $3\beta^2(\beta+1)=36$ となって $10\log_{10}(36)=15.56$ dB の復調利得がある。例えば S_{in}/N_{in} が 15 dB であれば，S_{out}/N_{out} は 30.56 dB となる。FM 音楽放送の音質がよいのはこのためである。しかしこの代償として必要伝送帯域幅は $\beta=2$ のとき $B=2(\beta+1)f_m|_{\beta=2}=6f_m$ となって通常の AM 方式の 3 倍，SSB 方式の 6 倍となる。このように FM 方式では復調利得を得る代わりに伝送帯域幅を犠牲にしている。**図 3.36** に S_{in}/N_{in} 対 S_{out}/N_{out} 特性を示す。

図において S_{in}/N_{in} が約 10 dB で S_{out}/N_{out} が急激に劣化するが，これを**スレッショルド**（threshold）**現象**

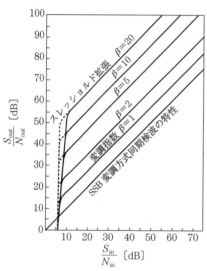

図 3.36 FM 変調方式の出力 S/N

といい，これが起こる S_{in}/N_{in} の値をスレッショルド値という。式 (3.84) の S_{out}/N_{out} 計算値はこのスレッショルド値以上におけるものである。このスレッショルド現象は，図 3.34 のリミッタ・ディスクリミネータの出力に現れるスパイクあるいはクリック状の雑音（数学モデルとしては $\delta(t)$ 関数波形で近似される）の発生によるものであり，$S_{in}/N_{in} \approx 10$ dB 以下で急激に増加する。これは FM 音楽放送などでは"カリカリ"といった音として聞こえ，出力 S_{out}/N_{out} を急激に劣化させる。またこのような現象が起こるのは FM 変調方式が本質的に**非線形変調方式**（変調信号のスペクトル形と FM 信号のスペクトル形が相似ではなく広がる）だからである。実際上 FM 変調方式が実用に耐える

のはこのスレッショルド値以上の領域である。ただし，位相同期ループ（**PLL**）や **FMFB**（FM feed-back）**復調器**を FM 復調に用いるとこのスレッショルド値が若干だが低い方に拡張できる。また変調指数 β が大きなときは，S_{in}/N_{in} を 10 dB 以上確保するために非常に大きな受信電力 $A^2/2$ が必要となる。

3.4.4 プリエンファシス・ディエンファシス

3.4.3 項で述べたようにスレッショルド値以上の領域においては出力雑音の電力スペクトル密度は f^2 に比例して大きくなる。しかし情報信号のスペクトルは一般に周波数が高くなるほど小さくなる。したがって FM 復調後これらの弱い高周波の信号成分は，f^2 で強くなる雑音成分に埋もれてしまい，高い周波数部分で復調後の S/N が悪くなる。これを防ぐ方法として**プリエンファシス・ディエンファシス**（pre-emphasis and de-emphasis）が考えられた。すなわち，送信側では情報信号の高い周波数成分をあらかじめ強めて FM 変調をかけて送信する。受信側では FM 信号復調後，信号成分の高周波域を弱めるように送信側とは逆特性の操作を施す。このとき信号成分は元の情報信号のスペクトルに戻るが，f^2 で増加する復調雑音は高周波域が減衰してほぼ平坦なスペクトルとなり，よって高周波域での S/N が改善される。この目的で送信側でプリエンファシスフィルタおよび受信側でディエンファシスフィルタが使用される。

3.5 位相変調方式

アナログ通信方式としての**位相変調**（phase modulation, PM）**方式**は，被変調信号

$$v(t) = A \cos\left[\omega_c t + \theta(t)\right] \tag{3.85}$$

の位相 $\theta(t)$ の変化に情報を乗せるものである。すなわち

$$\theta(t) = km(t) \tag{3.86}$$

ここで位相 $\theta(t)$ と瞬時周波数 $f_i(t)$ の関係は

$$f_i(t) = [1/(2\pi)]d\theta(t)/dt \tag{3.87}$$

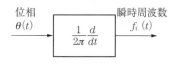

図 3.37 位相と周波数の関係

で表されるから，位相 $\theta(t)$ を変化させると瞬時周波数 $f_i(t)$ も変化し，位相変調方式は FM 方式の一種ともみなせる。位相と周波数の関係を**図 3.37** に示す。

すなわち位相と周波数は単なる微分および積分である線形操作（線形フィルタリング操作）で結ばれているだけであり，位相変調は本質的に周波数変調と変わらない。そこで式 (3.85) の $\theta(t)$ を変化させる意味から，周波数変調と位相変調を合わせて**角度変調**（angle modulation）と呼ぶ。位相変調信号の発生は，被変調信号の位相を直接変化させるか，あるいは情報信号を一度時間微分してから FM 変調をかけることによって行える。しかしアナログ情報信号 $m(t)$ による位相変調方式は，現実にはほとんど用いられなく，もっぱら後述するディジタル位相変調（phase shift keying, PSK）として用いられる。

演 習 問 題

【1】 時間関数 $g(t)$ の最高周波数が $f_{\max}$ であるとき，周期 $T_s \leqq 1/(2f_{\max})$ の単位インパルス列 $d(t) = \sum_{l=-\infty}^{\infty} \delta(t-lT_s)$ を $g(t)$ に掛ける（乗算する）ものとする。

1) $d(t) = (1/T_s) \cdot \sum_{k=-\infty}^{\infty} e^{j2\pi k f_s t}$, $f_s = 1/T_s$ と表せることを示せ。
2) $g_s(t) = g(t)d(t)$ とする。1) の結果を用いて $g_s(t)$ のフーリエ変換 $G_s(j\omega)$ を求めよ。
3) $g_s(t)$ と $|G_s(j\omega)|$ の概略を描け。
4) $g_s(t)$ を遮断周波数 $f_s/2$, 群遅延時間 t_0 の理想低域通過フィルタ $H_L(j\omega)$

$$H_L(j\omega) = \begin{cases} 1 \cdot e^{-j\omega t_0}, & |f| \leqq f_s/2 \\ 0, & |f| > f_s/2 \end{cases}$$

を通すと，フィルタ出力 $g'(t)$ はどうなるか。

演　習　問　題　　87

5) 理想低域通過フィルタ $H_L(j\omega)$ の単位インパルス応答（時間領域表現）$h_L(t)$ を求めよ。
6) 4）において時間領域の計算（畳込み積分）を用いて $g'(t)$ を求めよ。
(以上標本化定理の意味，証明)

【2】 シャノン・染谷の標本化定理と標本化関数（sinc 関数）の関係を簡略に述べよ。

【3】 図 3.38 に示す方形孤立波電圧 $x(t)$ が RC 低域通過フィルタに入力される。出力電圧 $y(t)$ の式と概略図を示せ。また遮断周波数 $f_c = 1/(2\pi RC)$ において $f_c > 1/T$，$f_c = 1/T$，$f_c < 1/T$ の各場合につき，出力波形 $y(t)$ を比較して図示せよ。

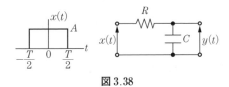

図 3.38

【4】 正弦波で変調された通常の振幅変調波 $v(t) = A[1 + k \sin(\omega_m t)] \cdot \cos(\omega_c t)$ に関し答えよ。
1) 変調度 k の値の範囲を示せ。
2) 側帯波電力 P_s と搬送波電力 P_c の比 P_s/P_c を求めよ。
3) この AM 波の電力 P を求めよ。

【5】 正弦波変調 FM 信号 $v(t) = A \cos(\omega_c t + \beta \sin \omega_m t + \varphi)$ に関し答えよ。
1) FM 信号の電力 P を示せ。
2) 最大周波数偏移 $\Delta f_{\max}$ を求めよ。
3) 復調出力（情報信号）を求めよ。
4) 伝送必要帯域幅 B を記せ。

【6】 正弦波変調 FM 信号は次式のように書ける。

$$v(t) = A \cos(\omega_c t + \beta \sin \omega_m t + \varphi) = A \sum_{l=-\infty}^{\infty} J_l(\beta) \cos[(\omega_c + l\omega_m)t + \varphi]$$

1) 周波数 $f_c + 3f_m$ におけるスペクトル成分（spectral component）の振幅を示せ。
2) 周波数 f_c におけるスペクトル成分の振幅を示せ。
3) 周波数 f_c におけるスペクトル成分の振幅が 0 になる変調指数 β の値を求めよ。

C4 ディジタル有線通信方式

ディジタル有線通信方式は，ディジタル情報信号で送信信号を変調し，有線通信路に送り出す方式である．受信信号を復調して得られるのは，アナログ信号ではなくディジタル信号である．受信側での受信品質の評価は，出力 S/N ではなくビット誤り率やパケット誤り率で行われる．

4.1 パルス符号変調方式

パルス符号変調（pulse-code modulation, **PCM**）**方式**は，3.1.8 項で述べたパルス振幅変調（PAM）方式において，離散時刻のアナログ信号標本値 $x(kT_s)$

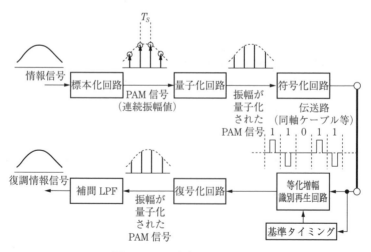

図 4.1 PCM 方式のブロック図

を標本化関数 $\phi(t)$ に乗せてそのまま送信するのではなく，連続値 $x(kT_s)$ を離散的なレベルに量子化（quantizing）し，さらに 0, 1 の 2 値に符号化（coding）して送信する。すなわち PCM 方式は基本的に，1）標本化（sampling），2）量子化（quantizing），3）符号化（coding）の三つの操作によって行われる。

上記 2）および 3）の操作はいわゆる A-D（analog-to-digital）変換の操作であり，離散時刻のアナログ標本値 $x(kT_s)$ を A-D 変換して送信する方式であるといえる。PCM 方式のブロック図を図 4.1 に示す。

4.1.1 標本化と量子化

まず連続的情報信号の時間軸が標本化回路により**標本化**される。この標本化は，3.1.3 項の標本化定理を満たすように行われる。すなわち標本化間隔 T_s は

$$T_s < 1/(2f_{\max}) \tag{4.1}$$

を満足する必要がある。ただし $f_{\max}$ は情報信号の最高周波数である。この標本化されたサンプル値 $x(kT_s)$ は振幅方向には連続値であり，これを有限な離散レベルに**量子化**する。これを行うのが量子化器である。量子化器特性は，線形量子化（linear quantization）または一様量子化（uniform quantization）器特性と非線形量子化（non-linear quantization）器特性に分類される。これを図 4.2 に示す。

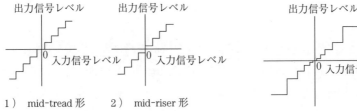

（a）線形量子化器特性　　　　　　（b）非線形量子化器特性

図 4.2 量子化器特性

線形量子化器特性として 1）mid-tread 形と 2）mid-riser 形の 2 種類を示す。これらの違いは入力信号レベルの 0 近傍における特性の差である。一方，

非線形量子化器特性として図（b）に示したものは，入力信号レベルが小さい領域で細かく量子化し，入力信号レベルが大きい領域では逆に粗く量子化する。入力信号レベルに対する出力量子化信号レベルの対応は自由に設定でき，どのような非線形量子化器特性も実現しうるが，通常はこのようなタイプがよく用いられる。

　量子化は，連続的振幅値を有限レベルの離散的振幅値に変換する操作であるから，量子化された標本値は元の振幅値とは異なり必然的に誤差を生じる。この誤差を量子化誤差（quantization error）という。量子化誤差は，これを時間の関数と考えるとき一種の雑音であり，**量子化雑音**（quantizing noise）と呼ばれる。量子化雑音を**図4.3**に示す。

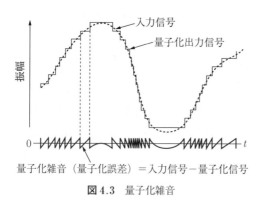

図4.3　量子化雑音

　量子化雑音（誤差）は送信側で必然的に加わるものであり，この点で通常の通信路で加わる雑音（通信路雑音）とは異なる。量子化誤差は量子化ステップを細かくすれば任意に小さくでき，この大きさが忠実度基準（fidelity criterion）を満足すれば一向にさしつかえない。

　PCM方式においては，量子化雑音のほかに通信路雑音の影響もあるが，光ファイバ回線を用いたPCM方式等では通信回線の品質がきわめてよく，通信路雑音の影響はあまりない（**図4.4**）。したがってPCM方式では通常は量子化雑音の影響を考えればよい。

　つぎに一様量子化における量子化雑音の計算について述べる。量子化すべき時刻 $t = kT_s$ における標本信号 $x(kT_s) = x_k$ の平均値を $E\{x_k\} = 0$，

PCM方式の雑音 { 量子化雑音……影響大
　　　　　　　　通信路雑音……影響小

図4.4　PCM方式の雑音

最大値を $x_k|_{\max}$，最小値を $x_k|_{\min}$ とすると，最大最小値間の電圧は

$$V = x_k|_{\max} - x_k|_{\min} \tag{4.2}$$

となる。量子化のステップ数を 2^n とすると，量子化ステップサイズ S は $S = V/2^n$ となる。一様量子化として mid-riser 形を用いれば，量子化後のレベルは

$$\pm S/2, \quad \pm 3S/2, \quad \pm 5S/2, \quad \cdots, \quad \pm(2^n - 1)S/2 \tag{4.3}$$

となる。つまり量子化後の信号を y_k とすれば

$$|y_k| = (2l-1) \cdot (S/2), \qquad (l-1)S < |x_k| < lS, \quad l = 2^0, 2^1, \cdots, 2^{n-1} \tag{4.4}$$

となる。このとき

$$y_k|_{\max} - y_k|_{\min} = (2 \cdot 2^{n-1} - 1) \cdot (S/2) + (2 \cdot 2^{n-1} - 1) \cdot (S/2) = (2^n - 1)S$$
$$= V - S \tag{4.5}$$

となり，x_k の最大値と最小値の間隔（**ダイナミックレンジ**）が V であるのに対し，y_k のそれは $V - S$ となって量子化ステップの大きさ S だけ小さくなる。なお図4.2（a）の 2) mid-riser 形は $n = 3$ の場合である。量子化誤差は $q_k = x_k - y_k$ で定義されるが，x_k の振幅範囲が量子化の対象領域（$-2^{n-1}S \sim 2^{n-1}S$）に入っていれば $|q_k| \leq S/2$ である。ここで量子化誤差 q_k の確率分布を $|q_k| \leq S/2$ で一様分布（均一分布）

$$p(q_k) = \begin{cases} 1/S, & |q_k| \leq S/2 \\ 0, & |q_k| > S/2 \end{cases} \tag{4.6}$$

と仮定すると，q_k の2乗平均値（分散，電力）は

$$E\{q_k^2\} = \int_{-\infty}^{+\infty} q_k^2 p(q_k) dq_k = \frac{1}{S} \int_{-S/2}^{+S/2} q_k^2 dq_k = \frac{1}{S} \left[\frac{q_k^3}{3} \right]_{-\frac{S}{2}}^{+\frac{S}{2}} = \frac{S^2}{12} \tag{4.7}$$

となる。したがって q_k の**実効値**（root-mean-square value, **rms 値**）は式 (4.8) となる。

$$\sqrt{E\{q_k^2\}} = S/(2\sqrt{3}) \tag{4.8}$$

4.1.2 振幅の圧縮・伸長

振幅の**圧縮・伸長**について述べる。情報信号が音声信号のような場合，その振幅の確率は，振幅の小さいところで大きく，振幅の大きいところでは小さ

い。このような場合は，標本値 $x(kT_s)$ を一様量子化したのでは，量子化雑音が振幅の小さいところで相対的に大きくなり不都合である。このとき標本値 $x(kT_s)$ を振幅の小さい所で細かく，大きな所で粗く量子化することにより，量子化雑音を軽減できる。このような量子化が**非線形量子化**である。非線形量子化は図 4.5 に示すようにまず標本値 x_k を圧縮器（compressor）に掛け，つぎに一様量子化することでも行える。このように非線形量子化された標本値 y_k は，通信路を伝送後，受信側では圧縮器と逆特性の伸長器（expander）特性により元に戻される。これを図 4.6 に示す。このような圧縮・伸長を振幅の**圧伸**（companding）と呼ぶ。

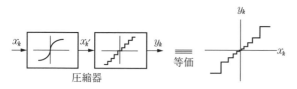

図 4.5 非線形量子化器（振幅圧縮器）

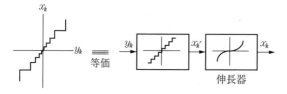

図 4.6 非線形量子化器（振幅伸張器）

4.1.3 符　号　化

PCM における符号化について述べる。ここでの符号化とは量子化された標本値 y_k を n ビットの 2 進 0,1 系列に変換することである。符号化の例を**表 4.1** に示す。表中の各符号の特徴は以下のとおりである。

・**自然 2 進符号**（natural binary code）

量子化後のレベル y_k を自然 2 進符号とすると

$$y_k = a_n 2^{n-1} + a_{n-1} 2^{n-2} + \cdots + a_2 2^1 + a_1 2^0 \tag{4.9}$$

となる。y_k に対する係数 a_i の重みの大きさから，a_n を **MSD**（most significant digit），a_1 を **LSD**（least significant digit）と呼ぶ。

・**交番 2 進符号**（reflected binary code または **Gray code**）

4.1 パルス符号変調方式　　93

表 4.1 2進符号化の例

量子化レベル	自然 2 進符号	交番 2 進符号	折返し 2 進符号
15	1111	1000	1000
14	1110	1001	1001
13	1101	1011	1010
12	1100	1010	1011
11	1011	1110	1100
10	1010	1111	1101
9	1001	1101	1110
8	1000	1100	1111
7	0111	0100	0111
6	0110	0101	0110
5	0101	0111	0101
4	0100	0110	0100
3	0011	0010	0011
2	0010	0011	0010
1	0001	0001	0001
0	0000	0000	0000

　この符号の特徴は，隣り合う符号語間の Hamming 距離（0 と 1 の違いの個数）が 1 であることである。すなわちどのレベルの符号語も隣のレベルの符号語とは 1 ビットしか異なっていない。

・折返し 2 進符号（folded binary code）

　符号語における一番左のビットは ± を表すと考えることができ，そのほかのビットは中間の量子化レベル 7 と 8 の境界を折り目にして自然 2 進符号を折り返したものになっている。

4.1.4　PCM 信号の伝送および中継

　PCM 信号の伝送および中継について述べる。PCM 信号の伝送方式は**図 4.7**のように有線伝送と無線伝送に大別できる。通常，有線伝送では光ファイバケーブルが，無線伝送ではマイクロ波～ミリ波帯を用いた伝送が用いられる。

図 4.8 に基底帯域（ベースバンド）伝送方式における 0,1 符号に対する種々

4. ディジタル有線通信方式

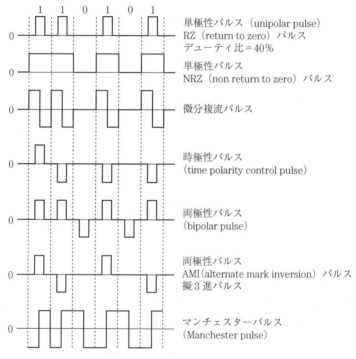

```
           ┌有線伝送┬基底帯域伝送…同軸ケーブル,ペアケーブル
PCM伝送方式┤        └搬送波帯域伝送…光ファイバケーブル,導波管
           └無線伝送…PCM＋ディジタル変調方式
                    (マイクロ波帯,準ミリ波帯†,ミリ波帯)
```

† 準ミリ波帯は 10～30 GHz,波長 30～10 mm
ミリ波帯は 30～300 GHz,波長 10～1 mm の領域をいう。

図 4.7 PCM 信号の伝送方式の分類

図 4.8 PCM 伝送用パルス波形

の波形（**ライン符号**）を示す。図において，時極性パルスは 1（mark）が正負の値を取るが，この時間軸上の位置が交互に現れ，またこの位置が決まっている。また両極性パルスの一種である **AMI**（alternate mark inversion）パルスは1が現れるごとに交互に＋と－を取るので平均として直流分を含まない（完全平衡符号波形）。符号波形としては，直流分を含まず，所用伝送帯域幅が狭く，

符号間干渉が少なく，符号波形系列からビット同期のためのタイミングを抽出しやすいなどの条件が必要とされ，これらの要求から AMI パルスは同軸ケーブルを用いた伝送に広く用いられる．

つぎに PCM 方式における**再生中継器**の機能につき述べる．これは基本的に，1）**等化**（equalization）と増幅（amplification），2）タイミング（timing），3）**識別再生**（regeneration）からなる．PCM 再生中継器を**図 4.9** に各部の波形を**図 4.10** に示す．

等化とは，伝送路の低域通過形の周波数特性により鈍った波形を元通りに近い送信波形に戻す操作であり，伝送路の低域通過特性を補償すべく高域を強める（受信側で伝送路の周波数特性の逆特性を掛ければ波形自体は元に戻る）．タイミング回路は，等化増幅された受信波形の中からビット周期タイミングを抽出するものであり，このタイミングにより識別再生回路が等化増幅波形の 0,1 を識別し，元の送信波形を再生する．通常タイミングパルスはアイパターン開口における中央の時刻に設定され，0,1 の識別のスレッショルドレベルは，アイの中央レベルに設けられる．

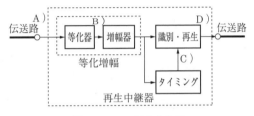

図 4.9 PCM 再生中継器

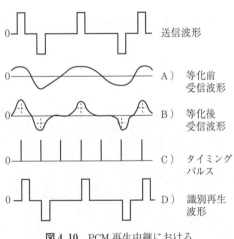

図 4.10 PCM 再生中継における各部分の波形

4.1.5 そのほかのパルス変調方式

PCM方式以外のパルス変調方式について述べる。ここでパルス変調方式とは，キャリヤとして繰返しパルス列を用い，パルス列のなんらかのパラメータを変調して情報を伝送する方式である。パルス変調方式を分類すると図 4.11 のようになる。それぞれの変調方式の原理を図 4.12 で図解する。

$$\text{パルス変調方式} \begin{cases} \text{連続的なもの} \\ \text{(量子化操作を} \\ \text{含まない)} \end{cases} \begin{cases} \text{パルス振幅変調（pulse-amplitude modulation, PAM）} \\ \text{パルス幅変調（pulse-width modulation, PWM} \\ \quad \text{または pulse-duration modulation, PDM）} \\ \text{パルス位置変調（pulse-position modulation, PPM）} \end{cases} \\ \begin{cases} \text{離散的なもの} \\ \text{(量子化操作を含む)} \end{cases} \begin{cases} \text{パルス符号変調（pulse-code modulation, PCM）} \\ \text{パルス数変調（pulse-number modulation, PNM）} \end{cases}$$

図 4.11　パルス変調方式の分類

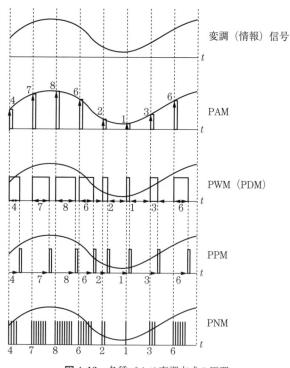

図 4.12　各種パルス変調方式の原理

4.2 光ファイバ通信方式

光通信は光波の電界を $e(t) = a(t)\cos[2\pi f(t)t + \varphi(t)]$ と表すとき，振幅 $a(t)$，周波数 $f(t)$ あるいは位相 $\varphi(t)$ のいずれかあるいは組合せに情報を乗せて伝送するものである。光波はマイクロ波などの電磁波ほど波としての**コヒーレンス**（時間的コヒーレンスと空間的コヒーレンス）性を利用し難く，主として振幅 $a(t)$ を変化させる**光強度変調**が用いられてきた。光強度変調としては 0, 1 の光パルスを送る光パルス変調と電気信号の振幅を光の強度に比例させて送信する光アナログ変調などがある。光波の伝送路としては，光ファイバ伝送路や光空間伝送路が用いられる。光ファイバ伝送路は断面を見たとき，**図 4.13** に示すようにコアと呼ばれる高い屈折率 n_1 の部分とその周りのクラッドと呼ばれる低い屈折率 n_2 の部分からできている。

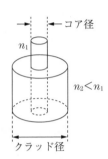

図 4.13 光ファイバの構造

臨界角以下で入射した光波はコアの中に閉じ込められコア中を全反射を繰り返しながら進んでいく。コア半径が小さいと一つの臨界角のみ可能となり単一モード伝送となるが，コア半径が大きいと複数の臨界角が可能となりマルチモード伝送となる。

単一モードの光ファイバは，コアおよびクラッドは屈折率の異なる石英ガラスで構成されコアの直径は数ミクロン（μm）である。**マルチモード**の光ファイバは，屈折率の変化の仕方によりステップインデックス形（階段屈折率形）とグレーデッドインデックス形（分布屈折率形）に分かれる。コアの直径は両者とも 50 ミクロン（μm）程度である。またステップインデックス形およびグレーデッドインデックス形とも，コアおよびクラッドの材料として石英ガラスやプラスチックが用いられる。

光波の波長としては全反射，ファイバの不均一性や不純物との関係から赤外

線波長である 1.3〜1.6 μm がおもに用いられる。単一モード光ファイバの減衰定数は最も低くでき 1.5 μm 帯で 0.15 dB/km 程度である。また光パルス伝送を用いた場合の伝送速度は距離にもよるが，単一モードファイバでは 120 km で 20 Gbit/s の伝送例などが報告されている。

　光パルスの伝送においては伝送距離の増加につれ光パルスの幅が広がる時間分散が起こる。この時間分散はマルチモードファイバでは各モードの伝搬時間が異なることによるモード分散の影響が大きい。単一モードファイバでもコアの屈折率の不均一性による散乱（レイリー散乱）や波長に対する**群速度**（包絡線の伝搬速度）の違いにより時間分散が生じる。時間分散によりパルス幅が広がると受信側でパルスの裾が重なって個々のパルスの分離ができなくなり，伝送速度（bit/s）を高くできない。

　したがって，減衰や時間分散がある許容値を超える距離において，光パルスの中継を行う必要がある。この中継距離は通常数十〜百 km 間隔で行われる。中継器には光増幅と光分散等化を行う光増幅中継器と，光パルスを検波して一度電気信号に戻し電子回路で波形整形など等化処理を行い再び光変調送信する再生中継器がある。これらの中継を繰り返すことにより 10 000 km に及ぶ国際間海底ケーブル利用光ファイバ伝送が可能となる。近年，光ファイバ 1 本当りのさらなる伝送速度向上のために，光強度変調による光パルス伝送に代わり，光波を無線通信の電波と同じように考え，無線通信の QAM 変調を適用した**コヒーレント光通信**ディジタル QAM 変調方式が実用化された。2017 年には 16QAM 変調などを用いて 1 波長当り 400 Gbit/s の伝送速度が実用化されている[3]†。

　光ファイバ通信の光源としては，半導体レーザや LED（light emitting diode）が用いられる。半導体レーザはコヒーレント光を発生できるが，発光ダイオードからは非コヒーレント光であり強度変調のみ用いられる。光ファイバの非線形性などの制約もあり光通信の電力は通常 1〜10 mW 程度が用いられる。光検

---

†　肩付きの数字は，巻末の引用・参考文献を表す。

出器としては PIN ダイオードまたはアバランシホトダイオード（avalanche photo diode, APD）が用いられる。

光ファイバ通信では，**波長分割多重化**（wavelength division multiplex, **WDM**）が用いられ，1 本のファイバの伝送容量を増加できる。これは多くの波長を 1 本のファイバに多重化して伝送するもので，無線通信における周波数分割多重化と同一の概念である。百波長を多重化しディジタルコヒーレント変調を用いることで 10 テラビット（Tbit $= 10^3$ Gbit）/s を 1 本の単モードファイバ用いて伝送できる。2016 年にはこれらの技術を用い，太平洋横断海底ケーブル FASTER として，11 629 km を数十 km 間隔で設置された光増幅中継器を介しながら，6 ペアの心数を用いて総伝送容量 60 Tbit/s を実現している[3), 4)]。

演 習 問 題

【1】 コンパクトディスクなどの PCM 録音では，音楽信号の 20 Hz〜20 kHz に対し，最高周波数 20 kHz の 2 倍以上である 44 kHz で時間軸を標本化し，1 標本値を 16 ビット線形量子化している。以下の問いに答えよ。
　　1） 16 ビット線形量子化とは，±何レベルか。
　　2） 振幅レベルのダイナミックレンジ（dB）を求めよ。
　　3） PCM 信号のビット速度（bit/s）を求めよ。

【2】 DVD オーディオは CD と同じように PCM 方式で記録されるが，サンプリング周波数 192 KHz，量子化ビット数 24 ビットである。DVD オーディオ信号のビット速度（bit/s）を求めよ。また CD の何倍のビット速度になるか。ダイナミックレンジ（dB）を求めよ。

【3】 20 Hz〜20 kHz のオーディオ信号をベースバンドアナログ方式で伝送するのに必要な帯域幅は 20 kHz である。また CD や DVD オーディオではそれぞれビット速度が，704 Kbit/s および 4.608 Mbit/s である。2 値伝送を仮定し，1 ビットを T 秒でベースバンド伝送するのに必要な帯域幅が $B = 1/(2\,T)$〔Hz〕であるとき，CD および DVD オーディオ信号の必要伝送帯域幅はそれぞれ何 Hz になるか。

5 ディジタル無線通信方式

━━━━━━━━━━━━━━━━━━━━━━━━

ディジタル無線通信方式は，搬送波の振幅，位相あるいは周波数のディジタル的な変化を用いて，情報ビット信号を伝送する方式であり，変調信号のスペクトルはキャリヤ周波数を中心に狭帯域なスペクトルを持つ．

5.1 OOK 方式

OOK（on-off keying）方式は，**ASK**（amplitude shift keying）方式とも呼ばれ，キャリヤの振幅の on, off で情報ビット 1, 0 を送る方式であり，ディジタル AM 方式である．これを図 5.1 に示す[†]．

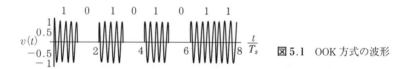

図 5.1 OOK 方式の波形

信号波形は

$$v(t) = \begin{cases} u(t) \cos(2\pi f_c t + \varphi), & \text{mark}(1) \\ 0, & \text{space}(0) \end{cases} \tag{5.1}$$

と表される．ここで $u(t)$ は方形パルス波形（一般には振幅の包絡線を表す任意の波形），f_c はキャリヤ周波数，φ は不確定な位相定数である．またディジタル通信では 1 をマーク（mark），0 をスペース（space）と呼ぶことがある．

OOK 方式の受信機構成のブロック図を図 5.2 に示す．検波器には包絡線検

───────────────────
[†] 以後 1 信号の継続時間長（1 シンボル長）として T_s または T を用いる．

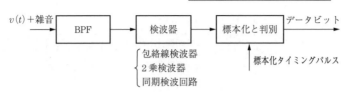

図 5.2　OOK 方式の受信機構成

波，2 乗検波あるいは同期検波が使用できる．

5.2　PSK　方　式

PSK（phase shift keying）はディジタル位相変調（ディジタル PM）のことであり，キャリヤ信号の位相変化によりディジタル情報を伝送する．すなわち 2 位相を用いた PSK（2 相 PSK，binary PSK あるいは **BPSK**）の場合，式 (5.2) と表される．波形を図 5.3 に示す．

$$v(t) = \begin{cases} A\cos(2\pi f_c t + \pi), & \text{mark}(1) \\ A\cos(2\pi f_c t + 0), & \text{space}(0) \end{cases} \quad (5.2)$$

図 5.3　2 相 PSK 方式の波形

PSK 信号の復調は位相の検出であり，同期検波によって行える．2 相 PSK 信号の同期検波回路のブロック図を図 5.4 に示す．図で LPF の出力は $AB\cos\phi$ であり，$\phi = 0$ ならば $\cos\phi = 1 \to (0)$，$\phi = \pi$ ならば $\cos\phi = -1 \to (1)$ となる．しかし一般にキャリヤの位相 ϕ は相対的なものであり，図 5.3 の波形を受信しても二つの位相のうちでどちらが 0 か π かには不確実性が残り，$\phi = 0$ または π という絶対的な位相の値は確定できない．絶対的な位相を検出するためには，あらかじめ位相基準として絶対位相 0 のパイロット信号を送信する必要があり，これをキャリヤ同期検波用の**プリアンブル**（preamble）信号という．

102   5. ディジタル無線通信方式

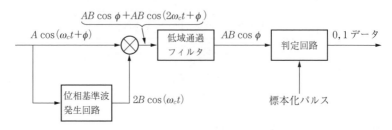

図 5.4 2 相 PSK 信号の同期検波回路

つぎに絶対位相値の検出にプリアンブル信号を使わない方法として，二つのタイムスロット間の位相の変化量をデータの 0, 1 に対応させる方法がある。これを図 5.5 に示す。

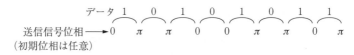

図 5.5 位相変化量と送信データビットとの対応

すなわち送信データが 10101011 であるとき，初期位相値を 0 として，データが 1 ならば位相を π 変化させる。そのつぎのデータが 0 ならば位相は変化させなく，そのつぎのデータが 1 ならば位相を π だけ変化させる。このようにして隣接する二つの位相の間の変化が π であればデータ 1 が，変化が 0 であればデータ 0 が送られたと判定する。こうすることで絶対位相の不確定性の問題は解決される。この方法は**差動符号化**（differential encoding）と呼ばれ，図 5.5 をさらに**図 5.6** と書き換えれば，元の情報データから一度差動符号化データビットを得て，これにより位相変調をかければ，二つの受信位相間の位相変化量が，送信データビットに対応する。差動符号化 PSK は **DPSK**

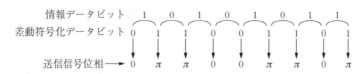

図 5.6 差動符号化データビットによる位相変調

(differential phase shift keying）と呼ばれ，変調回路の構成は**図 5.7** となる。ディジタル位相変調は実際には DPSK 方式として用いられることが多い。DPSK 信号の復調は {同期検波＋差動復号化回路} または **遅延検波**（差動検波）回路で行われる。遅延検波回路の構成を**図 5.8** に示す。

図 5.7 DPSK の変調回路の構成

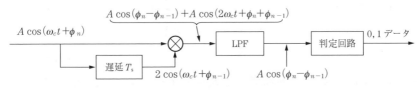

図 5.8 DPSK の遅延検波回路の構成

この遅延検波回路では 1 シンボル長 T_s 前の位相 ϕ_{n-1} を持つキャリヤを現在の入力位相 ϕ_n を持つキャリヤに乗算し，LPF を通して $2f_c$ の周波数成分を除去した後，位相差を含む $\cos(\phi_n - \phi_{n-1})$ を検出している。ここで $|\Delta\phi| = |\phi_n - \phi_{n-1}| = 0$ ならば $\cos\Delta\phi = 1$ で復調ビットは 0，$|\Delta\phi| = \pi$ ならば $\cos\Delta\phi = -1$ で復調ビットは 1 となる。したがって図 5.4 にあるような同期検波用の位相基準波 $\cos(\omega_c t)$ 発生回路が不要である。この意味で回路構成が簡単となるが，1 シンボル時間 T_s 前の遅延波 $A\cos(\omega_c t + \phi_{n-1})$ には雑音が乗るので，{同期検波＋差動復号化回路} に比べ復調後のビット誤り率特性が若干劣化する。

以上 2 相 PSK につき述べたが，通常は 4 相 PSK（quaternary PSK, quadraphase shift keying，**QPSK**），8 相 PSK（8 PSK）などの多相 PSK（MPSK）がよく用いられる。例えば 4 相 PSK では，データビットを 2 ビットずつ組にして (00), (01), (10), (11) なる組合せを作り，それぞれ 0, $\pi/2$, $3\pi/2$, π なる位相に対応させる。この様子を**図 5.9** に示す。

多相 PSK を用いると，一つの位相を送ることにより複数のビット（4 相ならば 2 ビット，8 相ならば 3 ビット）を同時に伝送でき，効率がよい。しかし

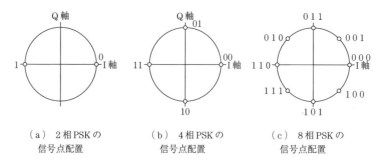

図 5.9 多相 PSK 信号の信号点配置（**Gray code**）

相数 M が多くなるほど，受信側で位相の判別が難しくなり，同じ受信雑音環境下では相数 M が多いほどビット誤り率は劣化する。また 2 相の場合で説明したのと同様に，多相の場合も DPSK 方式を行うことができ，送信データは一つ前の信号位相からの位相変化量 $\Delta\phi$ として送られる。したがって M 相の DPSK（M-DPSK）では，位相の変化量 $\Delta\phi$ が M 通りとなる。

5.3 FSK 方式

FSK（frequency shift keying）は**ディジタル FM** とも呼ばれ，ディジタル的な周波数変調である。すなわち，送信データビットが 0 ならば周波数 f_1 を送り，1 ならば周波数 f_2 を送る。すなわち

$$v(t) = \begin{cases} A\cos(\omega_1 t + \varphi), & \text{space}(0) \\ A\cos(\omega_2 t + \varphi), & \text{mark}(1) \end{cases} \quad (5.3)$$

ただし φ はランダムな位相定数である。

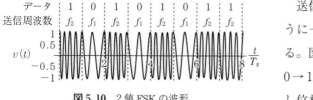

図 5.10 2 値 FSK の波形

送信波形は**図 5.10** のように一定包絡線信号となる。図の FSK はデータの $0\rightarrow 1$，$1\rightarrow 0$ の変化に対し位相が連続に変化しており，**位相連続 FSK**（continuous phase FSK）と呼ばれる。これは一つの FM

変調器(VCO 等)を±1の方形波で変調した場合等に対応する。これに対し周波数 f_1 と周波数 f_2 の二つの独立な発振器をスイッチで切り替えても FSK 波は発生できる。しかしこの場合は位相の連続性がなく，位相不連続 FSK と呼ばれる。位相不連続 FSK は位相連続 FSK に比べ送信スペクトルが大きく広がり，周波数利用効率が悪いので通常は用いられない。FSK 信号の復調は，アナログ FM 信号の復調と同様，リミッタ・ディスクリミネータ復調器による周波数検波で行える。これを図 5.11 に示す。

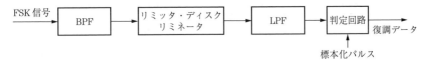

図 5.11 FSK 信号の受信機構成（周波数検波）

2値 FSK において $h=2\Delta f T_s$ は**変調指数**と呼ばれる。ただし $2\Delta f=f_2-f_1$ であり，Δf は**最大周波数偏移**である。また $\Delta f=f_2-f_c=f_c-f_1$ と書け，$f_c=(f_2+f_1)/2$ は FSK 信号の中心周波数である。特に変調指数が $h=0.5$ の場合は，**MSK**（minimum shift keying）と呼ばれる。通常は $h \leqq 1.0$ であり $h=0.3$，0.5，0.7 などの値がよく用いられる。FSK 方式では変調指数 h が大きくなるにつれ，FSK 信号の送信周波数スペクトルが広がり，ビット誤り率特性が改善されるが，より広い伝送帯域幅を必要とする。変調指数 h と FSK 信号の電力スペクトル密度の広がりは比例関係ではなく非線形であり，FSK 信号の伝送必要帯域幅 B の算定には多くの計算を要する。

MPSK と同様，FSK の周波数を $f_1, f_2, \cdots, f_M$ と多値化することにより，多レベル FSK（MFSK）を実現できる。例えば $M=8$ である 8 FSK では周波数 f_1，$f_2, \cdots, f_8$ を用い，受信側で一つの周波数を検出すると $M=2^3$ より 3 ビットの情報を復調できる。

5.4 QAM 方式

QAM（quadrature amplitude modulation）はディジタル**振幅・位相変調方式**

である。すなわちキャリヤの振幅と位相を同時にディジタル変調する。典型的な例として **16 QAM** 方式を挙げると，あるシンボル区間 T_s において信号波形 $v(t)$ は

$$v(t) = A_k \cos(\omega_c t + \theta_k), \qquad kT_s \leq t \leq (k+1)T_s \tag{5.4}$$

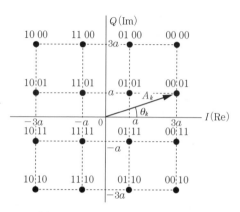

図 5.12　16 QAM 信号の信号点配置

と表せる。この送信信号点配置は図 5.12 のようになる。また波形を図 5.13 に示す。

図 5.12 では，式 (5.4) の振幅 A_k と位相 θ_k を $A_k e^{j\theta_k}$ として極座標表示している。図 5.12 の信号点配置には 16 個の信号点が含まれるが，各信号点は振幅 A_k と位相 $\theta_k, k = 1, \cdots, 16$ を持ち，一つの信号点（シンボル長 T_s）を受信することで一度に 4 ビット（$2^4 = 16$）を復調できる。16 QAM 信号の振幅レベルの大きさは図 5.13 からもわかるように 3 値（$3\sqrt{2}\,a, \sqrt{10}\,a, \sqrt{2}\,a$）をとる。

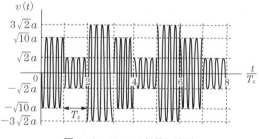

図 5.13　16 QAM 信号の波形

　QAM 方式は 1 信号点で多数の情報ビットを伝送でき伝送効率が高い。16 QAM 方式のほか，さらに信号点数を増やした 64 QAM，256 QAM，1 024 QAM などが使用される。しかし信号点数をあまり大きくすると，隣接信号点間のユークリッド距離が小さくなり，隣り合う信号点どうしの判別が難しくなる。したがって多くの信号点を持つ QAM 方式ほど効率は高いが，雑音に対しては弱くなる。なお 4 QAM 方式は QPSK 方式に，2 QAM 方式は BPSK 方式に等しい。

QAM信号の復調は同期検波を用いた**直交復調器**により行う．これを図5.14に示す．直交復調器は図5.12の信号点配置を出力する復調回路であり，QAM信号のほか，MPSK信号の復調にも使用できる基本的なディジタル復調器である．同期検波用の基準搬送波の発生には，通常プリアンブルキャリヤ信号を用いる．なお，図5.13の16 QAM信号は，T_s区間の信号波形の包絡線に矩形波を用いているが，伝送帯域幅をより狭帯域化するためにsinc関数 $\sin(\pi t/T_s)/(\pi t/T_s)$ などのルートコサインロールオフパルス波形（付録A.4.2参照）を包絡線として用いることが多い．また，sinc関数を包絡線として用いれば伝送帯域幅は最小の $1/T_s$(Hz) となる．

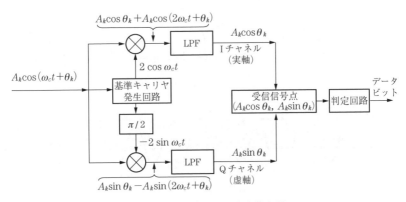

図5.14 QAM信号用の直交復調器

5.5 そのほかのディジタル変調方式

5.5.1 OQPSKとMSK

OQPSK（offset QPSK）変調回路を図5.15に示す．またOQPSK信号波形をQPSKと対比して図5.16に示す．OQPSK信号は，±1を取る情報ビット系列 $a_0, a_1, a_2, a_3, \cdots$ を二つの系列 $a_0, a_2, a_4, \cdots$ と $a_1, a_3, a_5, \cdots$ に分け，たがいの系列を時間間隔 T だけオフセットして直交変調器の同相（in-phase）成分と直交位相（quadrature phase）成分の変調入力とする．通常のQPSK変調ではこの

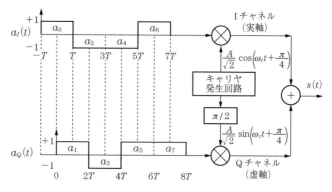

図5.15 OQPSK 変調回路

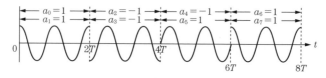

（a） QPSK の波形

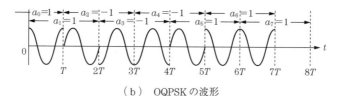

（b） OQPSK の波形

図5.16 QPSK と OQPSK の信号波形

オフセット操作がない。QPSK と OQPSK 信号はいずれも

$$s(t) = [a_I(t)/\sqrt{2}] \cdot A\cos(\omega_c t + \pi/4) + [a_Q(t)/\sqrt{2}] \cdot A\sin(\omega_c t + \pi/4)$$
$$= A\cos[\omega_c t + \theta(t)] \tag{5.5}$$

と書くことができる。ここで $\theta(t)$ は $a_I(t)$ と $a_Q(t)$ の値に対応して $0, \pm\pi/2, \pi$ を取る。QPSK 信号ではシンボル間隔 $2T$ ごとに位相が変化し，二つのタイムスロット間の位相変化量もやはり $0, \pm\pi/2, \pi$ となる。したがって最大で π の位相変化量を生じる。しかし OQPSK 信号ではオフセットの効果で時間 T ごとに位相が変化し，$\theta(t)$ の値はやはり $0, \pm\pi/2, \pi$ を取るが，位相の変化量は 0，$\pm\pi/2$ である。したがって最大でも $\pi/2$ の位相変化量となる。

5.5 そのほかのディジタル変調方式　　109

　式 (5.5) で表される QPSK と OQPSK 信号の電力スペクトル密度は同じであ
り，必要伝送帯域幅も等しい。しかしタイムスロット間の最大位相変化量が
QPSK では π で OQPSK では $\pi/2$ である。この差はこれらの信号が通信路にお
ける BPF により帯域制限されたときに大きな違いとなる。

　すなわち最大位相変化量が π である QPSK では，2 タイムスロット間にある
位相変化点を中心としてその前後の時刻で包絡線振幅が大きく減衰する（ほと
んど 0 レベルまで落ちる）。この包絡線の落ち込んだ QPSK 信号が衛星通信や
移動体通信で用いられる非線形飽和増幅器（ハードリミッタ増幅器，電力効率
がよい）で増幅されると，落ち込み部分は回復して再び定包絡線信号となる
が，このとき QPSK 信号帯域外の周波数スペクトルが発生し，隣接チャネル
に妨害を与える原因となる。

　しかし OQPSK では最大位相変化量が $\pi/2$ であり，通信路の BPF で帯域制
限されても包絡線はあまり落ち込まない。この結果ハードリミッタ増幅器で増
幅され再び定包絡線信号となっても，周波数スペクトルは増幅器入力とほぼ同
じで，帯域外への放射もほとんどない。また OQPSK 信号の位相変化も保存さ
れる。すなわち 2 タイムスロット間で位相変化量の少ない OQPSK は，通信路
における帯域制限や非線形増幅器の影響を受けにくい方式といえる。

　以上の OQPSK では位相変化時刻における位相変化量が最大で $\pi/2$ である
が，さらにこの位相変化量を少なくして最小の 0（位相連続）にすることがで
きる。すなわち OQPSK では情報信号 $a_I(t)$ および $a_Q(t)$ は継続区間長 $2T$ の方
形のパルスであったが，これを正弦波パルス波形にする。すなわち式 (5.5) に
対し

$$s(t) = a_I \cos\left[\pi t/(2T)\right] \cdot A \cos \omega_c t + a_Q \sin\left[\pi t/(2T)\right] \cdot A \sin \omega_c t$$
$$= A \cos\left[\omega_c t - (a_I a_Q) \cdot \pi t/(2T) + (1-a_I)\pi/2\right]$$
$$= A \cos\left[\omega_c t - b_k \cdot \pi t/(2T) + \phi_k\right],$$
$$b_k = a_I a_Q, \qquad \phi_k = (1-a_I)\pi/2 \tag{5.6}$$

とする。この結果，信号 $s(t)$ はタイムスロット T の境界での位相変化量が 0
で位相連続となり，かつ一定包絡線信号となる。これを**図 5.17** に示す。

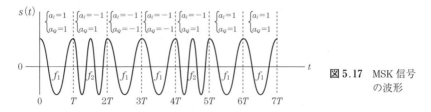

図5.17 MSK信号の波形

図からもわかるが，式 (5.6) の $s(t)$ は2値位相連続 FSK (continuous phase FSK, **CPFSK**) 信号とみることができる。すなわち

$$\begin{cases} b_k = a_I a_Q = +1 & \to & f_1 = f_c - 1/(4T) \\ b_k = a_I a_Q = -1 & \to & f_2 = f_c + 1/(4T) \end{cases} \quad (5.7)$$

なる二つの周波数 f_1, f_2 で変調された位相連続 FSK 信号である。この CPFSK 信号の中心周波数 $f_c = (f_1+f_2)/2$ からの周波数偏移は $\Delta f = (f_2-f_1)/2 = 1/(4T)$ であり，変調指数は $h = 2\Delta fT = 1/2$ となる。ここで二つの周波数間隔 $f_2 - f_1 = 1/(2T)$ は2値 CPFSK 信号が区間 $0 \sim T$ で直交する最小の周波数間隔であり，この理由から $h=0.5$ の CPFSK 信号を **MSK** 信号と呼ぶ。MSK 信号の位相 $\theta(t) = b_k \cdot \pi t/(2T) = b_k \cdot 2\pi \Delta ft$ の1シンボル時間 T での変化量は，$\pm 2\pi\Delta fT = \pm \pi h = \pm 0.5\pi$，すなわち $\pm 90°$ となる。

以上から MSK 信号は，正弦波パルス波形で重み付けされた OQPSK 信号とも，変調指数 $h=0.5$ の CPFSK 信号ともみることができる。したがって MSK 信号の復調には直交復調器や周波数検波回路（リミタ・ディスクリミネータ）が使用できる。MSK 信号は99％の信号電力を含む帯域幅が $B \approx 1.2/T$ で，QPSK や OQPSK の $B \approx 8/T$ に比べると十分小さい。したがって占有帯域幅が狭く非線形性の影響も受けにくい**周波数利用効率**（$=2/1.2=1.67$ bit/s/Hz）が高い優れた方式といえる。

5.5.2　GMSK 方式

変調指数 $h=0.5$ の FSK 信号を MSK 信号と呼ぶが，MSK のように送信側で ± 1 の方形波で直接 FM 変調するのではなく，一度 ± 1 の方形波をガウス形 LPF を通して滑らかな波形にしてから FM 変調をかけるのが **GMSK**（Gaussian-filtered minimum shift keying）方式である．GMSK 信号の発生回路を図 5.18 に示す．GMSK 信号は定包絡線信号であり，スペクトルの集中性がよく狭帯域な変調方式として有名である．また復調方式も同期検波，周波数検波，遅延検波など各種の方式が使える．第 2 世代のディジタル携帯電話 GSM の変調方式として，ヨーロッパなどを中心に世界各国で広く採用された．GMSK 信号のアイパターンを図 5.19 に示す．ただし B_b および B_{IF} はそれぞれガウス LPF および受信 BPF の帯域幅である．

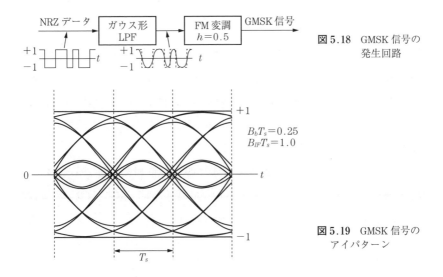

図 5.18　GMSK 信号の発生回路

図 5.19　GMSK 信号のアイパターン

5.5.3　π/4 シフト DQPSK 方式

π/4 シフト DQPSK は，QPSK の信号点とこれを $\pi/4 = 45°$ 回転させたものを組にして，計 8 個の信号点から送信信号点を選択する PSK 方式と見なせる．ただし連続する二つの信号点は必ず交互の信号点の組から取られる．これを図 5.20（a）に示す．

このようにすると，信号点間の遷移は図（b）のようになり，位相の変化量は最大で 135°（±45°，±135°）に抑えられ，QPSK のように最大で 180°（0°，±90°，180°）と大きく変化することがない．隣接する 2 シンボル間の位

112　　5. ディジタル無線通信方式

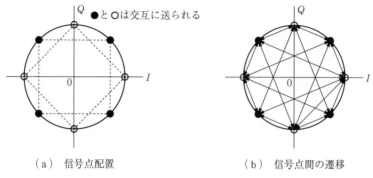

(a) 信号点配置　　　　　　(b) 信号点間の遷移

図5.20　π/4シフトDQPSK方式の信号点配置と信号点間の遷移

相変化量が小さいときは，図(b)からわかるように信号点間の遷移の途中で原点を横切ることがなく包絡線の変動量が少なくなる（実際にはルートコサインロールオフパルスに信号点が乗っているので，図5.20(b)のように信号点間の遷移は直線的には移動しない）。包絡線の変動量が少ないと通信路に存在する増幅器等の非線形性の影響を受け難くなる。

以上のようにπ/4シフトDQPSK方式は四つの位相変化量 $\Delta\phi$ = ±45°, ±135°を送信データビット (00), (01), (10), (11) に割り当てており，差動位相のQPSK方式である。π/4シフトDQPSK方式は，第2世代ディジタル携帯電話である日本のPDC方式および北米のD-AMPS（IS-54）方式で採用された。

5.6　周波数拡散通信方式

周波数拡散通信方式（spread spectrum communication systems）は，情報信号の帯域幅に比べ，送信信号（被変調信号）の帯域幅をはるかに大きく拡大して（一般に数十倍以上）伝送する方式である。すなわち，非常に広い帯域幅に送信信号のスペクトルを拡散して送信する。周波数拡散方式には，直接拡散（direct sequence または direct spread, DS）方式，周波数ホッピング（frequency hopping, FH）方式，時間ホッピング（time hopping）方式などがあるが，ここでは最も基本的で実用的な直接拡散方式を述べる。

5.6.1 直接拡散方式

直接拡散方式のブロック図を**図5.21**に示す。送信データである方形波（±1）は，まず**PN系列**（pseudo noise 系列，擬似雑音系列，±1をランダムにとる系列）と乗算される。このときデータ1ビット長 T に対し，PN系列の1周期長 T（あるいは整数倍周期長）が割り当てられる。このPN系列の乗算によりデータ信号の拡散が行われる。つぎに周波数 f_c のキャリヤ信号が乗算されて，信号の中心周波数を f_c に上げ，増幅後アンテナから送信される。アンテナからの送信信号は2相PSK（BPSK）の形式になっている。受信側では，まずBPFで帯域ろ波および増幅し，キャリヤの抽出再生を行って同期検波を行う。この結果受信信号は広帯域なベースバンド信号となる。この後で送信と同じPN系列をフレーム同期をとって乗積することにより，受信信号は元のデータ系列に戻るが（**逆拡散**の操作），雑音はさらに広い帯域に拡散される。さらにデータ信号のみを通す低域通過フィルタを通せば，元のデータが得ら

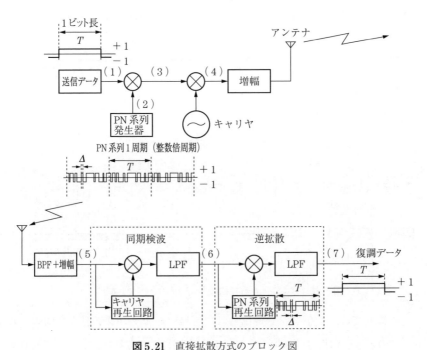

図5.21 直接拡散方式のブロック図

れ，雑音成分は大きく除去される。したがって通信路での雑音が大きくても復調後の雑音は大幅に除去され，良好な品質（低ビット誤り率）の復調が行える。

以上の説明を周波数スペクトルの観点から行うとわかりやすい。これを図 5.22 に示す。まずビット長 T（s）の方形波（NRZ パルス波形）のデータ系列の帯域幅は $-1/T \sim +1/T$（Hz）（両側スペクトル表示）であり（図（1）），また拡散系列である PN 系列の帯域幅は $-1/\Delta \sim +1/\Delta$（Hz）である（図（2））。ただし両者とも方形パルスのメインローブの帯域幅としている。また Δ は PN 系列の 1 **チップ**（PN 系列の 1 クロック分の波形）の時間幅である。したがって PN 系列が N チップからできているとするとデータビット長 $T = N \times \Delta$ となる。このデータ系列と PN 系列を乗算すると，乗算信号の帯域幅は $-(1/T+1/\Delta) \approx -1/\Delta \sim +(1/T+1/\Delta) \approx +1/\Delta$ に周波数拡散される（図（3））。通常 $1/\Delta \gg 1/T$ であり，$(1/T+1/\Delta) \approx 1/\Delta$ なる近似が成立する。この拡散信号に周波数 f_c のキャリヤを乗算することにより，拡散信号の中心周波数が f_c に移動する（図（4））。これを増幅後アンテナから送出する。

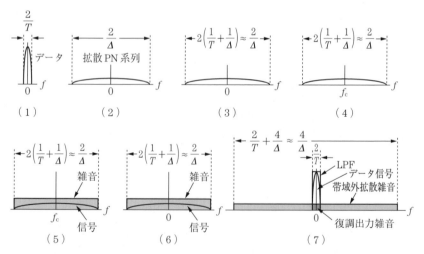

図 5.22　スペクトル直接拡散方式の電力スペクトル密度

受信機側では，受信アンテナ出力は広帯域フィルタリングおよび増幅される。このとき受信信号のスペクトルは大きく雑音に埋もれており，この時点で

の S/N（入力 S/N）は 0 dB 以下である（図（5））。この受信信号からキャリヤ周波数成分を抽出再生し（**コスタスループ**；Costas loop などを用いる），同期検波を行う。この結果，受信信号のスペクトルはベースバンドに落ちる（図（6））。このベースバンド受信信号に送信側と同じ PN 系列をフレーム同期をとって（同期には**遅延ロックループ**；delay lock loop（**DLL**）などが用いられる）乗積することにより，データは元のスペクトルに戻り，雑音成分はさらに広い帯域幅に拡散される（図（7））。さらにデータ信号の帯域幅 $-1/T \sim +1/T$〔Hz〕のみを通す低域フィルタリングを行ってろ波し，データ信号を取り出す。このとき一緒に出力される雑音は大きく除去され，低域フィルタリング後の S/N（出力 S/N）は大きく改善される（図（7））。

　受信側で PN 系列とのフレーム同期を取って乗積し，低域フィルタリングしてデータ信号のみを取り出す操作は，一般に**相関受信**と呼ばれる操作である。この相関受信により，通信路における S/N すなわち入力 S/N が -30 dB 以下でも，復調後の S/N すなわち出力 S/N を $+10$ dB 以上にまで上げることができる。このように周波数拡散方式においては，データ信号をその帯域幅よりはるかに広い伝送路帯域幅に拡散して送信し，通信路での S/N はマイナス dB である。すなわち通信路での信号レベルは雑音レベルよりもはるかに低い。したがって通常よく行われるように受信信号をスペクトルアナライザで観測することでは，信号スペクトルの観測は困難であり，相関受信して初めて信号の検出が可能となる。

　データ信号帯域幅 $2/T$ と通信路帯域幅 $B = 2(1/T + 1/\Delta)$ の比は**処理利得**（processing gain）と呼ばれ

$$G_p = 10 \log_{10}[2(1/T + 1/\Delta)/(2/T)] \approx 10 \log_{10}(T/\Delta) \quad \text{(dB)},$$
$$T \gg \Delta \tag{5.8}$$

で定義される。通常この処理利得 G_p だけ復調後の出力 $(S/N)_{\text{out}}$ が改善され，通信路における SN 比である入力 $(S/N)_{\text{in}}$ との間には

$$(S/N)_{\text{out}} \approx (S/N)_{\text{in}} + G_p \quad \text{(dB)} \tag{5.9}$$

なる関係が成立する。

周波数拡散方式の実用例として，カーナビゲーションなどに使用されている **GPS**（global positioning system）では直接拡散方式を採用しており，データ速度 50 bit/s（$1/T$ = 50 Hz），PN 系列速度 $1/\Delta = 10^6$ Hz，PN 系列長 = 1 023 Δ であり，処理利得が $G_p = 10\log_{10}(10^6/50) \approx 43$ dB となる（BPSK 方式では E_b/N_0 = S/N = 10 dB で BER $< 10^{-5}$ となるので，入力 $S/N > -33$ dB ならば BER $< 10^{-5}$ を達成できる）。

5.6.2 拡散 PN 系列について

拡散系列として使用される **PN 系列** であるが，**M 系列**（maximum length sequence；最長系列）はその代表である。M 系列の発生は帰還付きシフトレジスタにより行える。例として 図 5.23 の 7 段の帰還付きシフトレジスタを考える。最初，初期値として 7 段のシフトレジスタにすべて 1 を入れ，つぎにクロック時間 Δ ごとにシフトレジスタを 1 ビットずつシフトさせ系列を発生させる。生成される M 系列の周期は $2^7 - 1 = 127$ であり

図 5.23 M 系列発生器の例

1111111010101001100111011101001011000110111101101011011001001000

1110000101111001010111001101000100111100010100001100000100000

なる系列が得られる。すなわち最初のパターン 1111111 に始まり最後のパターン 1000000 まで 127 個の 0，1 値をほぼランダムにとる。1 と 0 の数は 1 が 64 個，0 が 63 個で 1 のほうが一つだけ多い。一般に M 系列では 1 の個数が 0 より一つだけ多い。このような系列を擬似ランダム系列といい，M 系列はその代表的な例である。M 系列の段数と周期および帰還タップのかけ方を **表 5.1** に示す。

M 系列は得られる系列数が少ないので，実際には同じ段数の M 系列発生器を 2 台適切に組み合わせ（preferred pair），それらを並列に用いてそれぞれの出力を 2 を法とする和（mod 2）で加算して出力を得る **ゴールド**（gold）**系列**

5.6 周波数拡散通信方式 117

表5.1 M系列発生用シフトレジスタ

シフトレジスタ の段数	周期 N	系列数	帰還タップのかけ方
2	3	1	$[2,1]$
3	7	1	$[3,1]$
4	15	1	$[4,1]$
5	31	3	$[5,2]$, $[5,4,3,2]$, $[5,4,2,1]$
6	63	3	$[6,1]$, $[6,5,2,1]$, $[6,5,3,2]$
7	127	9	$[7,1]$, $[7,3]$, $[7,3,2,1]$, $[7,4,3,2]$, $[7,6,4,2]$, $[7,6,3,1]$, $[7,6,5,2]$, $[7,6,5,4,2,1]$, $[7,5,4,3,2,1]$
8	255	8	$[8,4,3,2]$, $[8,6,5,3]$, $[8,6,5,2]$, $[8,5,3,1]$, $[8,6,5,1]$, $[8,7,6,1]$, $[8,7,6,5,2,1]$, $[8,6,4,3,2,1]$
9	511	10	$[9,4]$, $[9,6,4,3]$, $[9,8,5,4]$, $[9,8,4,1]$, $[9,5,3,2]$, $[9,8,6,5]$, $[9,8,7,2]$, $[9,6,5,4,2,1]$, $[9,7,6,4,3,1]$, $[9,8,7,6,5,3]$
10	1 023	10	$[10,3]$, $[10,8,3,2]$, $[10,4,3,1]$, $[10,8,5,1]$, $[10,8,5,4]$, $[10,9,4,1]$, $[10,8,4,3]$, $[10,5,3,2]$, $[10,5,2,1]$, $[10,9,4,2]$

発生器が用いられることが多い。片一方のM系列発生器のシフトレジスタの初期値を変えることにより，系列の総数は n をシフトレジスタの段数として (2^n-1) 個得られる。このとき系列間の相互相関値は三つの値をとることが知られている。

5.6.3 PN系列の相関関数とCDMA

M系列は，鋭い自己相関特性

$$R(\tau) = [1/(N\Delta)] \int_0^{N\Delta} PN(t)PN(t-\tau)dt \tag{5.10}$$

を持っており，自己相関関数 $R(\tau)$ は図5.24のように描ける。

すなわち相関のピークは $R(0)=1$ であり，$\tau=\Delta$ および $\tau=-\Delta$ で $R(\tau)=-1/N$ になる。系列長 N が十分長ければ $-\Delta < \tau < +\Delta$ 以外の区間では $R(\tau) \approx 0$，$(N \to \infty)$ となる。また区間 $-\Delta \leqq \tau \leqq +\Delta$ では三角形の形になってお

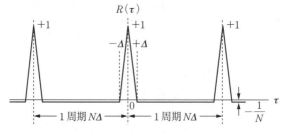

図 5.24 M 系列の自己相関関数 $R(\tau)$

り $|\tau|$ の増加とともに直線的に減少する。この鋭い自己相関特性が相関受信を可能にする。また同じ系列長で異なる M 系列どうしの間の相互相関関数は 1 に比べて小さく，異なる系列どうしはほぼ直交する。すなわち

$$R_{ij}(\tau) = [1/(N\Delta)] \int_0^{N\Delta} PN_i(t) PN_j(t-\tau) dt \approx 0 \qquad (i \neq j) \qquad (5.11)$$

例えば 10 段のシフトレジスタから得られる系列長 $N=1\,023$ の M 系列の種類は表 5.1 より 10 種類あり，これらはたがいにほぼ直交する。したがってこれらの M 系列を各ユーザに割り当てることにより**符号分割多重**（code division multiple access，**CDMA**）通信が実現できる。すなわちある M 系列を用いているユーザにとって，ほかの M 系列によって拡散された SS（spread spectrum）信号は通信路の白色雑音と同じであり，自分の信号をほぼ完全に分離できる。つまり 10 組の送受信が独立に行えることになる。しかもこの CDMA の特徴は，同じ時刻に同じ周波数帯を用いて行えるところにあり，FDMA（frequency division multiple access）や TDMA（time division multiple access）のように周波数や時間の重なりを厳密に排除する必要がない。なお基地局において CDMA によりユーザ分離を効果的に行うためには，各ユーザからの受信電力はほぼ同程度になっていることが望ましい（**遠近問題**の回避）。

PN 系列としてはここで挙げた M 系列や Gold 系列のほかにも，完全直交性を有する**アダマール**（Hadamard または Walsh-Hadamard）**系列**や秘匿性に優れたルジャンドル（Legendre）系列など各種あり，種々の応用に対し適切な符号系列が用いられる。直接拡散方式を用いた CDMA 通信は，第 3 世代の陸

上移動セルラーディジタル無線方式（IMT-2000）として採用された。そのほか CDMA を実現する主要技術として，マルチパス波に対する **rake**（熊手の意味）**受信**，上り回線における遠近問題克服用のユーザ端末の**送信電力制御**（transmitter power control，**TPC**），拡散符号の 2 重化，ソフトハンドオーバ，誤り制御用ターボ符号など種々の技術が用いられる。

5.7 直交周波数分割多重通信方式

5.7.1 OFDM 変調方式

直交周波数分割多重（orthogonal frequency division multiplex，**OFDM**）方式は**マルチキャリヤ伝送**方式の一種であり，マルチパス伝搬により生じる周波数選択性フェージングに強い。このことから**ゴースト**の影響を受けない地上波ディジタル TV 放送や高速無線 LAN などに用いられている。OFDM 方式では，シンボル時間 T の QAM 信号を周波数軸上に $\Delta f = 1/T$（Hz）ずつずらして N 波（N=数十〜数千）配置し，周波数分割多重化（FDM）を行う。これらの N 波の QAM 信号はたがいに直交するため N 波を独立に伝送できる。

まず $\Delta f = 1/T$（Hz）の整数倍の間隔 $k\Delta f$ で周波数軸上に配置された二つの QAM 信号の直交性について述べる。キャリヤ周波数が異なる二つの QAM 信号の和 $s(t)$

$$s(t) = s_i(t) + s_j(t),$$

$$s_i(t) = a_i \cos \omega_i t - b_i \sin \omega_i t, \quad s_j(t) = a_j \cos \omega_j t - b_j \sin \omega_j t,$$

$$i - j = k, \quad \omega_i - \omega_j = k\Delta\omega, \quad k \text{ は整数} \tag{5.12}$$

が受信されたとき，角周波数 ω_i のチャネルに対する QAM 復調回路の同相成分（I 成分）出力は

$$
\begin{aligned}
s(t) \cdot 2\cos\omega_i t &= (a_i \cos \omega_i t - b_i \sin \omega_i t) \cdot 2 \cos \omega_i t \\
&\quad + (a_j \cos \omega_j t - b_j \sin \omega_j t) \cdot 2 \cos \omega_i t \\
&= a_i + a_j \cos k\Delta\omega t - b_j \sin k\Delta\omega t + a_i \cos 2\omega_i t \\
&\quad - b_i \sin 2\omega_i t + a_j \cos (\omega_i + \omega_j)t + b_j \sin (\omega_i + \omega_j)t
\end{aligned}
\tag{5.13}
$$

$$\int_0^T s(t)\cdot 2\cos\omega_i t\, dt \approx \int_0^T (a_i + a_j\cos k\Delta\omega t - b_j\sin k\Delta\omega t)dt$$

$$= \int_0^T \left(a_i + a_j\cos 2\pi k\frac{t}{T} - b_j\sin 2\pi k\frac{t}{T}\right)dt = a_i \tag{5.14}$$

すなわち a_i となる.ただし角周波数 $2\omega_i$ や $\omega_i+\omega_j$ は $2\pi/T$ に比べて十分大きく,これらの角周波数成分は $0\sim T$ の区間で積分する LPF の作用によりほぼ 0 になる.同様に ω_i のチャネルに対する直交成分(Q 成分)出力は

$$\begin{aligned}s(t)\cdot(-2\sin\omega_i t) &= (a_i\cos\omega_i t - b_i\sin\omega_i t)\cdot(-2\sin\omega_i t)\\ &\quad + (a_j\cos\omega_j t - b_j\sin\omega_j t)\cdot(-2\sin\omega_i t)\\ &= b_i - a_j\sin k\Delta\omega t - b_j\cos k\Delta\omega t - b_i\cos 2\omega_i t\\ &\quad - b_i\sin 2\omega_i t - a_j\sin(\omega_i+\omega_j)t + b_j\cos(\omega_i+\omega_j)t\end{aligned} \tag{5.15}$$

$$-\int_0^T s(t)\cdot 2\sin\omega_i t\, dt \approx \int_0^T (b_i - a_j\sin k\Delta\omega t - b_j\cos k\Delta\omega t)dt$$

$$= \int_0^T \left(b_i - a_j\sin 2\pi k\frac{t}{T} - b_j\cos 2\pi k\frac{t}{T}\right)dt = b_i \tag{5.16}$$

すなわち b_i となる.したがってキャリヤ周波数 f_i の QAM 信号はキャリヤ周波数 f_j の QAM 信号の影響を受けない(直交性).よって N 波の QAM 信号を周波数間隔 $\Delta f = 1/T$ ずつ周波数軸上に並べてもおのおのの QAM 波はたがいに影響を受けない(直交周波数分割多重).OFDM 信号の周波数スペクトル(振幅スペクトル)を図 5.25 に示す.ただし個々の QAM 波の振幅スペクトルは $\sin(\pi Tf)/(\pi Tf)$ の形をしているので,そのメインローブ部分($2/T$(Hz)幅)の重なりで模式的に表している.個々の QAM 波を**サブキャリヤ**(subcarrier)と呼ぶ.

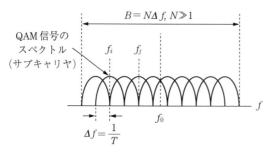

図5.25 OFDM信号の周波数スペクトル(振幅スペクトル)

5.7 直交周波数分割多重通信方式 121

つぎに OFDM 信号の発生方法を考える。N 波多重した OFDM 信号は

$$s(t) = \sum_{k=-N/2}^{N/2-1} s_k(t) = \sum_{k=-N/2}^{N/2-1} (a_k \cos \omega_k t - b_k \sin \omega_k t)$$

$$= \mathrm{Re}\left\{ \sum_{k=-N/2}^{N/2-1} X_k e^{j\omega_k t} \right\} = \mathrm{Re}\left\{ \left(\sum_{k=-N/2}^{N/2-1} X_k e^{jk\Delta\omega t} \right) \cdot e^{j\omega_0 t} \right\},$$

$$X_k = a_k + jb_k, \quad \omega_k = \omega_0 + k\Delta\omega, \quad k = -N/2 \sim N/2-1 \tag{5.17}$$

と表せる。したがって OFDM 信号 $s(t)$ を作るには，まず

$$x(t) = \sum_{k=-N/2}^{N/2-1} X_k e^{jk\Delta\omega t} \tag{5.18}$$

を作る必要がある。ここで**図 5.26** のように，QAM 信号区間（シンボル区間）T を N 等分して $T = N\Delta t$ とし，$t = p\Delta t$，$p = -N/2 \sim N/2-1$ とする。このとき

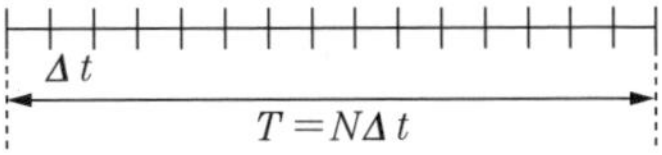

図 5.26 シンボル区間 T の N 分割

$$x(p\Delta t) = \sum_{k=-N/2}^{N/2-1} X_k e^{jk2\pi\Delta f p\Delta t} = \sum_{k=-N/2}^{N/2-1} X_k \exp(jk2\pi p\Delta t / T)$$

$$= \sum_{k=-N/2}^{N/2-1} X_k \exp(j2\pi pk / N) = x_p \tag{5.19}$$

ただし，$p = -N/2 \sim N/2-1$ となって，式 (5.19) における

$$x_p = \sum_{k=-N/2}^{N/2-1} X_k \exp(j2\pi pk / N), \quad p = -N/2 \sim N/2-1 \tag{5.20}$$

は $X_k \to x_p$ を得る逆離散フーリエ変換（inverse discrete Fourier transform, **IDFT**）の公式と一致する。したがって $X_k = a_k + jb_k$，$k = -N/2 \sim N/2-1$ から x_p，$p = -N/2 \sim N/2-1$ を得る $X_k \to x_p$ の演算には，N を 2 のべき乗として**高速フーリエ変換**（fast Fourier transform, **FFT**）のアルゴリズムを用いることができ，ディジタル演算の大幅な高速化が図れる。また逆に $x_p \to X_k$ の演算は

$$X_k = N \sum_{p=-N/2}^{N/2-1} x_p \exp(-j2\pi pk / N), \quad k = -N/2 \sim N/2-1 \tag{5.21}$$

なる**離散フーリエ変換**（discrete Fourier transform, **DFT**）で計算でき，これも FFT アルゴリズムにより高速化ができる。

信号 x_p，$p = -N/2 \sim N/2-1$ が得られた後は，**ガードインターバル**（guard

interval, GI（または **cyclic prefix**, CP と呼ばれる）) T_G を挿入する。ガードインターバルは1シンボル区間 T の信号 x_p の後半の T_G 区間の値をコピーしてシンボル長 T の前に付加するものである。この様子を図5.27に示す。

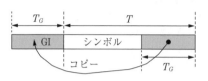

図5.27　ガードインターバルの作り方

このガードインターバルの効果は図5.28で説明できる。すなわち直接波とマルチパス伝搬による遅延波が遅延時間 τ の時間差で重畳して受信される場合、受信側では直接波の1シンボル区間 T で信号の切り出しが行われる。このとき遅延波の後半部分は区間 τ だけ削られるが、この削られた部分は遅延波のガードインターバルが重なる部分で補われ、結局遅延波も1シンボル分 T だけすべて重なることになる。このように直接波と遅延波が1シンボル分 T だけ重なるようにすれば、信号 x_p に与える遅延波重畳の効果は、信号の線形フィルタリング（巡回畳込み）に帰着できるので、受信機後段のディジタル信号処理により遅延波による信号 x_p に対するフィルタリング効果は補償できる。

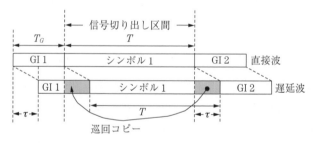

図5.28　ガードインターバルの効果（$\tau \leq T_G$ の場合）

しかし $\tau > T_G$ の場合は、図5.29に示すように、信号切り出し区間において、切り出したいシンボル1の区間にシェードで示す先行シンボル0の部分が重なってしまい、シンボル0とシンボル1の間で干渉が起きてしまう（OFDMにおける inter-symbol interference, ISI）。この影響は自分自身のシンボルの重なりではないために、線形フィルタリング効果としては処理できない。したがって補償不能な誤りが生じる。このことからガードインターバルの長さは

5.7 直交周波数分割多重通信方式   123

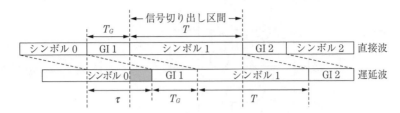

図 5.29 ガードインターバル時間 T_G を越える遅延時間 τ の効果（$\tau > T_G$ の場合）

$T_G > \tau$ でなければならない．

式 (5.20) の x_p はディジタル演算による複素数値の計算であるが，ガードインターバル挿入後の x_p の系列を x'_p とするとき，これから連続的な波形 $x(t)$ を得るには時間軸上の Δt ごとのサンプル値 x'_p の間を補間してやればよい．補間により Δt ごとの x'_p の値が保存されるためには，sinc 関数 $\sin(\pi t/\Delta t)/(\pi t/\Delta t)$ を用いて補間すればよい．このとき sinc 関数のピーク値が x'_p の値となっている．補間後の連続時間波形を $T_G + T$ の時間区間で矩形に切り出せば，ガードインターバルを含めたベースバンド時間連続送信信号 $x(t)$ が得られる．$x(t)$ が得られれば最終的な OFDM 信号 $s(t)$ は

$$s(t) = \mathrm{Re}\{x(t) \cdot e^{j\omega_0 t}\} \tag{5.22}$$

より，中心周波数を 0 から f_0 に周波数変換する操作で得られるので，これはミキサにより行える．以上から OFDM 信号の送信機は図 5.30 に示す構成となる．つぎに OFDM 信号の受信機は図 5.31 の構成を取る．受信信号 $s(t)$ から直

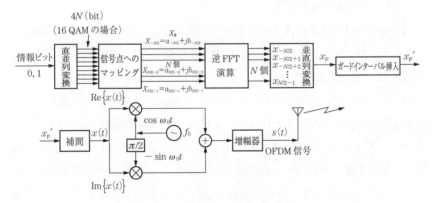

図 5.30 OFDM 信号の送信機の構成

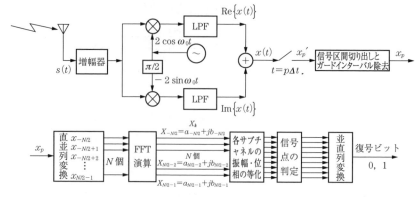

図5.31 OFDM信号の受信機の構成

交復調器によってRe{$x(t)$}とIm{$x(t)$}を得て$x(t)$=Re{$x(t)$}+jIm{$x(t)$}とし，$x(t)$がΔtごとに標本化されx'_pとなる。x'_pから信号値の切り出しが行われ不要なガードインターバル区間が除去されてx_pを得る。x_pをFFT演算すれば各サブチャネルの受信信号点X_kが得られ，さらにX_kを各サブチャネルごとの通信路複素利得G_k（振幅減衰・位相回転，通信開始前にパイロット信号を用いて測定）で割り算し，$X'_k = X_k/G_k$を得る（この操作をzero forcing基準の**周波数領域等化**（frequency domain equalization，**FDE**）という）。最終的に複素平面上のX'_kから信号点が判定されて復号ビットを得る。

5.7.2 OFDM信号の特徴

OFDM信号は**マルチパスフェージング**に強い。したがって**ゴースト**に強い。これが地上波デジタルテレビ放送に使用される最大の理由である。なぜ強いかを**図5.32**を用いて説明する。

通信路において直接波と複数のマルチパス遅延波（ビルなどの反射による）が合成されて受信されることにより，通信路の周波数（振幅）特性は平坦でなくなり，図のように波打つことになる。このときOFDM信号は通信路の振幅特性の形の影響を受けるが，OFDM信号を構成するN波のサブキャリヤの各1波ずつのQAM信号は，占有帯域幅が$\Delta f = B/N$と非常に小さいため，受信

レベルが変動するだけで，通信路の振幅特性の波打ちの形の影響は受けない。振幅特性の谷の部分にあるサブキャリヤ QAM 信号は受信レベルが減少し，山の部分にあるサブキャリヤ QAM 信号は受信レベルが増加する。受信レベルが低いサ

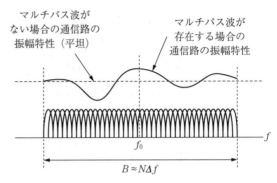

図 5.32　OFDM 信号の伝送特性の説明

ブキャリヤ QAM 信号のビット誤り率は悪くなるが，受信レベルが高いサブキャリヤ QAM 信号のビット誤り率は逆によくなる。これらが平均化されると，通信路の振幅特性が平坦なマルチパス波がない場合のビット誤り率とあまり変わらないことになる。したがってマルチパス波の影響をあまり受けない。

一方，OFDM 信号を用いず，同一帯域幅 B を持つ 1 波の QAM 信号（ただしシンボル時間は $T_s = T/N$ と $1/N$ に短くなる。$T = NT_s$ 区間で N シンボル送れるので情報伝送速度（bit/s）は OFDM 信号と同一）で伝送する場合を考えると，この場合のスペクトルは図 5.33 のようになり，QAM 信号のスペクトルは通信路の振幅特性の形の影響を大きく受けてひずむ（周波数選択性フェージングの影響を受けるという）。この結果，受信信号波形が大きくひずみ，受信側

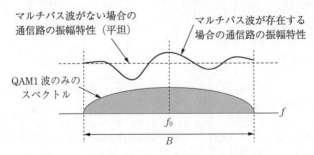

図 5.33　同一の帯域幅 B でのシングルキャリヤ QAM 信号による伝送

で等化処理が難しく，ビット誤り率の大幅な劣化を生じる。すなわちマルチパス波の影響を大きく受けることになる（しかしこの場合でも，$T=NT_s$ 区間における N シンボルのうち，ガードインターバル（cyclic prefix）として後半の T_G 区間の $T_G/T_s=N_G$（整数個）の QAM シンボルを N シンボルの T 区間の前に付加して送信すれば，受信側で OFDM 方式と同様にして N 個の周波数ポイントの各周波数ポイントで周波数領域等化（FDE）が行える。この方式を **SC-FDE**（single carrier-frequency domain equalization）通信方式という）。

以上の説明のように OFDM 信号はマルチパス遅延波の存在する通信路でも，その影響を受けにくい通信を行うことができる。反面，$N \gg 1$ 波のサブキャリヤ QAM 信号を重ね合わせることから，その時間波形 $s(t)$ の振幅は図 5.34 に示すように白色ガウス雑音状と

図 5.34　OFDM 信号の時間波形 $s(t)$ の例

なってしまう（中心極限定理より説明される）。したがって振幅の非常に小さい所と非常に大きい所の範囲であるダイナミックレンジが非常に大きくなり，

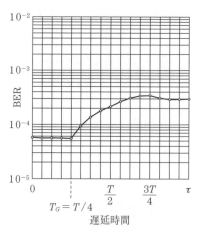

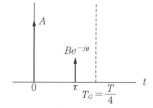

2 パス通信路の遅延プロフィール

$$\frac{D}{U} = 10 \log_{10}\left(\frac{A^2}{B^2}\right) \text{[dB]} = 10 \text{ dB}$$

遅延波の位相 θ に関しては $0 \sim 2\pi$ で平均化して BER を求めている。

$N=64$，$\dfrac{E_b}{N_0} = 12$ dB，$T_G = \dfrac{T}{4}$

図 5.35　OFDM 方式のビット誤り率特性の計算機シミュレーション結果の例（ガードインターバルの効果）

このような信号を正確に増幅するにはきわめてダイナミックレンジの大きい高性能な線形（linear）増幅器が必要となる。

OFDM方式はN波のサブキャリヤを独立に使用できるので，各サブキャリヤごとにQAM信号の変調多値数Mを変えることができ，アプリケーションに応じて種々の伝送速度を実現できるメリットがある（地上波TVのワンセグ放送等）。OFDM方式のビット誤り率特性の計算機シミュレーション結果の例を**図5.35**に示す。

5.8　MIMO 無線通信方式

MIMO とは，multiple input multiple output の略語であり，多入力・多出力の意味で，無線通信の分野において1996年頃から注目され始めた。送信側，受信側とも複数のアンテナを用いて，電波の空間通信路への入力端（input）と出力端（output）を複数（multiple）にして伝送する技術である。またM本の送信アンテナとN本の受信アンテナを用いると通信路容量が$\min(M, N)$倍に増加することが理論的に示された。例えば送受信アンテナ本数4×4のMIMO通信路の通信路容量は4倍に増加する。MIMO無線通信方式は送信と受信をそれぞれ複数本のアンテナを用いて行う空間多重化の通信方式と考えられる。近年のマルチメディア無線通信などの需要から，より高速で高信頼度の無線通信が求められている状況を考えれば，送信電力，送信帯域幅および送信時間の増加なく，送受信のアンテナ本数の増加だけで伝送速度および信頼度を向上させることができ，きわめて効率的な無線通信方式だといえる。MIMO通信方式の利点を以下に挙げる。

・周波数の有効利用が可能

　　同一周波数を空間多重して使うため広帯域を確保する必要がなく，周波数の利用効率に優れている。理論上では送受信アンテナの数$\min(M, N)$に比例して伝送速度（bit/s）の向上ができる。

・MIMO通信はマルチパス受信信号を積極的に利用

MIMO通信はマルチパスの受信信号を積極的に利用する。障害物の存在により直接波がほとんど到達しない反射・回折・散乱波（間接波）の多い無線LAN等の電波伝搬環境において特に安定した通信が可能になる。

・OFDMとの併用によりさらなる大容量化が可能

MIMO方式をサブキャリヤごとに適用した**MIMO-OFDM**通信方式により，さらなる大容量化が可能になる。無線LAN（IEEE 802.11n, IEEE802.11ac規格）をはじめ多くの応用で用いられる。

5.8.1 MIMO無線通信の分類

MIMO無線通信に関連して，送受信のアンテナ本数によってつぎの組合せが考えられる。**SISO**（single input single output，送信側および受信側ともに単一のアンテナ，従来の無線通信），**SIMO**（single input multiple output，送信側が単一のアンテナ，受信側が複数のアンテナ），**MISO**（multiple input single output，送信側が複数のアンテナ，受信側が単一のアンテナ），**MIMO**（multiple input multiple output，送受信ともに複数本アンテナ），**MIMO-MU**（multiple input multiple output-multi user，送受信ともに複数本アンテナで，基地局から複数のユーザへのダウンリンクにおいて，ユーザ間干渉のない通信を行う。すなわち各ユーザは自分向けの信号のみを受信できる。）図5.36（a）～（e）に，これらの構成図を示す。

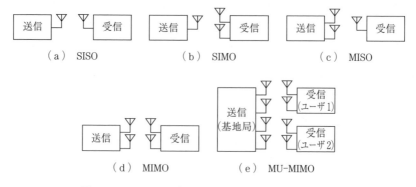

図5.36　MIMOの送受信アンテナ数の組合せによる違い

5.8.2 MIMO 空間多重通信[6]

図 5.37 の MIMO の構成に示すように,送信側で M 本の送信アンテナから,おのおの異なった M 個の信号を同じキャリヤ周波数を用いて空間通信路へ入力(multiple input)する。すなわち M **空間多重化**して送信する。受信側においても N 本の受信アンテナを用いて複数伝搬路から到達したすべての信号を同時に出力(multiple output)し,各 M 個の送信信号を分離・検出・復号する。$M=N=4$ の場合を図 5.37 に示す。ただし,図においてキャリヤの波長を λ とするとき,送信アンテナおよび受信アンテナの配置間隔は $\lambda/2$ 以上とし,各送受信アンテナは独立となっている[†]。図において,$x_1 \sim x_4$ は送信信号(QAM 変調の信号点),$y_1 \sim y_4$ は受信信号であり,$h_{ji}, j=1\sim4, i=1\sim4$ は送信アンテナ i から受信アンテナ j への複素通信路利得である。通信路への入力信号と出力信号の関係は

$$\begin{pmatrix} y_1 \\ \vdots \\ y_4 \end{pmatrix} = \begin{pmatrix} h_{11} & \cdots & h_{14} \\ \vdots & \ddots & \vdots \\ h_{41} & \cdots & h_{44} \end{pmatrix} \begin{pmatrix} x_1 \\ \vdots \\ x_4 \end{pmatrix} + \begin{pmatrix} n_1 \\ \vdots \\ n_4 \end{pmatrix} \tag{5.23}$$

で表せる。ただし,$n_1 \sim n_4$ はそれぞれ受信アンテナ $1 \sim 4$ の受信雑音である。式 (5.23) は

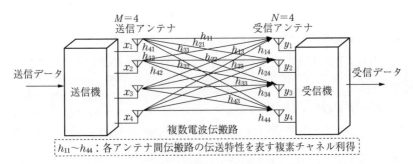

MIMO の構成 (4×4 の例)

図 5.37 MIMO 空間多重通信

[†] 付録 A.2.1 (2) 参照

130   5. ディジタル無線通信方式

$$y = Hx + n \tag{5.24}$$

とベクトル・行列表記できる。受信側では，**通信路行列 H** を通信開始前に送信側からのパイロット信号を用いて測定済みであり，H の逆行列 H^{-1} が計算できる（行列式の値 $|H| \neq 0$ とする）。受信側でこの H^{-1} を式 (5.24) の左辺に左側から掛けると

$$H^{-1}y = H^{-1}Hx + H^{-1}n = x + H^{-1}n \tag{5.25}$$

を得る。式 (5.25) で $n = 0$ で雑音がなければ $H^{-1}y = x$ となって，H^{-1} を掛ける操作で受信信号 y から送信信号 x が正しく分離できる。この操作を **zero forcing nulling** と呼ぶ。すなわち MIMO 空間多重の原理は逆行列を掛けて連立方程式を解くことにある。実際は受信雑音が存在し $n \neq 0$ であるので，$H^{-1}y = x + H^{-1}n = x + n'$ となって送信信号 x に雑音 $n'(= H^{-1}n)$ が乗ったものが空間多重分離後の受信信号点になる。このとき H^{-1} の要素の値によっては n' の要素の値がきわめて大きくなることがあり，これを**雑音強調**が起こるといい注意しなければならない。この雑音強調を起こさないためには，受信側で H^{-1} を掛けるのではなく，受信雑音 n を考慮した式 (5.26) を満たす

$$G = \arg\min_{G} E\{||x - Gy||^2\} \tag{5.26}$$

行列 G を受信信号 y に掛ければよい。ただし $||\ \ ||$ はベクトルのユークリッドノルムを表す。式 (5.26) の意味は，$Gy = \hat{x}$ として，$\hat{x}$ を x の推定値とするとき，x と $\hat{x}$ 間の距離の 2 乗 $||x - \hat{x}||^2$ の雑音に関する平均値 $E\{||x - \hat{x}||^2\}$ を最小にするように G を決定するということである。式 (5.26) を満たす G は，導出は略すが

$$G = H^H(HH^H + M\sigma^2 I)^{-1} \tag{5.27}$$

で与えられる。ただし $(\ \ )^H$ は行列のエルミート転置（複素共役の転置）で，σ^2 は受信雑音 n の要素の電力（分散）で $(1/2)\, E\{nn^H\} = \sigma^2 I$（$I$ は単位行列）を満たす。式 (5.27) の G を用いて x の推定値 $\hat{x} = Gy$ を得ることを **MMSE** (minimum mean square error) **nulling** という。MMSE nulling を行うためには受信側で雑音の電力 σ^2 の測定が必要である。また σ^2 が十分小さい $\sigma^2 \to 0$ の極限では $G = H^H(HH^H)^{-1}$ となるが，ここで公式 $(AB)^{-1} = B^{-1}A^{-1}$ を用いれ

ば，$G = H^H(H^H)^{-1}H^{-1} = IH^{-1} = H^{-1}$ と な っ て，MMSE nulling は zero forcing nulling と一致する。

以上の説明は，送信アンテナ数 M と受信アンテナ数 N が等しく H が正方行列 $(M = N)$ の場合であったが，MIMO 空間多重通信は $M \neq N$ の場合も行える。特に受信アンテナ数の方が多い $M \leq N$ の場合は，逆行列 H^{-1} の代わりに**擬似逆行列**（**pseudo inverse matrix**，Moore-Penrose の一般化逆行列）H^+ が用いられる。いま，受信雑音を無視して $n = 0$ とすると，$y = Hx$ であるから

$$H^H y = H^H Hx = (H^H H)x \tag{5.28}$$

と書ける。通信路行列 H は $N \times M$（N 行 M 列）であり，行列 $H^H H$ は $M \times M$ の正方行列となるので，逆行列 $(H^H H)^{-1}$ が存在する（$|H^H H| \neq 0$ とする）。そこで式 (5.28) の左辺に左側から $(H^H H)^{-1}$ を掛けると

$$(H^H H)^{-1}H^H y = (H^H H)^{-1}(H^H H)x = x \tag{5.29}$$

となって，送信信号 x が得られる。$(H^H H)^{-1}H^H = H^+$ と置けば $H^+ y = x$ と書ける。

$$H^+ = (H^H H)^{-1}H^H \tag{5.30}$$

式 (5.30) が擬似逆行列であり，**zero forcing** 基準の擬似逆行列と呼ばれる。式 (5.26) や式 (5.27) に対応して，H が $M \leq N$ の場合の **MMSE 基準**の疑似逆行列も導出され

$$G = H^H(HH^H + M\sigma^2 I_N)^{-1} \tag{5.31}$$

となる（導出過程は省略）。ただし I_N は N 次の単位行列である。式 (5.31) で $\sigma^2 = 0$ とおけば $G = H^H(HH^H)^{-1}$ となるが，$HG = H\{H^H(HH^H)^{-1}\} = I_N$ であり，左側から H^H を掛けると $H^H HG = H^H I_N = H^H$ を得る。したがって $(H^H H)^{-1}(H^H HG) = G = (H^H H)^{-1}H^H$ となり，式 (5.30) の zero forcing 基準の疑似逆行列 H^+ と一致する。

5.8.3 MIMO 通信路容量の増加について[6]

$N \times M$ の通信路行列 H を持つ MIMO 空間多重通信路は，$H = U\Delta^H V^H$ と**特異値分解**（singular value decomposition，**SVD**）でき

$$y = Hx + n = U\Delta^H V^H x + n \tag{5.32}$$

と表せる.ただし U と V はユニタリー行列で $UU^H = I_N$, $VV^H = I_M$ で,$\varDelta^H$ は対角要素のみ値を持つ $N \times M$ の行列ある.式 (5.32) の左辺に左側から U^H を乗算することにより

$$U^H y = U^H U \varDelta^H V^H x + U^H n = \varDelta^H V^H x + U^H n \tag{5.33}$$

と書ける.ここで $U^H y = \tilde{y} \, (N \times 1)$, $V^H x = \tilde{x} \, (M \times 1)$, $U^H n = \tilde{n} \, (N \times 1)$ と置くと

$$\tilde{y} = \varDelta^H \tilde{x} + \tilde{n} \tag{5.34}$$

と表せ,これを成分表示すると

$$\begin{bmatrix} \tilde{y}_1 \\ \vdots \\ \tilde{y}_L \\ \tilde{y}_{L+1} \\ \vdots \\ \tilde{y}_N \end{bmatrix} = \begin{bmatrix} \lambda_1 & \cdots & 0 \\ \vdots & \ddots & \vdots \\ 0 & \cdots & \lambda_L \\ 0 & \cdots & 0 \\ \vdots & \ddots & \vdots \\ 0 & \cdots & 0 \end{bmatrix} \begin{bmatrix} \tilde{x}_1 \\ \vdots \\ \tilde{x}_L \\ \tilde{x}_{L+1} \\ \vdots \\ \tilde{x}_M \end{bmatrix} + \begin{bmatrix} \tilde{n}_1 \\ \vdots \\ \tilde{n}_L \\ \tilde{n}_{L+1} \\ \vdots \\ \tilde{n}_N \end{bmatrix}, \quad \therefore \begin{cases} \tilde{y}_1 = \lambda_1 \tilde{x}_1 + \tilde{n}_1 \\ \tilde{y}_2 = \lambda_2 \tilde{x}_2 + \tilde{n}_2 \\ \vdots \\ \tilde{y}_L = \lambda_L \tilde{x}_L + \tilde{n}_L \end{cases}$$

$$\tag{5.35}$$

と書ける.ただし $L = \min(M, N)$ で,L は M と N の小さい方の値である.すなわち通信路行列 H は L 個の独立な通信路(**固有モード通信路**)に分解され,個々の通信路の利得はそれぞれ $\lambda_1, \lambda_2, \cdots, \lambda_L$ になることがわかる.したがって $M \times N$ の MIMO 通信路は,等価的に従来の 1×1 の SISO 通信路に比べ $L = \min(M, N)$ 倍の通信路数を持っており,その分だけ**通信路容量**(ビット / 秒)が増すことがわかる.この様子を図 5.38 に示す.

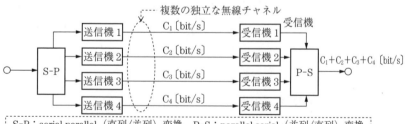

図 5.38 MIMO 空間多重通信における通信路容量の増加

5.8.4 マルチユーザ MIMO 通信について

マルチユーザ MIMO（MU-MIMO）通信のブロック図を**図 5.39** に示す。基地局からユーザ 1 とユーザ 2 へそれぞれ別々のデータを送る下りリンク（基地局 → ユーザ）通信を考える。基地局は送信アンテナ数 4 本を持ち，ユーザ 1 とユーザ 2 はそれぞれ別の場所に離れて位置し，各々 2 本の受信アンテナを持つとする。このとき図で

$$y = Hx' + n, \quad \begin{bmatrix} y_1 \\ y_2 \\ y_3 \\ y_4 \end{bmatrix} = \begin{bmatrix} h_{11} & h_{12} & h_{13} & h_{14} \\ h_{21} & h_{22} & h_{23} & h_{24} \\ h_{31} & h_{32} & h_{33} & h_{34} \\ h_{41} & h_{42} & h_{43} & h_{44} \end{bmatrix} \begin{bmatrix} x'_1 \\ x'_2 \\ x'_3 \\ x'_4 \end{bmatrix} + \begin{bmatrix} n_1 \\ n_2 \\ n_3 \\ n_4 \end{bmatrix} \quad (5.36)$$

が成り立つ。ただし y (4×1)，H (4×4)，x' (4×1)，n (4×1) はベクトルまたは行列である。ユーザ 1 の送信信号 x_1, x_2 とユーザ 2 の送信信号 x_3, x_4 は，**プリコーディング行列** M (4×4) を乗算され送信アンテナからの送信信号 $x' = Mx$ となる。x' の各要素 $x'_1 \sim x'_4$ は 4 本の送信アンテナから送信され，ユーザ 1 の受信信号 y_1, y_2 とユーザ 2 の受信信号 y_3, y_4 になる。ここでプリコーディング行列 M は通信路行列 H を**ブロック対角化**するように作られる（H から特異値分解を用いて作られる）[7]。

$$y = (HM)x + n = H'x + n, \quad H' = HM$$

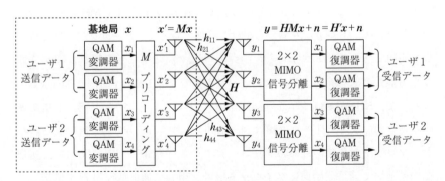

図 5.39 マルチユーザ MIMO（MU-MIMO）通信

$$
\begin{bmatrix} y_1 \\ y_2 \\ y_3 \\ y_4 \end{bmatrix} = \begin{bmatrix} h'_{11} & h'_{12} & 0 & 0 \\ h'_{21} & h'_{22} & 0 & 0 \\ 0 & 0 & h'_{33} & h'_{34} \\ 0 & 0 & h'_{43} & h'_{44} \end{bmatrix} \begin{bmatrix} x_1 \\ x_2 \\ x_3 \\ x_4 \end{bmatrix} + \begin{bmatrix} n_1 \\ n_2 \\ n_3 \\ n_4 \end{bmatrix}
\tag{5.37}
$$

すなわち，$H' = HM$ により変換された通信路行列 H' はブロック対角化される。この結果

$$
\begin{bmatrix} y_1 \\ y_2 \end{bmatrix} = \begin{bmatrix} h'_{11} & h'_{12} \\ h'_{21} & h'_{22} \end{bmatrix} \begin{bmatrix} x_1 \\ x_2 \end{bmatrix} + \begin{bmatrix} n_1 \\ n_2 \end{bmatrix}, \quad \begin{bmatrix} y_3 \\ y_4 \end{bmatrix} = \begin{bmatrix} h'_{33} & h'_{34} \\ h'_{43} & h'_{44} \end{bmatrix} \begin{bmatrix} x_3 \\ x_4 \end{bmatrix} + \begin{bmatrix} n_3 \\ n_4 \end{bmatrix}
\tag{5.38}
$$

となって，ユーザ1には自分あての信号 x_1, x_2 は受かるが，ユーザ2あての信号 x_3, x_4 は受からない。またユーザ2には自分あての信号 x_3, x_4 は受かるが，ユーザ1あての信号 x_1, x_2 は受からない。すなわち，ユーザ1とユーザ2では，おのおの自分あての信号のみ受信される。この状況を**ユーザ間干渉**（inter user interference, **IUI**）がないという。もしプリコーディング行列 M を用いなければ，ユーザ1とユーザ2には信号 x_1, x_2, x_3, x_4 が全部受かってしまい IUI が生じる。IUI をなくすのがプリコーディング行列 M の効果で，具体的には4本の送信アンテナの振幅・位相を M により調整して，ユーザ1とユーザ2の送信信号に対して，それぞれ IUI が起こらないようにヌル（零）指向性を作る。あとは，ユーザ1は受信信号 y_1, y_2 から空間多重分離して送信信号 x_1, x_2 を得ればよく，この手順は 5.8.2 項の zero forcing の逆行列や MMSE の逆行列を受信信号ベクトル y に左側から掛ける操作で行える。ユーザ2についても同様な手順である。すなわちユーザ1とユーザ2は，ともに受信側で 2×2 の空間多重分離だけを行えばよい。このような IUI のない MIMO 通信を，MU-MIMO に対して，**SU-MIMO**（single user-MIMO）という。したがって 5.8.2 項で述べた逆行列による空間多重分離は SU-MIMO における信号分離法といえる。なお，ブロック対角化のためのプリコーディング行列 M を作るためには，送信側の基地局で通信開始前にパイロット信号を用いて通信路行列 H を測定しておく必要があり，この操作は MU-MIMO における負担といえる。MU-MIMO は最新の携帯電話 4G，5G や無線 LAN IEEE802.11ac, ax で必須の技術となって

いる．

5.9 等化器

　無線通信および有線通信において通信路は必ず帯域制限されており，なんらかの周波数特性を有している．周波数特性を有する通信路は**周波数選択性通信路**（frequency selective channel）と呼ばれ，この通信路を通してディジタル信号を伝送すると必ず**符号間干渉**を生じる．この符号間干渉を除去するのが**等化器**（equalizer）の役割である．等化器は無線通信に限らず，有線通信や磁気記録の通信路等で広く用いられる．ディジタル信号を1シンボル長 T (s) で伝送する場合，周波数選択性通信路は T ごとの遅延を有する**タップ付き遅延線モデル**[全章3)]として表すことができる．これを**図 5.40** に示す．

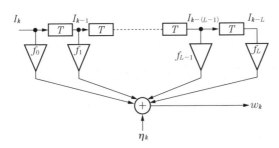

図 5.40 周波数選択性通信路のタップ付き遅延線モデル

タップ付き遅延線の出力は

$$w_k = f_0 I_k + f_1 I_{k-1} + \cdots + f_L I_{k-L} + \eta_k = \sum_{j=0}^{L} f_j I_{k-j} + \eta_k \tag{5.39}$$

と表せる．ここで I_k, η_k, w_k はそれぞれ時刻 k における入力信号値，白色ガウス雑音値，出力信号値であり，$f_0, f_1, \cdots, f_L$ はタップの係数である．また $E\{|\eta_k|^2\} = N_0$ で，$N_0/2$ は白色ガウス雑音の両側電力スペクトル密度である．ここでタップ係数 $f_0, f_1, \cdots, f_L$ には，実際の送信シンボル波形 $g(t)$ および周波数選択性通信路のインパルス応答 $c(t)$ が反映されている．時刻 k における送信信号値は I_k であるので，受信値 w_k における $f_1 I_{k-1} + \cdots + f_L I_{k-L}$ の部分は過去

の入力信号値 $I_{k-1}, I_{k-2}, \cdots, I_{k-L}$ からの干渉であり符号間干渉 (ISI) 成分と呼ばれる．したがって受信側で w_k を得たとき，符号間干渉の成分 $f_1 I_{k-1} + \cdots + f_L I_{k-L}$ を除去し，雑音成分を η'_k として $w'_k = I_k + \eta'_k$ なる形の出力を得たい．これを行うのが等化器である．

受信機側で動作する時間領域の等化器としては，線形等化器 (linear equalizer, **LE**)，判定帰還等化器 (decision feedback equalizer, **DFE**)，最ゆう系列推定 (maximum likelihood sequence estimation, **MLSE**) 等化器などがある．

5.9.1 線形等化器

線形等化器は，逆フィルタにより周波数特性を補償し，ISI を除去するものである．すなわち式 (5.39) より

$$\sum_{k=-\infty}^{+\infty} w_k = \sum_{k=-\infty}^{+\infty} \left(\sum_{j=0}^{L} f_j I_{k-j} \right) + \sum_{k=-\infty}^{+\infty} \eta_k \underset{\text{Z transform}}{\Longleftrightarrow} W(z) = F(z) I(z) + \eta(z)$$
(5.40)

とするとき，$W(z)$ に逆伝達関数を持つ逆フィルタ $F^{-1}(z) = 1/F(z)$ を掛けて

$$F^{-1}(z) W(z) = I(z) + F^{-1}(z) \eta(z) = I(z) + \eta'(z)$$

$$\underset{\text{Z transform}}{\Longleftrightarrow} \sum_{k=-\infty}^{+\infty} w'_k = \sum_{k=-\infty}^{+\infty} I_k + \sum_{k=-\infty}^{+\infty} \eta'_k$$
(5.41)

とし ISI 成分を除去するものである．ISI 成分を完全に除去でき **zero-forcing** (ZF) 線形等化器とも呼ばれる．ただし，逆フィルタ特性 $F^{-1}(z)$ を白色ガウス雑音 $\eta(z)$ に掛けることにより $\eta'(z) = F^{-1}(z) \eta(z)$ は白色でなくなり，$F^{-1}(z)$ の特性によってはある周波数帯で雑音の電力スペクトル密度が強くなる，いわゆる**雑音強調**を起こす可能性があり，欠点といえる．ZF 線形等化器の構成を図 **5.41** に示す．

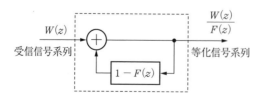

図 5.41 ZF 線形等化器の構成

ZF 線形等化器における雑音強調の問題は，**MMSE 基準**の線形等化器を用いることで改善できる．すなわち複素数信号値 I_k に対し，MMSE 線形等化器の出力を $\tilde{I}_k$ とするとき，平均2乗誤差 $E\{|I_k - \tilde{I}_k|^2\}$ を最小にする受信フィルタ特性を用いる．このフィルタの伝達関数は結果的に式 (5.42) で与えられる．

$$F^*(z)/[F(z)F^*(z)+N_0/P], \qquad P=E\{|I_k|^2\}/2 \tag{5.42}$$

式 (5.42) で $N_0=0$ と置けば ZF 基準の線形等化器となる．

5.9.2 判定帰還等化器

判定帰還等化器（DFE）の構成を**図 5.42** に示す．なんらかの方法で最初の送信信号系列の推定値 $\hat{I}_{k-1}, \hat{I}_{k-2}, \cdots, \hat{I}_{k-L}$ を得た後（最初は既知系列 $I_{k-1}, I_{k-2}, \cdots, I_{k-L}$ を送る等で），これらを用いて符号間干渉成分のレプリカ $f_1\hat{I}_{k-1}+\cdots+f_L\hat{I}_{k-L}$ を作り受信信号値 w_k から差し引き送信信号値 I_k を得るものである．すなわち

$$w_k - \sum_{j=1}^{L} f_j\hat{I}_{k-j} = \sum_{j=0}^{L} f_j I_{k-j} - \sum_{j=1}^{L} f_j\hat{I}_{k-j} + \eta_k \approx f_0 I_k + \eta_k \tag{5.43}$$

通信路の $f_0, f_1, f_2, \cdots, f_L$ は受信側であらかじめ測定し既知であるので，ISI をほぼ除去できる．雑音を含む DFE 出力 $I_k + \eta_k/f_0$ を判定すれば判定値 $\hat{I}_k$ が得られる．判定値 $\hat{I}_{k-1}, \hat{I}_{k-2}, \cdots, \hat{I}_{k-L}$ に誤りがなければ完全に ISI を除去できるが，これらの中に誤りが含まれると ISI を完全に除去できない．特に判定値に誤りが多くなると現在の DFE の判定値 $\hat{I}_k$ も誤り，誤りが伝搬する**誤り伝搬**（error propagation）現象が起こる．

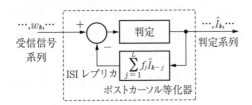

図 5.42 判定帰還等化器の構成

5.9.3 最ゆう系列推定等化器

最ゆう系列推定等化器につき述べる．タップ付き遅延線モデル（図 5.40）

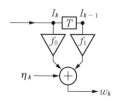

図5.43　記憶 $L=1(I_{k-1})$ を持つISIのモデル

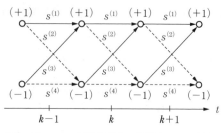

図5.44　ISIの規則を表す2状態トレリス線図

で時刻 k の出力は $w_k = \sum_{j=0}^{L} f_j I_{k-j} + \eta_k$ と表されるが，雑音を除く受信信号成分は $s_k = \sum_{j=0}^{L} f_j I_{k-j}$ である。いま簡単のため $L=1$ の場合を考えると，$s_k = f_0 I_k + f_1 I_{k-1}$ となる。これを図5.43に示す。ここで I_{k-1}, I_k が $\{+1, -1\}$ なる値をとれば，s_k の値は $\{I_{k-1}, I_k\}$ の組合せによって以下の4種類の値となる。

$$s_k^{(1)} = f_0 + f_1, \quad s_k^{(2)} = -f_0 + f_1, \quad s_k^{(3)} = f_0 - f_1, \quad s_k^{(4)} = -f_0 - f_1 \quad (5.44)$$

信号値 s_k の時刻 t に対する変化を描くと図5.44のように2状態の**トレリス線図**（状態遷移図を時間軸方向に描いたもの）が得られる。

ここで状態（+1）および状態（-1）は時刻 $k-1$ の送信情報値がそれぞれ $I_{k-1} = +1$ および $I_{k-1} = -1$ であったという記憶を持つ状態である。すなわち現在の時刻を k と考えるとき，1時刻前の $k-1$ の送信情報ビットが+1か-1であったという記憶を持つ状態である。したがって受信信号値…, $s_{k-1}, s_k, s_{k+1}, \cdots$ はこのトレリス線図上のパスに沿って値をとる。すなわちISIの規則がトレリス線図で表せたことになる。受信値は $w_k = s_k + \eta_k$ であり，…, $\eta_{k-1}, \eta_k, \eta_{k+1}, \cdots$ はたがいに独立なガウス雑音サンプル値であるので，信号値…, $s_{k-1}, s_k, s_{k+1}, \cdots$ を**ビタビアルゴリズム**（Viterbi algorithm）と呼ばれるアルゴリズムにより系列推定できる。すなわち**ブランチメトリック**として $|w_k - s_k|^2$ をとり，時刻 $k-1$ の状態（+1）と状態（-1）がそれぞれ持っている**パスメトリック**にこのブランチメトリックを加算し，新たなパスメトリックとすればよい。時刻 k の各状態に入る2本のパスメトリックのうち，小さいパスメトリックを持つパスをサバイバルパスとして選択し残せばよい。このようにISIの規則性を表すトレリス線図を用い，最ゆう系列パスを選び送信信号系列…, $I_{k-1}, I_k, I_{k+1}, \cdots$ を推定するこ

とを最ゆう系列推定（maximum likelihood sequence estimation, **MLSE**）という。

　トレリス線図の状態数は，例えば記憶 $L=2$ で $s_k=f_0I_k+f_1I_{k-1}+f_2I_{k-2}$ の場合は，状態 (I_{k-2}, I_{k-1}) の数，すなわち $(+1,+1)$, $(+1,-1)$, $(-1,+1)$, $(-1,-1)$ で4状態となる。一般に記憶が L で送信信号のレベル数（多値数）が M の場合は M^L 状態のトレリス線図となる。したがって L の増加に対し指数関数的に状態数が増えることになり，ビタビアルゴリズムによる系列推定の演算量が増加する。これが最ゆう系列推定等化器の弱点になっている。しかし等化器の性能としては MLSE ＞ DFE ＞ LE の順でよい。

演 習 問 題

【1】　以下の問いに答えよ。

1）　ディジタル位相変調 PSK においては，搬送波の位相情報を用いてデータが送信されるが，受信側ではキャリヤ位相の絶対値は不明である。この位相の不確定さを回避するために用いられる手法につき簡略に述べよ。

2）　DQPSK（差動符号化 QPSK）信号 $v(t)=A\cos(\omega_c t+\theta_k)$ において，受信された位相 $\theta_{k-1}, \theta_k, \theta_{k+1}$ の間に，$\theta_k-\theta_{k-1}=\pi$, $\theta_{k+1}-\theta_k=0$ の関係があったとする。このとき送信ビット列はなにか。

3）　8相 PSK 信号 $A\cos(\omega_c t+\theta_k), k=1,\cdots,8$ の1シンボル長（タイムスロット長）T_s が1 ms であった。ビット速度 R（bit/s）を求めよ。

4）　16 QAM（16値直交振幅変調）信号 $A_k\cos(\omega_c t+\theta_k), k=1,\cdots, 16$ の1シンボル長 T_s が1 μs であった。このとき 16 QAM 信号のビット速度 R（bit/s）を求めよ。

5）　64 QAM 信号の1シンボル長 T_s が1 μs であった。ビット速度 R（bit/s）を求めよ。

【2】　M 値 QAM 信号は，一般的に次式で表せる。

$$v(t) = I(t)\cos\omega_c t - Q(t)\sin\omega_c t$$
$$= \left[\sum_{k=-\infty}^{\infty} I_k p(t-kT_s)\right]\cos\omega_c t - \left[\sum_{k=-\infty}^{\infty} Q_k p(t-kT_s)\right]\sin\omega_c t$$

ただし，$p(t)$ は1シンボル区間 T_s において同相信号 I_k および直交信号 Q_k を乗せるパルス波形で，方形パルスならば，$p(t)=1, -T_s/2 \leq t \leq +T_s/2$，ナイキストパルスならば，$p(t)=\sin(\pi t/T_s)/(\pi t/T_s), -\infty \leq t \leq \infty$ である。

1) シンボル区間 $kT_s - T_s/2 \leq t \leq kT_s + T_s/2$ で QAM 信号 $v(t)$ が伝送する複素信号点を示せ.

2) $p(t)$ が方形パルスとナイキストパルスのときの波形 $v(t)$ の違いを考察せよ.

【3】 CDMA 方式における rake 受信機では, 図 5.45 のようにキャリヤ同期検波復調後の入力信号 $v_{in}(t)$ に拡散 PN 系列を乗算し, 拡散 PN 系列の 1 周期 T 区間にわたり積分して自己相関出力 $v_{out}(t)$ を得る. 入力信号 $v_{in}(t)$ が直接波 $\tau = 0$ および $\tau_1 = 4\Delta, \tau_2 = 8\Delta$ の二つの遅延波を含む場合, 自己相関出力 $v_{out}(t)$ は図 5.46 のように描ける. ただし Δ は PN 系列の 1 チップ時間である. 出力 $v_{out}(t)$ における直接波の振幅 v_0, 第 1 遅延波の振幅 v_1, 第 2 遅延波の振幅 v_2 を用いて直接波と遅延波の電力を合成できる. 直接波と遅延波の振幅をそのまま加算した場合 $v_{EGC} = v_0 + v_1 + v_2$ (**等利得合成**) と振幅に応じた重み付けをし $v_{MRC} = v_0^2 + v_1^2 + v_2^2$ (**最大比合成**) とした場合の各出力 S/N を比較せよ.

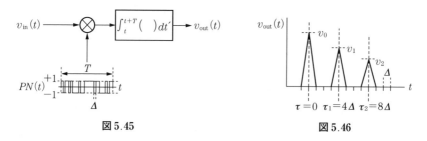

図 5.45　　　　　　　　図 5.46

【4】 OFDM 信号においては, 中継伝送に対してキャリヤ周波数を変えなくて済む単一周波数ネットワーク (single frequency network, **SFN**) の構築が可能であり, 地上波デジタルテレビ放送の中継などに用いられる. この理由を考えよ.

【5】 OFDM 信号伝送では, 複数のサブキャリヤを並列に伝送できることから, 各サブキャリヤに別々の情報を乗せることができ, 地上波の**ワンセグ** (one segment) **放送**などが実現できる. この原理を考えよ.

【6】 ディジタル通信の通信品質を表すビット誤り率は, 縦軸にビット誤り率を横軸に E_b/N_0 をとって表す. 複数のディジタル通信方式のビット誤り率を比較するとき, 三つの物理量を同一にして比較するのが正しい. これらの物理量を挙げよ.

【7】 ビット誤り率特性の横軸である E_b/N_0 の意味について考察せよ.

【8】 ビット 0, 1 を $0 \to +1$, $1 \to -1$ と対応させることにより, ビット 0, 1 に対する排他的論理和の演算 (modulo 2 の演算) が $+1, -1$ の乗積演算に置き換えられることを示せ.

C*6* 多 重 化 方 式

COMPUTER SCIENCE TEXTBOOK SERIES □

6.1 時分割多重化

時分割多重（time division multiplex, **TDM**）方式は，時間軸上に複数のチャネルを多重化して配置する伝送手法である。

以下，PCM 時分割多重（PCM TDM）伝送につき述べる。サンプリング周波数で標本化され，量子化および符号化された一つの標本値を表す 0, 1 系列（1 ワード）は，元のサンプリング間隔の周期で伝送路に送出される。通常，伝送路は高速であるので送出後に空き時間が生じ，この空き時間を利用してほかのチャネルの信号を多重化して伝送できる。これを PCM 信号の時分割多重化という。24 チャネルの時分割多重化方式を**図 6.1** に示す。

電話音声の PCM 伝送では，1 ワード（8 ビット）は 1/8 000 秒 = 0.125 ミリ秒ごとに周期的に伝送される。しかしこの 1 ワードを 0.125 ミリ秒の 1/24 の短時間で伝送すれば，残りの 23/24 の部分に時間的余裕ができ，別の 23 個のワードを送れる。このように 24 個の独立なワードを 0.125 ミリ秒の間に順次配置して並べ，時間軸上で ch.1（チャネル 1）から ch.24 の複数チャネルを作ることを時分割多重伝送という。PCM 信号の 24 チャネル時分割多重では，この 24 チャネルの後に 1 ビットのフレーム同期用のビットを付加し，計 8×24 +1 = 193 ビットを 1 フレームと称している。また 12 フレームを 1 マルチフレームと呼んでいる。

つぎに無線通信などで基地局と子局の間などの伝送で用いられる **TDD**（time

142　6. 多重化方式

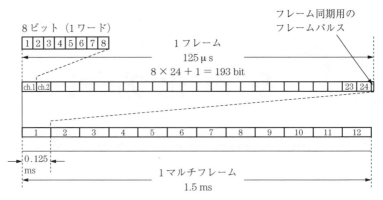

図 6.1　PCM 信号の 24 チャネル TDM 伝送方式

division duplex）と呼ばれる時間軸上の多重化法につき述べる（**図 6.2**）。これは別名**ピンポン伝送**とも呼ばれ，基地局から子局（下り回線）と子局から基地局（上り回線）で同一の周波数帯を用い，上り回線と下り回線を時間的に分離して交互にパケットを交換するものである。TDD 伝送方式においては，上りと下り回線で同一の回線を用いるので，静止時では通信路特性が上りと下りで同一となり（可逆性），基地局と子局の間で通信路特性の測定が容易になって，通信路等化器の設計や送信電力制御がしやすいなどの利点がある。ISDN, PHS, TD-CDMA（time division-code division multiple access），TD-LTE などで用いられた。

図 6.2　TDD 伝送方式

6.2　周波数分割多重化

周波数分割多重化（frequency division multiplex, **FDM**）は，古くから使われてきた多重化技術で，通常の周波数チャネルの概念である。周波数軸上に

個々のチャネルの周波数スペクトルを配置するもので，隣接周波数チャネルとの間にはガード周波数帯を設け，たがいに周波数スペクトルが重ならないよう注意する（**図6.3**）．移動体のセルラー通信であるW-CDMAやCDMA 2000などでは，上り回線と下り回線の分離に**FDD**（frequency division duplex）が用いられている．

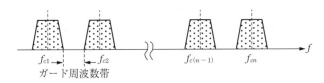

図6.3 FDM 伝送方式

6.3 符号分割多重化

符号分割多重化（code-division multiplex, **CDM**）は，たがいに直交する符号を用いた多重化の手法である．時間軸上および周波数軸上で複数の信号が重なっていても，各信号を直交符号を用いて分離して受信できる．これはつぎのように説明できる．区間 $0 \leq t \leq T$ でたがいに直交する二つの符号を $c_i(t)(=\pm 1)$ および $c_j(t)(=\pm 1)$ とする．またこれらの符号の電力を1とする．すなわち

$$\int_0^T c_i(t)c_j(t)dt = 0, \quad (1/T)\int_0^T c_i^2(t)dt = (1/T)\int_0^T c_j^2(t)dt = 1 \quad (6.1)$$

符号 $c_i(t)$ を用いてデータ d_i を，符号 $c_j(t)$ を用いてデータ d_j を伝送することを考え，送信信号を多重化して $d_i c_i(t) + d_j c_j(t), 0 \leq t \leq T$ とする．受信側では多重化された信号の分離を次式の操作で行う．

$$\frac{1}{T}\int_0^T [d_i c_i(t) + d_j c_j(t)]c_i(t)dt = \frac{d_i}{T}\int_0^T c_i^2(t)dt + \frac{d_j}{T}\int_0^T c_j(t)c_i(t)dt = d_i$$

$$(6.2)$$

すなわち送信データ d_i を復号したいときは，受信信号に $c_i(t)$ を乗算して T 区間で積分すればよい．送信データ d_j の復号も同様である．つまり二つのたがいに直交する符号 $c_i(t)$ および $c_j(t)$ を用いて独立なデータ d_i および d_j の伝送

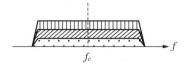

図 6.4 CDM における電力スペクトル密度の重畳

ができ，2 チャネルの多重化が行えたことになる．さらに直交符号の数を n に増やせば，n チャネルの多重化ができる．このような直交符号の例としては，アダマール符号（Hadamard code）や完全直交ではないがゴールド符号（Gold code）などが有名である．CDM では，周波数軸上の電力スペクトル密度はたがいに重なり合い図 6.4 のように重畳される．CDM は，CDMA として第 3 世代の携帯電話（IMT-2000）に採用され，また周波数拡散通信方式として雑音に強い特徴を活かし，GPS（global positioning system）や深宇宙通信（deep space communication）などでも用いられている．

6.4 空間分割多重化

空間分割多重化（spatial division multiplex, **SDM**）は，図 6.5 に示すようにアンテナの放射指向性を希望波方向に向けることで，空間を分割して複数のチャネルを作るものである．また非希望波方向にはアンテナのヌル（指向性の零点）を向けることも行われる．空間分割の指向性を作るのにアダプティブアレーアンテナやセクタアンテナなどが用いられる．

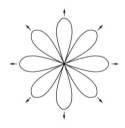

図 6.5 アンテナの指向性による空間分割多重化の原理

6.5 空間多重化

空間多重化（spatial multiplex, **SM**）は無線通信における **MIMO** 空間多重通信方式で用いられる．図 6.6 の送信アンテナ 2 本および受信アンテナ 2 本を用いた（2×2 と記す）MIMO システムにおいて，アンテナ 1, 2 からの送信信号をそれぞれ x_1, x_2，受信アンテナ 1, 2 での受信信号を y_1, y_2 とすると

$$\begin{cases} y_1 = h_{11}x_1 + h_{12}x_2 \\ y_2 = h_{21}x_1 + h_{22}x_2 \end{cases} \quad (6.3)$$

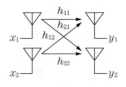

図 6.6 2×2 MIMO 空間多重方式

が成立する。ただし，$h_{ji}, j, i = 1, 2$ はアンテナ $i \to j$ への複素伝搬路利得である。式 (6.3) を $y = Hx$ とベクトルで表示すれば，$H^{-1}y = x$ なる操作により送信信号 x を受信側で分離できる。ただし伝搬路行列 H の要素 $h_{ji}, j, i = 1, 2$ は受信側で既知とする（通信開始前にパイロット信号などを用いて測定しておく）。送受信アンテナ数が 2×2 の場合は 2 空間多重となり，原理的に最大 2 倍の通信路容量を実現できる。したがって送受信アンテナ数が $n \times n$ の場合は n 空間多重となり，最大 n 倍の通信路容量を達成できる。

6.6 波長分割多重化

波長分割多重化（wavelength division multiplex，**WDM**）は，1 本の光ファイバに異なる波長の光信号を多重化して伝送する。空間中で波長 λ は光速を c，周波数を f として，$\lambda = c/f$ で与えられるので，波長 λ を変えることは周波数 f を変えることと同じであり，無線通信における FDM の原理と同じである。数百波長の多重化も可能で海底ケーブルなどの光ファイバ回線の伝送容量を飛躍的に増大できる。

演 習 問 題

- 【1】 ビット誤り率が p_b で与えられるとき，n ビットからなるパケットに 1 ビットでも誤りが含まれる確率を**パケット誤り率**と呼ぶ。各ビットの誤りが独立に起こるとしてパケット誤り率 P_{PER} を求めよ。
- 【2】 MIMO 空間多重化方式では，受信信号 y を受信したとき $H^{-1}y = x$ なる操作により送信信号 x を得る。しかしこれには通信路特性 H を受信側で知る必要がある。そこで通信開始前に既知のパイロット信号 s を送って H の測定（チャネル推定）を行う。この方法につき考察せよ。

C **7** ディジタル通信の展開

OMPUTER SCIENCE TEXTBOOK SERIES □

7.1 光　　通　　信

　光通信に関しては，光ファイバ伝送や光空間伝送が，身近に応用されている。光ファイバ伝送に関しては，**FTTH**（fiber to the home）の普及が挙げられ，わが国においては 2016 年度末で 2 932 万件の契約数となっている（総務省調べ[1]）。伝送速度は約 1 ギガ (10^9) bit/s であるが，今後 10 Gbit/s のサービスが始まろうとしている。**光空間伝搬**を用いる通信は，基本的には光を逆の望遠鏡を通し LD（laser diode）光源を用いて指向性を絞って遠方へ伝送する方式である。宇宙空間などでは有効であるが，地上では雨や霧の影響を受け比較的短距離の伝送に限られる。また室内機器間の接続のために LED 光源を用いて PAN（personal area network）におけるリモコン等として広く普及している。

　光ファイバ伝送の長距離・大容量化方式として，従来はシングルモードファイバを使用し，高速な光パルスの on と off で信号の 1 と 0 を送る**光強度変調**が用いられてきた。しかし近年の**コヒーレント光通信**では，シングルモードファイバにおいて光搬送波（キャリヤ）を用い，受信側で波長（周波数）の異なる光波を混合（乗算）し，受信波との差の周波数をマイクロ波の電波として取り出す**光ヘテロダイン検波**が利用でき，受信感度の大幅な改善ができる。現在 QPSK 変調（4 値位相変調）を用いたディジタル光コヒーレント通信が実用化されている。また一つの光搬送波の水平偏波と垂直偏波を用いて 2 偏波多重が行え，これらを用いて 1 光搬送波当り 100 Gbit/s の伝送速度が実現されて

いる。さらに光波の**波長分割多重化**（wavelength division multiplex, **WDM**）方式を用い，80波程度の波長多重化を行うことにより，1本の光ファイバを用いて8テラ(10^{12}) bit/s の伝送速度を出せる。1本の光ファイバでテラビット級の伝送速度を実現でき，東京—名古屋—大阪などを結ぶ基幹回線として使用されている[2]。また今後一層の伝送速度の改善に向け，1本の光ファイバの中に複数の光信号を空間的に多重化する**空間分割多重化**（space division multiplexing, SDM）技術の研究開発が進められている。これはマルチコアファイバやマルチモードファイバあるいはそれらを組み合わせたマルチモードマルチコアファイバを用いて，1本の光ファイバの中に空間的に複数の光通信路を形成して多重化し，受信側では無線通信ですでに用いられている**MIMO**信号処理により空間多重化信号を分離するものである。空間多重数を30以上にすることができ，DSDM（dense SDM）と呼ばれている。WDMとDSDMを併用して1本の光ファイバで1P（ペタ）(10^{15}) bit/s の伝送容量が2012年にNTTにより実証された[3),4),5]。

　またGHz帯の搬送波を持つ無線信号を光アナログ変調して光ファイバで伝送できる。すなわち無線信号を光強度変調して光ファイバの中に通すことができ，これを**RoF**（radio over fiber）と呼ぶ。この方式は光の周波数をキャリヤとし，無線のGHz帯の周波数をサブキャリヤ（副搬送波）として用いるのもであり，**サブキャリヤ多重化**（subcarrier multiplexing, **SCM**）方式とも呼ばれる。同軸ケーブルと同様，光ファイバを通して多くのTVチャネルの多重化伝送などができる。また，2020年に実用化が予定されている第5世代携帯電話（**5G**）などのモバイル無線通信では，地理的に分散して設置された多数の無線アンテナを一つの無線基地局で集中的に制御する必要があり，無線基地局から各無線アンテナまでを光ファイバを用いたRoF伝送により実現しようとしている。アナログのRoF伝送により装置が簡略化され低コスト化が可能である。また，無線基地局から中継局を介して各無線アンテナまで伝送する場合は，無線基地局と中継局間は，**IFoF**（intermediate frequency over fiber）と呼ばれる光アナログ伝送が用いられる。これは複数の異なる中間無線周波数で

148　　**7. ディジタル通信の展開**

FDM された複数チャネル信号を一括して光アナログ変調するものである。こ
れにより無線基地局と中継局間は 1 本の光ファイバで伝送でき，アンテナ数だ
け光ファイバが必要でなく効率的である。しかし RoF 伝送や IFoF 伝送は，光
アナログ変調による非線形性や長距離伝送における波長分散などの問題が生
じ，混変調歪みやパワーフェージング対策などが必要である[6]。

　光赤外線空間伝送は PAN などでの利用が進み，**IrDA**（Infrared Data
Association）などで共通規格化が行われ，送信に LED，受信に PD（photodiode）
を用い数メートル程度の距離での伝送が行われている。ノート PC や携帯端末
などへ適用され通信速度は 2.4 Kbit/s ～ 4 Mbit/s 程度であった。近年，光源
に LED ではなく，安全性が高い波長領域である 1 300 nm の半導体レーザを使
用し，通信距離 5 cm で 1 Gbit/s のデータ転送システムが開発された。これは
パソコンと携帯電話の間のデータ転送などに用いられる[7]。また，ビル間どう
しの 1 km 程度の距離で，レーザーダイオードを光源とし受光素子には APD
（avalanche photo diode）を用いた光ビーム通信システムが実用化されている。
伝送速度は 1 Gbit/s 程度である[8]。さらに，宇宙光通信では，低軌道地球観測
衛星と光データ中継衛星の間で 1.8 Gbit/s の光データ通信が構想されている[9]。

　光赤外線通信とともに，**可視光通信**もユビキタスネットワークの構築に関連
して研究・実用化されている。可視光通信は赤外線と異なり光が見えるので光
信号源の位置同定が容易である。発光ダイオード（LED）照明灯などからの光
に重畳してディジタル信号を伝送でき，受信端末としてスマートフォンなどを
用いた場合，スマートフォンの所有者の位置確認も容易である。可視光通信の
方向は大別して二つあり，一つは高速通信の方向で，OFDM 変調を利用して
携帯電話網における無線基地局と交換局を結ぶバックホール回線への利用など
を目指すものである。もう一つは，低速通信の方向であり，おもにスマート
フォンのカメラのイメージセンサで LED 光源の変調された光を受け，ID 情報
などを取得するものである。カメラを利用した**イメージセンサ通信**は光学カメ
ラ通信とも呼ばれ，ピカリコ（Picalico）等の製品が実用化されている。また
イメージセンサ通信では，LED 灯台や LED 交通信号機から放射される光波を

ディジタル変調して船舶，車両や歩行者へデータを伝送することも可能である[10]。

7.2 電 力 線 通 信

電力線通信（power line communication，**PLC**）は，電力線に無線周波数信号を重畳し情報通信を行うものである。通常の商用電源（100 V あるいは200 V）の電力線に信号を重畳するものが最も一般的である。この場合でも屋外系と屋内系に分類される。屋外系は家庭の配電盤から電柱までの配電線を用い，電柱に取り付けられた光ファイバモデムまで電力線通信するものである。屋内系は，家庭内などの配電線を用いる電力線通信である。コンセントと配電線を介し情報通信機器を接続する。屋内系でコンセントどうしを用いて電力線通信を行う場合，情報信号を電力線に重畳させる方法として，配電線を平行線路と見なし，送受信側共にフィルタを用いて高周波信号を重畳・分離する。情報信号を乗せるキャリヤ周波数や線路分岐などの不連続性によって，配電線から空間に不要電波を放射する可能性があり，ほかの無線通信に悪影響を与える場合がある。そこで電力線通信で使用できる周波数や許容送信電力に対しては電波法により規制が加えられている。

初期の電力線通信システムは数百 kHz 以下の周波数帯で利用される狭帯域電力線通信と呼ばれるもので伝送ビット速度が低い。変調方式としては，ASK，PSK，FSK やスペクトル拡散通信方式などを用い，データ速度は数十 Kbit/s 以下である。多重化方式としては，CSMA（carrier sense mul-tiple access）方式を用い，連続送信をある一定時間以下に抑えるなどの制御を行っている。

これに対しより周波数の高い短波帯（2 ～ 30 MHz）を用いる電力線通信システムを広帯域電力線通信と呼び，高ビット速度伝送が可能である。電力線通信ではコンセントに接続されるさまざまな機器から発生する各種雑音が存在する。これらの雑音は低い周波数帯ほど電力スペクトル密度が大きく，周波数が

150 　7. ディジタル通信の展開

高くなるにつれ指数関数的に減少するといわれている。しかし電力線を通した信号の減衰は高い周波数ほど大きくなる。また雑音の時間的変化も AC 電圧の 50 Hz あるいは 60 Hz に同期して変動することがある。また配電線の数多くの分岐などの線路の不連続点から信号の反射を生じ，マルチパスの伝送路となる。このように電力線は本来電力配電用の線路であり，情報通信用としては劣悪な通信路となっている。広帯域電力線通信に関し，2010 年 10 月には高速電力線通信の標準規格 IEEE 1901 として，**HD-PLC**（high definition-power line communication）が承認された。HD-PLC はわが国で開発され，1.8 ～ 28 MHz の帯域を用いてウェーブレット OFDM 変調により 260 Mbit/s の伝送速度を実現する。サブキャリヤ間隔は 61 KHz で 432 本のサブキャリヤを用いている。またリード・ソロモン符号や畳み込み符号を用いて誤り訂正符号化を行っている。HD-PLC 対応 PLC アダプターは現在広く販売されている[11)～13)]。

　電力線通信は家庭やオフィスなどの電源コンセントどうしを用い各種機器を接続して LAN を構成でき，無線が使えない環境でもユビキタスネットワークを簡易に構成できる点で有利であると考えられる。

7.3　衛　星　通　信

　衛星通信は，旧ソ連によって 1957 年に打ち上げられた世界初の人工衛星スプートニク 1 号に始まり，現在は通信および放送に広く利用されている。衛星には地上から見て赤道上 35 786 km に静止している**静止衛星**と地球上を周回している**周回衛星**がある。周回衛星は，**低軌道**（low earth orbit，**LEO**，高度 350 ～ 1 400 km），中軌道（medium earth orbit，MEO，高度約 1 400 km ～静止軌道約 36 000 km）などに分類できる。

　静止衛星に関しては，わが国では**通信衛星**の CS（さくら）（30/20 GHz 帯使用）が 1977 年に打ち上げられ，ついで CS-2a，2b が 1983 年に，CS-3a，3b が 1988 年に，N-STAR が 1995 年に打ち上げられた。その後 2000 年に N-SAT-110（Superbird D）（Ku バンド：12.2 ～ 12.75 GHz，東経 110 度），

7.3 衛 星 通 信 *151*

2002 年には JCSAT-2A（Ku バンド /C バンド：3.9 〜 4.2 GHz，東経 154 度）が打ち上げられている。また 2006 年には JCSAT-3A（Ku バンド /C バンド，東経 128 度），2008 年には Superbird-C2（Ku バンド，東経 144 度），2012 年には JCSAT-4B（Ku バンド，東経 124 度），2016 年には JCSAT-2B（Ku バンド /C バンド，東経 154 度）が打ち上げられた[14)〜17)]。

　衛星放送に関しては，1976 年に NHK が衛星放送の直接受信実験に成功し，1978 年に実験用放送衛星 BS（ゆり）が打ち上げられ，1984 年に放送衛星 BS-2a，1986 年に実用放送衛星 BS-2b を打ち上げている。その後，2003 年に BSAT-2c（Ku バンド，東経 110 度）が打ち上げられ，BS ディジタル放送として衛星ハイビジョン放送が行われている。BS ディジタル放送に用いられる変調方式はトレリス符号化 8 相 PSK（trellis coded 8PSK，TC8PSK）方式であり，さらに外側（送信データに近い側）の誤り訂正符号としてリード・ソロモン符号 RS（204，188）を用いている。その後 2007 年には BSAT-3a，（Ku バンド，東経 110 度），2010 年には BSAT-3b（同），2011 年には BSAT-3c（同），2017 年には BSAT-4a（Ku バンド及び 21 GHz 帯，東経 110 度）が打ち上げられた[18),19)]。BSAT-4a では 2018 年 12 月に開始された新 4K，新 8K 衛星放送が行われている。新 4K，新 8K 衛星放送では，変調方式として 16APSK（16 amplitude and phase shift keying）が用いられており，映像符号化方式として圧縮率の高い H.265（HEVC），外側誤り訂正符号として短縮化 BCH 符号，内側誤り訂正符号として LDPC 符号が用いられている。11〜12 GHz 帯の 34.5 MHz の帯域幅を用い，誤り訂正符号の符号化率 7/9 で約 100 Mbit/s の伝送速度を実現でき，8K 放送 1 チャンネルまたは 4K 放送 3 チャンネルを伝送できる[20),21),22)]。

　また，静止衛星である**技術試験衛星**（きく，engineering test satellite，ETS）Ⅰ〜Ⅷは宇宙航空研究開発機構（JAXA）によって 1975 年〜2006 年に打ち上げられ，つぎの ETS Ⅸ（9）は 2021 年に打ち上げ予定である[23),24)]。

　周回衛星には測位衛星として，米国の **GPS**（global positioning system）衛星（基本の衛星数 24，2018 年 4 月現在計 29 個運用中）がある。GPS 衛星は

152　　7. ディジタル通信の展開

中軌道（MEO）の高度 20 180 km を 1 周 11 時間 58 分かけて周回する。六つの異なる円軌道に 4 個ずつ計 24 個の衛星を配置している。4 個の衛星から信号を受信して測位する。またロシアの測位衛星である **GLONASS** 衛星は，高度 19 140 km（MEO），周期 11 時間 15 分，三つの異なる円軌道に 8 個ずつ計 24 個の衛星が配置されている。GPS と GLONASS を併用すれば測位精度が改善できる[25)~28)]。

　またわが国の**準天頂衛星**システムである "みちびき" は，近地点約 32 000 km，遠地点約 40 000 km の楕円軌道を 3 機が周回する。また静止軌道上に 1 機が配置され，2018 年以降，計 4 機体制で測位が行われる。準天頂衛星は仰角が高く南北対称の「8 の字軌道」を描く。少なくとも 1 機以上の衛星が仰角 70 度以上のほぼ天頂付近に位置する。GPS 衛星と高い互換性を持ち，GPS と一体で利用することで，高精度で安定した測位が可能になり，6~12 cm 程度の精度を実現できる[29),30)]。

　携帯電話用の周回衛星として，**イリジウム衛星**（6 軌道で計 66 個）のように低軌道（LEO）の高度 780 km を周回するものなどがある。2018 年には Iridium NEXT としてすべての衛星を更新予定である。Iridium NEXT では，同軌道の隣接 2 衛星と，隣接軌道の各 1 衛星（計 2 衛星）の 4 衛星との衛星間通信が可能であり，現行サービスに加えて最大 1.4 Mbit/s のデータ通信が可能になる[28),29)]。また OneWeb 社は高度 1 200 km（LEO）の 18 軌道に最大 882 機の小型周回衛星を配置し，50 Mbit/s のデータ通信を行う予定である。2018 年に最初の衛星を打ち上げ，2020 年にサービス開始予定である。SpaceX 社は高度約 1 150 km（LEO）に 4 425 機以上の小型周回衛星を打ち上げ，1 Gbit/s のデータ通信を行う計画である。打ち上げ開始は 2019 年，衛星コンステレーションの完成を 2025 年としている[31),32)]。

　近年，**ハイスループット衛星**（high throughput satellite, **HTS**）と呼ばれる高速・大容量な静止衛星の開発が進んでいる。HST では，Ka 帯（26~40 GHz）等を用い，多数のスポットビームを用いることによって同一周波数を繰り返し使用し，大容量通信を実現する。衛星中継器容量として最大

1 Tbit/s 程度，通信速度として移動体向けに最大数百 Mbit/s 程度，固定向けには最大 1 Gbit/s 程度が想定されている[31],[32]。このような衛星通信システムを運用する国際組織（会社）として，おもに固定通信業務を行うインテルサット（INTELSAT）やおもに移動通信業務を行うインマルサット（INMARSAT）などが有名である。しかし，これまでのように固定端末向けサービスと移動端末向けサービスを別の衛星システムが提供するのではなく，固定サービスと移動サービスを一体として提供することが一般的になりつつある。

　静止衛星による衛星通信は，パラボラアンテナを用いて送受信が行える超小型アンテナ地球局（very small aperture terminal, **VSAT**）技術の進展に伴い普及した。送信電力増幅器，中継器（**トランスポンダ**, transponder），低雑音増幅器（low noise amplifier, LNA）などの技術進展に伴い，小型化・高性能化が進んできた。送信電力増幅器は，従来は静止衛星用の大電力のものはほとんどが進行波管（traveling wave tube, TWT）を使用していたが，送信電力の小さいものから徐々に GaN HEMT（窒化ガリウム HEMT（high electron mobility transistor, 高電子移動度トランジスタ））等の半導体素子を用いた固体増幅器（solid state power amplifier, SSPA）が使われるようになった[33]。トランスポンダに関しては通信衛星や放送衛星では数十台を搭載して使用周波数帯に対応している。低雑音増幅器に関しては，従来は熱雑音の発生を抑えるため極低温に冷やして使用していたが，最近は GaAs（ガリウム砒素）HEMT などの使用により，必要に応じて簡易な冷却をする程度で済んでいる。

7.4 携 帯 電 話

　携帯電話は，わが国では第 1 世代，第 2 世代，第 3 世代，第 4 世代と発展してきた。**第 1 世代**携帯電話は，1979 年に自動車電話方式として最初に導入され，アナログ FM 方式を用いるものであった。**第 2 世代**携帯電話は，1993 年に商用化され，ディジタル方式として実現された。**第 3 世代**携帯電話は **IMT-2000**（International Mobile Telecommunications-2000）システムと呼ばれ，

154　　7. ディジタル通信の展開

W-CDMA（wideband-code division multiple access）方式を用いたもので，2001 年 10 月にサービスが開始された。

第 1 世代，第 2 世代および第 3 世代携帯電話のおもな諸元をそれぞれ**表 7.1**．〜**表 7.3**に示す。第 3 世代〜第 4 世代への移行に際して，3.5 世代（3.5G）と呼ばれる HSDPA（high speed downlink packet access，下り最大 14 Mbit/s）や HSUPA（high speed uplink packet access，上り最大 5.7 Mbit/s）などもそれぞれ 2006 年と 2009 年に実用化された[34]。また，2010 年 12 月には，3.9 世代（3.9G）携帯電話と呼ばれる **LTE**（long term evolution）方式が実用化された。

表 7.1　第 1 世代携帯電話（自動車電話）の
おもな諸元（NTT 方式）

無線周波数	800 MHz 帯
周波数帯域幅	15 MHz×2（基地局送信および受信）
基地局送信周波数	870〜885 MHz
基地局受信周波数	925〜940 MHz
隣接チャネル間隔	25 kHz
無線チャネル数	600 ch.
変調方式（音声信号伝送）	アナログ FM 方式
変調方式（制御信号伝送）	FSK（300 bit/s）
基地局送信電力	25 W
移動局送信電力	5 W
ゾーン半径	5〜7 km

LTE 方式では，基地局から携帯電話への下り回線に **OFDMA**（orthogonal frequency division multiple access）を用い，20 MHz の帯域幅と 4×4 の **MIMO** を用いて最大 300 Mbit/s を，携帯電話から基地局への上り回線には **SC-FDMA**（single carrier-frequency division multiple access）を用いて 75 Mbit/s を実現する[35]。

第 4 世代の携帯電話（**LTE-advanced**）は，2015 年 3 月から実用化が開始された[36],[37]。LTE-advanced は LTE の発展形であり，LTE との後方互換性を保っている。ピーク速度として下り回線で 1 Gbit/s，上り回線で 500 Mbit/s

7.4 携 帯 電 話　　155

表7.2　第2世代携帯電話（ディジタルセルラーシステム）のおもな諸元

	日本（PDC）	北米 IS-54	北米 IS-95	ヨーロッパ GSM
使用周波数帯	800 MHz／1.5 GHz 帯	800 MHz 帯	800 MHz 帯	800 MHz 帯
キャリヤ周波数間隔	50 kHz，25 kHz インタリーブ	50 kHz，25 kHz インタリーブ	1.25 MHz	400 kHz，200 kHz インタリーブ
アクセス方式	TDMA／FDD	TDMA／FDD	DS-CDMA／FDD	TDMA／FDD
TDMA 多重化数	3（full rate）6（half rate）	3（full rate）6（half rate）		8（full rate）16（half rate）
伝送速度	42 Kbit／s	48.6 Kbit／s	1.228 8 Mchip／s	270 Kbit／s
音声符号化方式	11.2 Kbit／s VSELP 5.6 Kbit／s PSI-CELP	13 Kbit／s VSELP	8.5 Kbit／s QCELP （4段階可変レート）	22.8Kbit／s RPE-LTP-LPC 11.4 Kbit／s EVSELP
変調方式，端末送信電力	π/4シフトDQPSK，max 800 mW	π/4シフトDQPSK	下り QPSK 上り OQPSK	GMSK

注）　VSELP：vector sum excited linear prediction
　　　PSI-CELP：pitch synchronous innovation-code excited linear prediction
　　　QCELP：Qualcomm code excited linear prediction
　　　RPE-LTP-LPC：regular pulse excited predictive coding-long term predictive coding-
　　　　　linear predictive coder
　　　EVSELP：enhanced VSELP

表7.3　第3世代携帯電話（W-CDMA）のおもな諸元

使用周波数帯	上り回線 1.92〜1.98 GHz，下り回線 2.11〜2.17 GHz
帯域幅，端末送信電力	5 MHz，max 250 mW
変調方式（アクセス方式）	DS-CDMA，FDD
チップレート	3.84 Mchip／s
データ速度	144 Kbit／s〜2 Mbit／s
音声符号化	AMR（adaptive multi-rate）1.95〜12.2 Kbit／s
フレーム長	10，20，40，80 ms
誤り訂正符号	ターボ符号，畳込み符号
データ変調	下り QPSK，上り BPSK
拡散変調	下り QPSK，上り HPSK（hybrid phase shift keying）
拡散率	4〜512
基地局間同期	非同期（同期運用も可）

が設定されている。LTE-advanced のおもな仕様を**表7.4**に示す。LTE-advanced では，CC（component carrier）と呼ばれる LTE 端末が接続可能な最大 20 MHz の帯域幅を五つ用いて最大 100 MHz の帯域幅を確保し（**carrier**

156　　7.　ディジタル通信の展開

表7.4　第4世代携帯電話（LTE-advanced）のおもな諸元

	下り回線	上り回線
変調方式	OFDMA	SC-FDMA
帯域幅	100 MHz	40 MHz
データ速度	最大 1 Gbit/s	最大 500 Mbit/s
送信電力	屋外：10 W，屋内：100 mW	200 mW
送受信アンテナ数	基地局：4，移動局（携帯）：2	
CC 数（CA）	5	2
サブキャリヤ数	6 000	2 400
サブキャリヤ間隔	15 kHz	
シンボル長	66.67 μs＋CP 長 4.69 μs	
サブキャリヤ変調	QPSK，16 QAM，64 QAM	
通信路符号化	ターボ符号（符号化率 R＝0.38〜0.92）	
MIMO 空間多重	MU-MIMO（4×(2, 2)），SU-MIMO(2×2)	

　　注）　OFDMA：orthogonal frequency division multiple access
　　　　SC-FDMA：singl carrier-frequency division multiple access
　　　　CC：component carrier（LTE 端末が接続可能な最大 20 MHz の周波数ブロック）
　　　　CA：carrier aggregation（CC を複数個まとめる）
　　　　MU-MIMO：multi user-MIMO（multiple input multiple output）
　　　　SU-MIMO：single user-MIMO

aggregation），データ伝送速度の高速化を図っている。また，**MU-MIMO**（multi user-MIMO）と呼ばれる基地局アンテナのビームフォーミングによる複数携帯への同時伝送がサポートされている。

　現在，次世代の**第5世代**の携帯電話（**5G**，ファイブ G）の実用化が 2020 年の東京オリンピックを目途に進められている。5G では，4G までのようにたんに高速・大容量通信（enhanced mobile broadband，eMBB）を目指すのみでなく，多数同時接続を実現するマシンタイプ通信（massive machine type communications，mMTC）および高信頼・低遅延通信（ultra-reliable and low-latency communications，URLLC）が求められている。高速・大容量の eMBB 向けには，下り回線ピーク速度 20 Gbit/s，上り回線速度 10 Gbit/s を，多数同時接続の mMTC 向けには 10^6 台/km^2（1 台/1 m^2）の高密度な同時接続性を，高信頼・低遅延の URLLC 向けには 1 ms の遅延で 32 バイトのデータを 10^{-5} の誤り率以下で伝送することを要求条件としている[38]。このような要求条件を満

たすために，キャリヤ中心周波数として 4G で使用される 700 MHz〜3.5 GHz 帯に比べより高い，**低 SHF**（super high frequency）**帯**である 3.7 GHz，4.5 GHz や**高 SHF 帯**である 28 GHz 帯が使用される予定である。また 30 GHz 以上のミリ波帯も使用される[39),40)]。ミリ波帯などのより高い周波数帯を使うことで，より広い伝送帯域幅を利用でき，より高速な無線通信ができる。しかし，ミリ波帯などの高い周波数では伝搬損失が増すため，受信機の受信電力が大きく減衰する。この減衰を防ぐため，基地局の送信アンテナでは，多素子のアダプティブアレーアンテナを用いてユーザの携帯へ向けて鋭いビームを作る。この鋭い指向性ビームにより大きな距離減衰を防ぐことができる。また複数の携帯に向けて，複数の鋭いビームを作ることにより，複数の携帯に対し同時にデータ通信できる（**MU-MIMO**）。この目的で基地局のアダプティブアレーアンテナの素子数は 256 素子あるいはそれ以上の素子数が使われる。多数の送信アンテナ素子が使われることから **massive MIMO** 技術と呼ばれる。また，無線変調方式としては，下り回線及び上り回線共に OFDM 変調方式を用い，下りと上りで同一の周波数帯を用いる時分割 **TDD**（time division duplex）方式（ピンポン伝送方式）などが検討されている。

7.5　ブロードバンドワイヤレスアクセス

ブロードバンドワイヤレスアクセス（broadband wireless access, **BWA**）は，無線 **MAN**（metropolitan area network）とも呼ばれ，基地局から半径 3 km 程度までをカバーする電波法上では主としてデータ伝送を行うシステムと規定された無線通信方式である。代表的なものに固定無線通信である **FWA**（fixed wireless access）から発展したモバイルワイマックス（mobile **WiMAX**）[41),42)] や PHS（personal handy-phone system）技術を発展させた **XGP**（extended global platform）[43)] がある。WiMAX と XGP のおもな諸元を**表 7.5** に示す[44)]。両技術とも TD−LTE（time division-LTE；TDD 方式の LTE）を指向しており，WiMAX も XGP も実用上は携帯電話の LTE や LTE-advanced と同じような使

158　7. ディジタル通信の展開

表7.5 WiMAX と XGP のおもな諸元

	WiMAX	XGP
周波数帯	2.5 GHz	2.5 GHz
上下回線多重化	TDD	TDD
下り回線通信方式	OFDM	OFDM
上り回線通信方式	SC-FDMA	OFDMA，SC-FDMA
サブキャリヤ変調	BPSK／QPSK／16 QAM／32 QAM／64 QAM／256 QAM	
占有周波数帯幅	10 MHz／20 MHz	2.5 MHz／5 MHz／10 MHz／20 MHz
下り空中線電力	20 W（10 MHz），40 W（20 MHz）	20 W（2.5/5/10 MHz），40 W（20 MHz）
上り空中線電力	200 mW	
下り空中線利得	17 dBi	
上り空中線利得	4 dBi	

注）　TDD：time division duplex
　　　OFDM：orthogonal frequency division multiplex
　　　OFDMA：orthogonal frequency division multiple access
　　　SC-FDMA：single carrier-frequency division multiple access
　　　dBi：decibels isotropic

われ方をする。

7.6　無　線　LAN

　無線 LAN（**Wi-Fi**）は，IEEE802.11 系の規格として普及している。IEEE802.11 系無線 LAN の規格とおもな諸元を**表7.6**に示す。これらの中でIEEE802.11ad[45] は 60 GHz 帯のミリ波を用いる無線 LAN である。またIEEE802.11ac のさらに詳しい諸元[46),47)] を**表7.7**に示す。2.4 GHz および5 GHz 帯の無線 LAN の無線局は，電波法上の技術基準等を満たしており，かつ技適（技術基準適合証明等）マークがついている機器を使用する場合は，電波法の免許は不要である。**IEEE802.11b，g，n** が使用する 2.4 GHz 帯（2 400 ～2 497 MHz）は屋外使用も可能である。また 5 GHz 帯の 5 150～5 350 MHz は屋内使用のみ，5 470～5 725 MHz は屋外使用も可能となっている[48]。OFDM 変調を用いる **IEEE802.11g，a，n，ac** の最小帯域幅は 20 MHz であり，2.4 GHz 帯で 4 チャネル，5 GHz 帯で 19 チャネルが同時使用できる。

7.6 無　　　線　　　LAN　　*159*

表7.6　無線 LAN の規格とおもな諸元

規格	最大伝送速度	通信距離	変調アクセス方式	周波数帯	標準化時期
IEEE 802.11b	11 Mbit/s	数十 m	DS-SS, CCK, CSMA/CA	2.4 GHz	1999
IEEE 802.11a	54 Mbit/s	数十 m	OFDM, CSMA/CA	5 GHz	1999
IEEE 802.11g	54 Mbit/s	数十 m	OFDM, CSMA/CA	2.4 GHz	2003
IEEE 802.11n	100〜200 Mbit/s	数十 m	MIMO, OFDM, CSMA/CA	2.4 GHz, 5 GHz	2009
IEEE 02.11ad	6.75 Gbit/s	数 m	SC-BPSK, QPSK, 16 QAM, OFDM, CSMA/TDMA	60 GHz	2012
IEEE 802.11ac	6.93 Gbit/s	数十 m	MU-MIMO（DL）, OFDM, CSMA/CA	5 GHz	2014
IEEE 802.11ax	9.6 Gbit/s	数十 m	MU-MIMO（DL, UL）, OFDMA, CSMA/CA	2.4 GHz, 5 GHz	2019

注)　DS-SS：direct sequence spread spectrum
　　CCK：complementary code keying
　　OFDM：orthogonal frequency division multiplex
　　CSMA/CA：carrier sense multiple access with collision avoidance
　　MIMO：multiple input multiple output
　　SC-BPSK, QPSK, 16QAM：single carrier-BPSK, QPSK, 16QAM
　　MU-MIMO（DL）：multi user-MIMO（down link）
　　MU-MIMO（DL, UL）：MU-MIMO（down link, up link）
　　OFDMA：orthogonal frequency division multiple access

　無線 LAN の周波数チャネルのアクセス方式には **CSMA/CA**（carrier sense multiple access with collision avoidance）という自律分散方式が用いられる。これは空きの周波数チャネルを検出後，他端末との衝突を避けるためにランダムな時間後に送信するものである。携帯電話などが基地局で集中管理されるのとは対称的な方式である。次世代の無線 LAN 規格である IEEE802.11ax では，無線 LAN 機器が高密度に配置されるスタジアム環境でも端末当りの平均速度を上げることが期待され，CSMA/CA のキャリヤ検出の閾値を可変する等の方式が考えられている[49]。また IEEE802.11ax では，屋外環境での使用が意識され，無線信号の遅延波への耐性をより高めるために OFDM のシンボル長が従来の IEEE802.11a, n, ac の 4 倍の長さ（12.8 μs）になる予定である。したがってサブキャリヤ間隔は 1/4 の 78.125 kHz となり，帯域幅が同じならば 4

160 　　7.　ディジタル通信の展開

表7.7　IEEE 802.11ac（5 GHz 帯無線 LAN）のおもな諸元

変調方式	OFDM（各サブキャリヤの変調方式：BPSK，QPSK，16 QAM，64 QAM，256 QAM）
サブキャリヤ数	最大 484 サブキャリヤ（16 パイロット信号用サブキャリヤを含む） 最大 512 ポイント FFT の利用
帯域幅	最大 160 MHz
誤り訂正符号化	2 進畳込み符号（BCC），LDDC 符号
伝送速度	6 Mbit/s（BPSK，符号化率 1/2，BW＝20 MHz，GI＝800 ns，1ストリーム）〜6933. 3 Mbit/s（256 QAM，符号化率 5/6，BW＝160 MHz，GI＝400 ns，8 ストリーム）
OFDM シンボル長	4.0 µs，3.6 µs
ガードインターバル(GI)	0.8 µs，0.4 µs
占有周波数帯域幅（BW）	20，40，80，160 MHz
周波数帯	5 150〜5 350 MHz，5 470〜5 725 MHz
MU-MIMO（DL）	最大 4 端末へ同時通信，1 端末当り最大 4 ストリーム（信号数） 親機（AP，access point）からのストリーム数は最大で 8 総送受信アンテナ数 8×8 の MU-MIMO をサポート
下位互換性	IEEE 802.11a または IEEE 802.11n との機器互換性あり

注）　MU-MIMO（DL）：multi user MIMO（down link），親機（AP）から複数の端末機器
　　　へ同一周波数を用い，端末間で無線干渉なく，空間多重により同時通信する無線
　　　通信方式

倍のサブキャリヤ数となり，サブキャリヤ利用の柔軟性も向上する。また，マルチユーザ伝送に関し IEEE802.11ac をさらに拡張し，下り回線の OFDMA（orthogonal frequency division multiple access），上り回線の OFDMA，上り回線のマルチユーザ MIMO 化が新たに検討されている。さらに 1 024 QAM の導入も検討され，さらなる高速化が図られる。また従来の無線 LAN との後方互換性も確保される予定である [49),50)]。

7.7　IoT 無線ネットワーク

IoT（internet of things）は，モノのインターネットと呼ばれ，インターネットに多様かつ多数のモノが接続されることをいう。多数のモノは有線または無線で接続されるが，無線ネットワークは，個人が自分の使用するネットワーク

7.7 IoT 無線ネットワーク 161

サービスを，いつでも，どこでも，同一の条件で接続できる**ユビキタスネット
ワーク**（ubiquitous network）を実現する上で重要である。IoT 無線ネットワークにはエリアの大きさや使用用途などによりさまざまな方式があり，無線
LAN などもその一方式であるが，ここでは先に述べた光空間通信，衛星通信，
携帯電話，BWA および無線 LAN 以外の代表的な方式を**表 7.8** にまとめて示す。

ブルートゥース（**bluetooth**）[51] は，近距離通信としてパソコンのマウスやワイヤレスヘッドフォンなど身近に用いられている。2.4 GHz 帯の **ISM**（industry
science medical）**バンド**を使用し，電波法の免許を必要としない。最大伝送速度は 3 Mbps である。**ZigBee**（ジグビー）[52),53)] は，近距離の**無線センサネットワーク**を実現する。最大伝送速度は 250 Kbit/s と低速であるが，端末は低電力消費で電池駆動が可能であり長期間（年単位）の使用ができる。無線ネットワークはメッシュ型やツリー型で，ZigBee coordinator（ZC），ZigBee router
（ZR）および ZigBee end device（ZED）から構成され，ZR は中継機能を持つ。
照明の制御などのホームオートメーションやビルオートメーションを初め，短距離で低伝送速度の応用に用いられる。ウルトラワイドバンド（**UWB**）通信[42),54)] では，500 MHz 以上の超広帯域を用い数百 Mbit/s の速度で 10 m 程度の短距離無線通信を行う。超広帯域を用いるので無線信号の電力スペクトル密度がきわめて低く，他の帯域信号に干渉を与えない。パルスの時間幅が狭い
IR（impulse radio)-UWB を用いる方式は高精度測距に向いており，数十 cm
程度の精度を実現できる[55)]。**Wi-SUN**[56),57)] は，**スマートグリッド**で用いられる次世代型電力量計スマートメータの情報を無線伝送することなどに用いられる。わが国で開発され，電波が届きやすい ISM バンドの 920 MHz 帯を用い，
500 m 程度の伝送が可能である。IoT 無線通信の中には **LPWA**（low power
wide area）と呼ばれ，比較的低速ではあるが，従来よりも低消費電力（数年の電池寿命），広いカバーエリア（数 km〜数十 km），低コストを可能にするものが存在する。代表的なものとして，LoRa，SIGFOX，eMTC，NB-IoT
の諸元を表 7.8 に示す[58),59)]。いずれも低伝送速度であるが数 km〜数十 km と
伝送距離が長く，IoT 無線機器のセンサー信号等を収集するのに適している。

表7.8 IoT無線通信のおもな規格と諸元

	規格	最大伝送速度	伝送距離	変調方式	周波数帯	送信電力
bluetooth (IEEE 802.15.1)	basic rate (BR)	1 Mbit/s	1, 10, 100 m	GFSK	2.4 GHz (2.402~2.480 GHz) ／ 79通信路 (1 MHz間隔) ／ 適応周波数ホッピング (1600 hops/s)	1, 2, 5, 100 mW
	enhanced data rate (EDR)	2.3 Mbit/s		π/4DQPSK, 8DPSK		
	low energy (LE)	0.125, 0.5, 1, 2 Mbit/s	100 m以下	GFSK	40通信路 (2 MHz間隔)	1, 2, 5, 10, 100 mW
Zigbee (IEEE802.15.4) coordinator, router, end device		250 Kbit/s	10~75 m(屋内) 300 m以下(見通)	OQPSK DS-SS	2.4 GHz (2.4~2.4835 GHz). 16通信路 (5 MHz間隔, 2 MHz幅)	100 mW
UWB (ultra wide band) (IEEE802.15.3a, 4a, 4f)		数百 Mbit/s	10 m程度	MB-OFDM, DS-UWB, CSM	3.4~4.8 GHz, 7.25~10.25 GHz	−41.3 dBm/MHz以下
Wi-SUN (IEEE802.15.4g, 4e)		50 Kbit/s, 100 Kbit/s, 200 Kbit/s	約500 m	主要変調方式: 2GFSK	920 MHz帯 (920~928 MHz)	20 mW(免許不要), 250 mW(登録局)
LoRa		上り/下り 250 bit/s~50 Kbit/s程度	数km~十数km	CSS(チャープスペクトラム拡散)	920 MHz帯 (ISMバンド). 帯域幅 125 kHz	20 mW
SIGFOX		上り:100 bit/s 下り:600 bit/s	数km~数十km	上り:GFSK 下り:DBPSK	920 MHz帯 (ISMバンド). 帯域幅 100 Hz	20 mW
eMTC		上り/下り 300 Kbit/s~1 Mbit/s程度	数km~十数km	1次:QPSK/16QAM 2次:OFDMA/SC-FDMA	LTEライセンスバンド, 帯域幅 1.4 MHz	100 mW
NB-IoT		上り:20 Kbit/s 下り:250 Kbit/s	数km~十数km	1次:BPSK/QPSK 2次:OFDMA/SC-FDMA	LTEライセンスバンド, 帯域幅 200 kHz	100 mW

注) GFSK : gaussian frequency snift keying　　π/4DQPSK : π/4 shift differential QPSK
8DPSK : 8 phase differential PSK　　OQPSK : offset QPSK　　DS-SS : direct sequence spread spectrum
MB-OFDM : multi band-orthogonal frequency division multiplex　　DS-UWB : direct sequence-ultra wide band
CSM : common signaling mode　　0 dBm/MHz : 1 MHz 当り 1 mW　　LoRa : long range
eMTC : enhanced machine type communication　　NB-IoT : narrow band-internet of things

LoRa は食の物流管理や街灯管理などに活用された実績がある。SIGFOX はおもに端末から基地局への上り通信であるが，高齢者宅に介護者が訪問した時間を記録するのに応用されたり，鉄道保守データの送信などに用いられた実績がある。eMTC と NB-IoT は，携帯電話の LTE-advanced（4G）方式をベースに，一部の帯域（サブキャリヤ）を使用するものであり，eMTC の方が NB-IoT よりも高速である。既存の携帯電話網（基地局等）を活用することができる。eMTC は低～中速の移動や比較的大きいデータに対応し，ウェアラブル機器，ヘルスケアや見守り等への応用が期待される。NB－IoT では通信中の移動は想定外であり，少量のデータ通信に最適化されている。スマートメータ，機器管理や故障検知等への応用が期待される。

付　　　　録

A.1　ビット誤り率の導出

A.1.1　BPSK 信号のビット誤り率の導出

BPSK 信号の同期復調（coherent demodulation）回路を図 A.1.1 に示す。

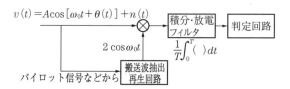

図 A.1.1　BPSK 信号の同期復調回路

ここで受信 BPSK 信号を

$$v(t) = A\cos[\omega_0 t + \theta(t)] + n(t), \quad n(t) = x(t)\cos\omega_0 t - y(t)\sin\omega_0 t \quad (\text{A}.1.1)$$

とする。ただし，$\theta(t)$ は情報信号位相（$\theta(t)$ = 定数，$nT \leq t < (n+1)T$），$n(t)$ は両側電力スペクトル密度 $N_0/2$ を持つ白色ガウス雑音，$x(t)$ および $y(t)$ はそれぞれ $n(t)$ の同相成分と直交成分である。搬送波抽出再生回路の出力は $2\cos\omega_0 t$ であり，したがって乗算器出力は

$$\begin{aligned}
v(t)\cdot 2\cos\omega_0 t \\
&= 2A\cos[\omega_0 t + \theta(t)]\cdot\cos\omega_0 t + 2x(t)\cos\omega_0 t\cdot\cos\omega_0 t - 2y(t)\sin\omega_0 t\cdot\cos\omega_0 t \\
&= A\cos\theta(t) + A\cos[2\omega_0 t + \theta(t)] + x(t) + x(t)\cos 2\omega_0 t - y(t)\sin 2\omega_0 t
\end{aligned}$$
$$(\text{A}.1.2)$$

となるが，**積分・放電フィルタ**の積分作用（低域通過フィルタとしての作用）により角周波数 $2\omega_0$ の成分は除去され，積分・放電フィルタの出力は

$$A\cos\theta(t) + X', \quad X' = (1/T)\int_0^T x(t)dt \quad (\text{A}.1.3)$$

となる。ただし T は積分時間であり，1シンボル長である。ここで確率変数 X' は $x(t)$ を $0 \sim T$ まで積分して T で割った値であるが，これは図 A.1.2 の操作によって得られることがわかる。すなわち

$$\frac{1}{T}\left[\int_{-\infty}^{t} x(t')dt' - \int_{-\infty}^{t} x(t'-T)dt'\right]\bigg|_{t=T} = \frac{1}{T}\left[\int_{-\infty}^{T} x(t')dt' - \int_{-\infty}^{0} x(t'')dt''\right]$$

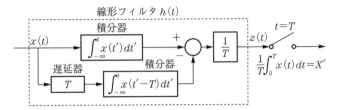

図 A.1.2 積分・放電フィルタの説明図

$$= \frac{1}{T} \int_0^T x(t)dt = X' \tag{A.1.4}$$

であり，X' の値は図 A.1.2 の点線で囲った単位インパルス応答 $h(t)$ を持つ線形フィルタ

$$h(t) = (1/T)[u(t) - u(t-T)] \tag{A.1.5}$$

の出力を $t=T$ でサンプルした値であるとみなせる．ここで $u(t)$ はユニットステップ関数である．式 (A.1.5) の単位インパルス応答 $h(t)$ を図 A.1.3 に示す．

線形フィルタ $h(t)$ の出力を $z(t)$ とすると，畳込み積分の関係から

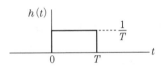

図 A.1.3 単位インパルス応答 $h(t)$

$$z(t) = \int_{-\infty}^{+\infty} h(t-\tau)x(\tau)d\tau = (1/T)\int_{t-T}^{t} x(\tau)d\tau$$
$$(\because \quad h(t-\tau) = 1/T, \quad 0 \le t-\tau \le T) \tag{A.1.6}$$

であり，したがって $z(T) = (1/T)\int_0^T x(\tau)d\tau = X'$ となるからである．

つぎに式 (A.1.5) の $h(t)$ のラプラス変換 $H(s)$ は

$$H(s) = (1/T)(1/s - e^{-sT}/s) = (1-e^{-sT})/(sT) \tag{A.1.7}$$

したがって $s=j\omega$ と置いて，フーリエ変換 $H(j\omega)$ は

$$H(j\omega) = \frac{1}{j\omega T}(1-e^{-j\omega T}) = \frac{2e^{-j\omega T/2}}{\omega T} \cdot \frac{e^{+j\omega T/2} - e^{-j\omega T/2}}{2j} = \frac{2e^{-j\omega T/2}}{\omega T} \cdot \sin\left(\frac{\omega T}{2}\right)$$

$$= \frac{\sin(\pi f T)}{\pi f T} e^{-j\omega T/2} \tag{A.1.8}$$

となる．したがって電力伝達関数 $|H(j\omega)|^2$ は

$$|H(j\omega)|^2 = \sin^2(\pi f T)/(\pi f T)^2 \tag{A.1.9}$$

となる．また Parseval の定理より

$$\int_{-\infty}^{+\infty} |H(j\omega)|^2 df = \int_{-\infty}^{+\infty} h^2(t)dt = \int_0^T (1/T^2)dt = 1/T \tag{A.1.10}$$

がいえる．したがって $x(t)$ が両側電力スペクトル密度 N_0 を持つ白色ガウス雑音のとき，式 (A.1.3) の X' の分散は

$$E\{X'^2\} = \sigma^2 = N_0 \int_{-\infty}^{+\infty} |H(j\omega)|^2 df = N_0/T \tag{A.1.11}$$

と計算される．もちろん $x(t)$ の平均値は 0 であるから，X' の平均値も 0 である．さらに式 (A.1.3) を A で規格化すると

$$\cos\theta(t) + X \tag{A.1.12}$$

となり，$X = X'/A$ は平均値 0，分散 σ^2

$$\sigma^2 = E\{X^2\} = N_0/(A^2 T) = (N_0/2)/[(A^2/2)T] = N_0/(2E_b) \tag{A.1.13}$$

のガウス変数となる．ただし $E_b = (A^2/2)T$ は受信信号 1 ビット当りのエネルギー（ビットエネルギー，単位は J）である．データビット 0 と 1 に対応して $\theta(t)$ が π と 0 を取るとすると，受信信号点を表す式 (A.1.12) の確率分布は図 A.1.4 のようになる．

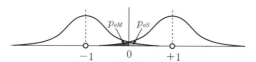

図 A.1.4 BPSK 方式における受信信号点の確率分布

ここでランダム変数 X の確率密度関数は

$$p(x) = \frac{1}{\sqrt{2\pi}\sigma}\exp\left(-\frac{x^2}{2\sigma^2}\right) \tag{A.1.14}$$

であるから，データが 0（-1）のとき 1（+1）と誤る確率 p_{eS} は

$$\begin{aligned}
p_{eS} &= \int_0^\infty \frac{1}{\sqrt{2\pi}\sigma}\exp\left[-\frac{(x+1)^2}{2\sigma^2}\right]dx \\
&= \int_1^\infty \frac{1}{\sqrt{2\pi}\sigma}\exp\left[-\frac{z^2}{2\sigma^2}\right]dz \\
&= \int_{1/\sigma}^\infty \frac{1}{\sqrt{2\pi}}\exp\left[-\frac{w^2}{2}\right]dw \\
&= Q\left(\frac{1}{\sigma}\right) = Q\left(\sqrt{\frac{2E_b}{N_0}}\right), \\
Q(x) &= \int_x^\infty \frac{1}{\sqrt{2\pi}}\exp\left[-\frac{y^2}{2}\right]dy
\end{aligned}$$
$$\tag{A.1.15}$$

となる．同様にデータが 1（+1）のとき 0（-1）と誤る確率 p_{eM} は式 (A.1.16) で与えられる．

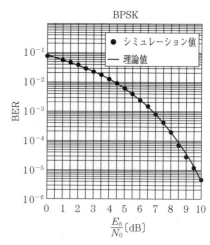

図 A.1.5 BPSK 方式のビット誤り率のシミュレーション結果と理論値

$$p_{eM} = \int_{-\infty}^{0} \frac{1}{\sqrt{2\pi}\sigma} \exp\left[-\frac{(x-1)^2}{2\sigma^2}\right] dx$$

$$= \int_{-\infty}^{-1} \frac{1}{\sqrt{2\pi}\sigma} \exp\left[-\frac{z^2}{2\sigma^2}\right] dz = \int_{1/\sigma}^{\infty} \frac{1}{\sqrt{2\pi}} \exp\left[-\frac{w^2}{2}\right] dw = p_{eS} \quad (\text{A}.1.16)$$

データ0と1の送信確率が1/2であるとして,ビット誤り率 p_b は式 (A.1.17) となる。

$$p_b = (p_{eS} + p_{eM})/2 = Q(\sqrt{2E_b/N_0}) = (1/2)erfc(\sqrt{E_b/N_0}) \quad (\text{A}.1.17)$$

BPSK方式のビット誤り率の計算機シミュレーション結果と式 (A.1.17) の理論値を図 **A**.1.5 に示す。シミュレーションでは,図 A.1.4 の確率分布に従うように平均値0で分散 σ^2 を持つガウス乱数 X を発生させている。すなわち独立なガウス変数 X を実軸上の-1を中心に落として行き,これが正の領域に入り込む頻度が確率 $p_{eS} = p_b$ となる。

A.1.2 QPSK信号のシンボル誤り率

4相PSK（QPSK）の同期復調回路を図 **A**.1.6 に示す。これは QAM 信号の復調にも用いられる直交復調器である。

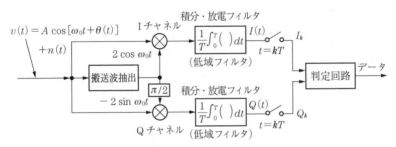

図 **A**.1.6 直交復調器

BPSK復調回路の場合と同様に計算を進めると,I (inphase) チャネルの積分放電フィルタ出力は

$$A\cos\theta(t) + X', \quad X' = (1/T)\int_0^T x(t)dt \quad (\text{A}.1.18)$$

Q (quadrature) チャネルの積分放電フィルタ出力は

$$A\sin\theta(t) + Y', \quad Y' = (1/T)\int_0^T y(t)dt \quad (\text{A}.1.19)$$

となる。さらに A で規格化すると図 **A**.1.7 や図 **A**.1.8 のような規格化信号点配置図上の I,Q 出力は

$$(I, Q) = [\cos\theta(t) + X, \sin\theta(t) + Y] \quad (\text{A}.1.20)$$

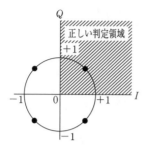
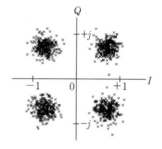

図 A.1.7 QPSK における判定領域

図 A.1.8 実際の受信信号点分布 $E_s/N_0 = 20$ dB

となる．ただし $X = X'/A$, $Y = Y'/A$ で

$$E\{X^2\} = E\{Y^2\} = \sigma^2 = N_0/(A^2 T) = (N_0/2)/[(A^2/2)T] = N_0/(2E_s)$$
$$= (1/2)/(E_s/N_0) \qquad (\text{A.1.21})$$

である．E_s/N_0 はシンボルエネルギー対雑音電力スペクトル密度で $1/T$ [Hz] 当りの受信の S/N を表す．ここで送信信号位相が $\theta(t) = \pm\pi/4, \pm 3\pi/4$ なる 4 値を取るとすると，受信信号点配置は図 A.1.7 のようになる．送信位相が $\theta(t) = +\pi/4$ のとき，正しく受信される判定領域は図 A.1.7 の斜線の領域（第 1 象限）となり，これ以外の領域に信号点が入れば誤りの判定となる．この判定の誤り率のことを**シンボル誤り率**（symbol error rate, **SER**）といい

$$p_{SER} = (1/\pi) \int_{-\pi/2}^{\pi/4} \exp[-(E_s/N_0) \cdot \sin^2(\pi/4) \cdot \sec^2 y] dy \qquad (\text{A.1.22})$$

と計算できる．式 (A.1.22) の導出は略すが，図 A.1.7 において $(+1/\sqrt{2}, +1\sqrt{2})$ を中心として式 (A.1.21) の分散 σ^2 を持つ 2 次元ガウス分布が，第 2～4 象限で取る確率密度を 2 重積分することで式 (A.1.22) が得られる．また計算機シミュレーションでは，分散 σ^2 を持つ独立なガウス変数を受信信号点 $(+1/\sqrt{2}, +1\sqrt{2})$ を中心に落としていき，これらの点が正しい判定領域以外に落ち込む頻度が p_{SER} となる．計算機シミュレーションによる受信信号点の様子を図 A.1.8 に示す．

A.1.3 QPSK 信号のビット誤り率

図 A.1.9 の信号点配置において信号点 $s_1 \sim s_4$ のビット割り当てにつき注目すると，(s_1, s_4) のビット割り当ての 1 ビット目はともに 0 で，(s_2, s_3) はともに 1 である．また (s_1, s_2) のビット割り当ての 2 ビット目はともに 0 で，(s_3, s_4) はともに 1 である．QPSK 信号の受信においては，図 A.1.6 の直交復調器（I-Q 復調器）を用いることで，受信信号点配置の I 軸上の値と Q 軸上の値は分離して検出できる．すなわち，

QPSK 信号は，I 軸上の BPSK 信号と Q 軸上の BPSK 信号が，それぞれたがいに直交したキャリヤ $\cos\omega_c t$ と $\sin\omega_c t$ を用いて同時に並列伝送されているとみなせる。したがってそのビット誤り率 p_b に関して考えると

BPSK 信号の場合（式 (A.1.12) 〜 (A.1.15) を参照して）：

$$\begin{cases} I = \cos\theta(t) + X = \{\pm 1\} + X, \\ \theta(t) = \pm\pi \\ \sigma^2 = E\{X^2\} = N_0/(2E_b), \\ p_b = Q(1/\sigma) = Q(\sqrt{2E_b/N_0}) \end{cases} \quad (A.1.23)$$

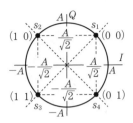

図 A.1.9　QPSK 信号の信号点配置

QPSK 信号の場合（式 (A.1.23) との対比から）：

$$\begin{cases} (I, Q) = [\cos\theta(t) + X, \sin\theta(t) + Y] = [(\pm 1/\sqrt{2}) + X, (\pm 1/\sqrt{2}) + Y], \\ \theta(t) = \pm\pi/4, \ \pm 3\pi/4 \\ E\{X^2\} = E\{Y^2\} = \sigma^2 = N_0/(2E_s) = N_0/(4E_b) \quad \because E_s = 2E_b \\ p_b = p_{bI} = p_{bQ} = Q[(1/\sqrt{2})/\sigma] = Q(\sqrt{E_s/N_0}) = Q(\sqrt{2E_b/N_0}) \\ \quad = (1/2)erfc(\sqrt{E_b/N_0}) \end{cases} \quad (A.1.24)$$

となる。すなわち E_b/N_0 に対するビット誤り率は BPSK と QPSK で等しい。

A.1.4　16 QAM 信号のビット誤り率

16 QAM 信号の復調には図 A.1.6 の直交復調器を用いる。16 QAM 信号の信号点配置とビット割り当てを**図 A.1.10** に示す。図から，各信号点のビット割り当ての前半 2 ビットは I 軸上のビット情報であり，後半の 2 ビットは Q 軸上のビット情報であることがわかる。そこでまず I 軸上の前半 2 ビットのビット誤り率に関し考え，以下のビット誤り率 p_{b1} 〜 p_{b4} の導出を**図 A.1.11** を用いて行う。

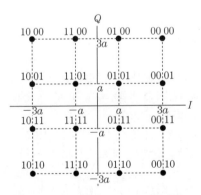

図 A.1.10　16 QAM 信号の信号点配置

(00) を送信して 1 ビット目が誤り，(10) あるいは (11) となる確率：$p_{b1} = Q(3a/\sigma)$
(00) を送信して 2 ビット目が誤り，(11) あるいは (01) となる確率：

$$p_{b2} = Q(a/\sigma) - Q(5a/\sigma)$$

(01) を送信して 1 ビット目が誤り，(10) あるいは (11) となる確率：$p_{b3} = Q(a/\sigma)$
(01) を送信して 2 ビット目が誤り，(10) あるいは (00) となる確率：

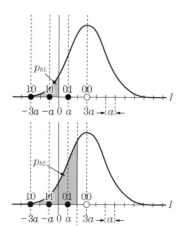

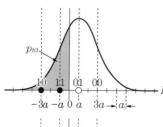

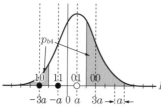

図 A.1.11 16 QAM 信号に対する
ビット誤り率の導出

$$p_{b4} = Q(3a/\sigma) + Q(a/\sigma)$$

したがって（00）あるいは（01）を送信した場合，各ビットの位置の平均ビット誤り率は

$$p_b = (1/4)\sum_{i=1}^{4} p_{bi}$$
$$= (1/4)[3Q(a/\sigma) + 2Q(3a/\sigma) - Q(5a/\sigma)] \approx (3/4)Q(a/\sigma) \quad (A.1.25)$$

で与えられる。I軸上の信号点配置の対象性から，前半2ビットとして（10）あるいは（11）を送信した場合も各位置のビットの平均ビット誤り率は式（A.1.25）の p_b で与えられる。よってI軸上の前半2ビットの平均ビット誤り率は式（A.1.25）の p_b で与えられる。つぎにI軸上とQ軸上のビット割り当ての対象性から，Q軸上の後半2ビットの平均ビット誤り率も式（A.1.25）の p_b で与えられる。すなわち16 QAM 信号点に割り当てられた計4ビットの各ビット位置の平均ビット誤り率は式（A.1.25）の p_b で与えられ，結局 16 QAM 方式のビット誤り率は，式（A.1.26）で与えられる。

$$p_b \approx (3/4)Q(a/\sigma)$$
$$= (3/8)erfc[a/(\sqrt{2}\sigma)]$$
$$\because Q(x) = (1/2)erfc(x/\sqrt{2})$$
$$(A.1.26)$$

つぎに 16 QAM 信号の平均電力 P_{av} および1シンボル当りの平均エネルギー E_s は式（A.1.27）で与えられる。

$$P_{av} = (2a^2/2 + 2\times 10a^2/2 + 18a^2/2)/4 = 5a^2, \quad E_s = P_{av}T = 5a^2T \quad (A.1.27)$$

また雑音の分散は $\sigma^2 = E\{X'^2\} = E\{Y'^2\} = N_0/T$ で与えられる。また $E_s = 4E_b$ であり，結局

$$p_b \approx \frac{3}{4}Q\left(\sqrt{\frac{a^2}{\sigma^2}}\right) = \frac{3}{4}Q\left[\sqrt{\left(\frac{E_s}{5T}\right)/\left(\frac{N_0}{T}\right)}\right] = \frac{3}{4}Q\left(\sqrt{\frac{4E_b}{5N_0}}\right) = \frac{3}{8}erfc\left(\sqrt{\frac{2E_b}{5N_0}}\right)$$
$$(A.1.28)$$

と計算される。BPSK，QPSK，16 QAM および DBPSK 方式のビット誤り率特性を**図 A.1.12** に示す。

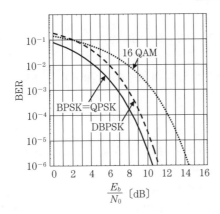

図 A.1.12　BPSK, QPSK, 16 QAM および DBPSK 方式のビット誤り率特性

A.1.5　差動 BPSK の遅延検波におけるビット誤り率

差動 BPSK では，時間的に隣り合う 2 シンボル間の位相 θ_k, θ_{k-1} の変化量 $\Delta\theta_k = \theta_k - \theta_{k-1}$ に情報ビットを乗せる．すなわち送信ビットが 0 のとき $\Delta\theta_k = 0$，送信ビットが 1 のとき $\Delta\theta_k = \pi$ とする（その逆でもよい）．受信側では連続する 2 シンボル間の位相変化量 $\Delta\theta_k$ を検出して送信データビットの判定を行う．したがって差動 BPSK では受信側で送信位相 θ_{k-1} や θ_k の絶対的な値の検出は必要としない．$\Delta\theta_k$ の検出は図 A.1.13 の **DPSK**（differential PSK）信号用の**遅延検波**回路で行える．

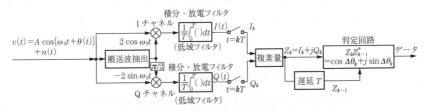

図 A.1.13　DPSK 信号用の遅延検波回路のブロック図

I（inphase）チャネルおよび Q（quadrature）チャネルの積分・放電フィルタ出力の時刻 $t = kT$ におけるサンプル値は

$$\begin{cases} I(kT) = A\cos\theta(kT) + X_k' = A\cos\theta_k + X_k', & X_k' = \dfrac{1}{T}\displaystyle\int_0^T x(t)dt \\ Q(kT) = A\sin\theta(kT) + Y_k' = A\sin\theta_k + Y_k', & Y_k' = \dfrac{1}{T}\displaystyle\int_0^T y(t)dt \end{cases} \quad (A.1.29)$$

となる．さらに A で規格化すると，規格化信号点配置図上の I, Q 出力は

$$[I_k, Q_k] = [\cos\theta_k + X_k, \sin\theta_k + Y_k] \quad (A.1.30)$$

となる。ただし

$$E\{X_k^2\} = E\{Y_k^2\} = \sigma^2 = N_0/(A^2 T) = (N_0/2)/[(A^2/2)T] = N_0/(2E_s)$$
$$= (1/2)/(E_s/N_0) \tag{A.1.31}$$

ここで Z_k を複素数として $Z_k = I_k + jQ_k$ と表す。簡単のために雑音がない場合は $X_k = Y_k = 0$ であり，$Z_k Z_{k-1}^*$ なる演算により

$$\begin{aligned}
Z_k Z_{k-1}^* &= (I_k + jQ_k)(I_{k-1} + jQ_{k-1})^* \\
&= (\cos\theta_k + j\sin\theta_k)(\cos\theta_{k-1} - j\sin\theta_{k-1}) \\
&= \cos\theta_k\cos\theta_{k-1} + \sin\theta_k\sin\theta_{k-1} + j(\sin\theta_k\cos\theta_{k-1} - \cos\theta_k\sin\theta_{k-1}) \\
&= \cos\Delta\theta_k + j\sin\Delta\theta_k, \qquad \Delta\theta_k \triangleq (\theta_k - \theta_{k-1})
\end{aligned} \tag{A.1.32}$$

となって，位相変化量 $\Delta\theta_k$ に対する出力の判定変数が得られる。すなわち差動 BPSK の場合，$\Delta\theta_k = 0, \pi$ に対応して $\mathrm{Re}\{Z_k Z_{k-1}^*\} = \cos\Delta\theta_k = +1, -1$ となり，データの判定が行える。また雑音の存在する場合は，$\mathrm{Re}\{Z_k Z_{k-1}^*\} \geqq 0$ ならば送信のデータは $\Delta\theta_k = 0$，$\mathrm{Re}\{Z_k Z_{k-1}^*\} < 0$ ならば $\Delta\theta_k = \pi$ と判定すればよい。なお，図 A.1.13 の遅延検波回路は，式 (A.1.32) の判定変数 $Z_k Z_{k-1}^*$ を用いて任意の差動位相 $\Delta\theta_k$ の判別ができ，M 相の DPSK 信号の復調に使用できる。

ここで送信データが 0 で $\Delta\theta_k = \theta_k - \theta_{k-1} = 0$ のとき $\theta_k = \theta_{k-1} = 0$ とすると，式 (A.1.30) より

$$[I_k, Q_k] = [1 + X_k, Y_k] = [X_1, Y_1], \quad [I_{k-1}, Q_{k-1}] = [1 + X_{k-1}, Y_{k-1}] = [X_2, Y_2] \tag{A.1.33}$$

となる。ただし $1 + X_k = X_1, Y_k = Y_1, 1 + X_{k-1} = X_2, Y_{k-1} = Y_2$ と置き換えた。したがって

$$\mathrm{Re}\{Z_k Z_{k-1}^*\} = (1 + X_k)(1 + X_{k-1}) + Y_k Y_{k-1} = X_1 X_2 + Y_1 Y_2 \tag{A.1.34}$$

となる。このときビット誤り率（0 を送信して 1 に誤る確率）は

$$p_b = \mathrm{Prob}\{X_1 X_2 + Y_1 Y_2 < 0\} \tag{A.1.35}$$

と書くことができる。ここで恒等式 (A.1.36)

$$X_1 X_2 + Y_1 Y_2 = (1/4)[[(X_1 + X_2)^2 + (Y_1 + Y_2)^2] - [(X_1 - X_2)^2 + (Y_1 - Y_2)^2]] \tag{A.1.36}$$

が成立する。さらに

$$u_1 = X_1 + X_2, \qquad u_2 = X_1 - X_2, \qquad v_1 = Y_1 + Y_2, \qquad v_2 = Y_1 - Y_2 \tag{A.1.37}$$

と置くと，これらたがいに独立な四つのガウス変数 u_1, u_2, v_1, v_2 の平均値と分散は

$$\begin{aligned}
&\overline{u_1} = 2, \qquad \overline{u_2} = 0, \qquad \overline{v_1} = 0, \qquad \overline{v_2} = 0, \qquad \overline{(u_1 - \overline{u_1})^2} = 2\sigma^2, \\
&\overline{(u_2)^2} = 2\sigma^2, \qquad \overline{(v_1)^2} = 2\sigma^2, \qquad \overline{(v_2)^2} = 2\sigma^2
\end{aligned} \tag{A.1.38}$$

となり

$$\begin{aligned}
p_b &= \mathrm{Prob}\{(X_1 X_2 + Y_1 Y_2) < 0\} = \mathrm{Prob}\{(1/4)[(u_1^2 + v_1^2) - (u_2^2 + v_2^2)] < 0\} \\
&= \mathrm{Prob}\{R_1 < R_2\}
\end{aligned} \tag{A.1.39}$$

と書ける。ただし $R_1 = \sqrt{u_1^2 + v_1^2}$, $R_2 = \sqrt{u_2^2 + v_2^2}$ と置いた。ここで R_1 はライス分布，R_2 はレイリー分布に従い，それぞれの確率密度関数は

$$p(R_1) = \frac{R_1}{2\sigma^2} I_0\left(\frac{2R_1}{2\sigma^2}\right) \exp\left(-\frac{R_1^2 + 2^2}{4\sigma^2}\right), \quad p(R_2) = \frac{R_2}{2\sigma^2} \exp\left(-\frac{R_2^2}{4\sigma^2}\right) \quad (A.1.40)$$

と書ける。ただし $I_0(\quad)$ は第1種0次の変形ベッセル関数である。したがって

$$\text{Prob}\{R_1 < R_2\} = \int_{R_1=0}^{\infty} p(R_1)\left[\int_{R_2=R_1}^{\infty} p(R_2)dR_2\right]dR_1 \quad (A.1.41)$$

式 (A.1.41) の [ ] 内の R_2 に関する積分は $\exp(-R_1^2/4\sigma^2)$ と計算され

$$\text{Prob}\{R_1 < R_2\} = \int_{R_1=0}^{\infty} \frac{R_1}{2\sigma^2} I_0\left(\frac{2R_1}{2\sigma^2}\right) \exp\left(-\frac{R_1^2}{2\sigma^2}\right) \exp\left(-\frac{2^2}{4\sigma^2}\right)dR_1 \quad (A.1.42)$$

となる。ここで $x = R_1/\sigma$, $\gamma = 1/\sigma^2$ と置くと

$$\text{Prob}\{R_1 < R_2\} = (1/2)e^{-\gamma} \int_0^{\infty} x I_0(x\sqrt{\gamma}) \exp\left(-\frac{x^2}{2}\right)dx$$

$$= (1/2)e^{-\gamma}e^{\gamma/2}Q(\sqrt{\gamma}, 0) = (1/2)e^{-\gamma/2} \quad (A.1.43)$$

ただし式 (A.1.43) 中の

$$Q(\alpha, \beta) = \int_{\beta}^{\infty} \rho I_0(\alpha\rho)e^{-(\rho^2 + a^2)/2}d\rho \quad (A.1.44)$$

はマーカム（Marcum）**Q関数**である。マーカムQ関数 $Q(\alpha, \beta)$ は，振幅 α と分散1のガウス変数を持つライス分布を β から ∞ まで積分したものであり，ライス変数である包絡線 ρ が β を超える確率を表すと解釈できる。また $Q(\alpha, 0) = 1$, $Q(0, \beta) = e^{-\beta^2/2}$ が成り立つ。

さらに $\gamma/2 = 1/(2\sigma^2) = E_s/N_0 = E_b/N_0$ であるので，差動BPSKの遅延検波方式のビット誤り率は

$$p_b = \text{Prob}\{R_1 < R_2\} = (1/2)\cdot e^{-E_b/N_0} \quad (A.1.45)$$

と計算される。なお，以上の計算においては $\Delta\theta_k = 0$ に対し簡単のために $\theta_k = \theta_{k-1} = 0$ としたが，$\theta_k = \theta_{k-1} = \phi$ が任意の位相定数であっても同じ結果になる。

図 A.1.12 に BPSK，QPSK，16 QAM および DBPSK のビット誤り率を示す。

A.2 フェージング無線通信路の基礎（電波伝搬路特性）

A.2.1 レイリーフェージング通信路

無指向性のアンテナ（例えば車のルーフ上に取り付けられたモノポールアンテナ）が取り付けられた車が，一定速度 v で x 軸方向に進行している状況を考える（**図 A.2.1** 参照）。

図で角度 θ_n から無変調のキャリヤ素波 $r_n(t)$ が到来する場合，$r_n(t)$ は

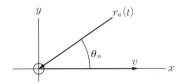

図 A.2.1 レイリーフェージングの説明
（上方から見た図）

$$r_n(t) = R_n \cos[(\omega_c + \omega_D \cos\theta_n)t + \phi_n]$$
$$= R_n \cos[(\omega_D \cos\theta_n)t + \phi_n]\cos\omega_c t - R_n \sin[(\omega_D \cos\theta_n)t + \phi_n]\sin\omega_c t$$
$$= x_n(t)\cos\omega_c t - y_n(t)\sin\omega_c t$$
$$= \mathrm{Re}\{[x_n(t) + jy_n(t)]e^{j\omega_c t}\} = \mathrm{Re}\{z_n(t)e^{j\omega_c t}\} \qquad (\mathrm{A}.2.1)$$

と表せる。ただし $z_n(t) = x_n(t) + jy_n(t)$ で

$$x_n(t) = R_n\cos[(\omega_D\cos\theta_n)t + \phi_n], \quad y_n(t) = R_n\sin[(\omega_D\cos\theta_n)t + \phi_n] \qquad (\mathrm{A}.2.2)$$

ここで，$R_n = \sqrt{x_n^2(t) + y_n^2(t)} = |z_n(t)|$，$\phi_n$ は $0 \sim 2\pi$ で一様分布するランダムな位相，$\omega_D = 2\pi f_D$，$f_D = f_c \cdot (v/c) = v/(c/f_c) = v/\lambda$ であり，f_D は**最大ドップラー周波数**と呼ばれる。すなわち $\theta_n = 0$ の進行方向から到来する素波 $r_n(t)$ は，ドップラー周波数シフト $f_D = f_c \cdot (v/c)$ を受けることになる。市街地などの見通し外の通信路においては，このような素波が 360°あらゆる方向から到来し受信されると考えられる。したがって無指向性アンテナの受信波は N を十分大きな整数として

$$R(t) = \sum_{n=1}^{N} r_n(t) = \sum_{n=1}^{N} \mathrm{Re}\{z_n(t)e^{j\omega_c t}\} = \mathrm{Re}\sum_{n=1}^{N}\{z_n(t)e^{j\omega_c t}\}$$
$$= \mathrm{Re}\left\{\left[\sum_{n=1}^{N}[z_n(t)]\right]e^{j\omega_c t}\right\} = \mathrm{Re}\{z_R(t)e^{j\omega_c t}\}$$
$$= x_R(t)\cos\omega_c t - y_R(t)\sin\omega_c t \qquad (\mathrm{A}.2.3)$$

と表せる。ただし

$$z_R(t) = x_R(t) + jy_R(t) = \sum_{n=1}^{N}[z_n(t)] = \sum_{n=1}^{N}x_n(t) + j\sum_{n=1}^{N}y_n(t)$$
$$x_R(t) = \sum_{n=1}^{N}x_n(t), \quad y_R(t) = \sum_{n=1}^{N}y_n(t) \qquad (\mathrm{A}.2.4)$$

であり，N が十分大きく素波の振幅 $R_n, n = 1, \cdots, N$ がすべて同程度であるとすると，**中心極限定理**より $x_R(t)$ と $y_R(t)$ はたがいに独立なガウス過程で近似できる。

つぎに $x_R(t)$ と $y_R(t)$ の電力スペクトル密度を計算する。式 (A.2.3) の $R(t)$ の電力は

$$E\{R^2\} = E\{(x_R\cos\omega_c t - y_R\sin\omega_c t)^2\}$$
$$= E\{x_R^2\cos^2\omega_c t + y_R^2\sin^2\omega_c t - 2x_R y_R\cos\omega_c t\sin\omega_c t\}$$
$$= E\{x_R^2\}(\cos^2\omega_c t + \sin^2\omega_c t) - 2\cos\omega_c t\sin\omega_c t \cdot E\{x_R y_R\}$$
$$= E\{x_R^2\} = E\{y_R^2\} = \sigma_R^2 \qquad (\mathrm{A}.2.5)$$

と計算される。ただし $E\{x_R y_R\} = E\{x_R\} \cdot E\{y_R\} = 0$ である。このとき角度 θ を中心と

する角度幅 $d\theta$ 内から受信される素波の電力の合計は $\sigma_R^2(d\theta/2\pi)$ となる。角度 θ から到来する素波は $f=f_c+f_D\cos\theta$ のドップラー周波数シフトを受けるが，角度 $-\theta$ から到来する素波も $f=f_c+f_D\cos(-\theta)=f_c+f_D\cos\theta$ と同一のドップラー周波数シフトを受ける（**図 A.2.2** 参照）。したがって $f=f_c+f_D\cos\theta$ のドップラー周波数を持つ素波の電力 $P_R(f)df$ は

$$P_R(f)df=\sigma_R^2[d\theta/(2\pi)]\times 2=(\sigma_R^2/\pi)d\theta \quad (A.2.6)$$

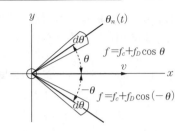

図 A.2.2 フェージング過程 $x_R(t)$ と $y_R(t)$ の電力スペクトル密度の計算

となる。ここで

$$df=d(f_c+f_D\cos\theta)=f_D\cdot d\cos\theta=f_D\cdot\frac{d}{d\theta}\cos\theta\cdot d\theta=-f_D\sin\theta\cdot d\theta$$
$$=\mp f_D\sqrt{1-\cos^2\theta}\cdot d\theta \quad (A.2.7)$$

であるが，$df>0$ と考えると，$f=f_c+f_D\cos\theta$ より $\cos\theta=(f-f_c)/f_D$ であるから

$$df=f_D\sqrt{1-\cos^2\theta}\cdot d\theta=f_D\sqrt{1-(f-f_c)^2/f_D^2}\cdot d\theta=\sqrt{f_D^2-(f-f_c)^2}\cdot d\theta \quad (A.2.8)$$

を得る。したがって電力スペクトル密度 $P_R(f)$ は

$$P_R(f)=(\sigma_R^2/\pi)(d\theta/df)=(\sigma_R^2/\pi)\cdot[1/\sqrt{f_D^2-(f-f_c)^2}] \quad (A.2.9)$$

で与えられる。$P_R(f)$ を図示すれば**図 A.2.3** のようになる。

したがって $R(t)=x_R(t)\cos\omega_c t-y_R(t)\sin\omega_c t$ なる関係から，$x_R(t)$ および $y_R(t)$ の電力スペクトル密度を $X_R(f)$ および $Y_R(f)$ とすると，これらは中心周波数が 0 となり，形は $P_R(f)$ とまったく同一になる。これを**図 A.2.4** に示す。また

$$R(t)=x_R(t)\cos\omega_c t-y_R(t)\sin\omega_c t$$
$$=\sqrt{x_R^2(t)+y_R^2(t)}\cos[\omega_c t+\tan^{-1}[y_R(t)/x_R(t)]]$$
$$=\rho_R(t)\cos[\omega_c t+\theta_R(t)] \quad (A.2.10)$$

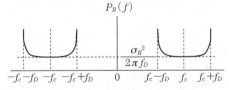

図 A.2.3 レイリーフェージング過程 $R(t)=x_R(t)\cos\omega_c t-y_R(t)\sin\omega_c t$ の（両側）電力スペクトル密度

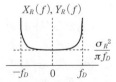

図 A.2.4 レイリーフェージングにおける低域過程 $x_R(t)$, $y_R(t)$ の電力スペクトル密度

における包絡線 ρ_R および位相 θ_R の確率密度関数は，式 (A.2.11) に示すレイリー分布および一様分布で与えられる．

$$p(\rho_R) = (\rho_R/\sigma_R^2)e^{-\rho_R^2/(2\sigma_R^2)}, \qquad p(\theta_R) = 1/(2\pi), \qquad 0 \leq \theta_R \leq 2\pi \qquad (A.2.11)$$

(1) レイリーフェージング低域過程 $x_R(t)$, $y_R(t)$ の時間相関特性

式 (A.2.10) の $R(t)$ におけるガウス過程 $x_R(t), y_R(t)$ の電力スペクトル密度が

$$X_R(f) = Y_R(f) = (\sigma_R^2/\pi) \cdot (1/\sqrt{f_D^2 - f^2}), \qquad |f| \leq f_D \qquad (A.2.12)$$

で与えられるので，式 (A.2.12) の逆フーリエ変換は自己相関関数を表す（ウィーナー・ヒンチンの定理)．したがって自己相関関数を電力 σ_R^2 で規格化した $x_R(t)$, $y_R(t)$ の**時間相関**関数は

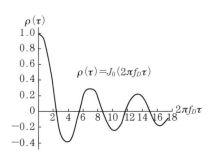

$$\begin{aligned}\rho(\tau) &= \frac{1}{\sigma_R^2} \int_{-\infty}^{+\infty} X_R(f) e^{j\omega\tau} df \\ &= \frac{1}{\sigma_R^2} \int_{-f_D}^{+f_D} \left(\frac{\sigma_R^2}{\pi} \cdot \frac{1}{\sqrt{f_D^2 - f^2}}\right) e^{j\omega\tau} df \\ &= \frac{1}{\pi} \int_{-f_D}^{+f_D} \frac{1}{\sqrt{f_D^2 - f^2}} e^{j\omega\tau} df \\ &= J_0(2\pi f_D \tau)\end{aligned}$$

(A.2.13)

図 A.2.5 $x_R(t)$, $y_R(t)$ の時間相関関数（規格化自己相関関数）

で与えられる．ただし $J_0(\ )$ は第1種0次のベッセル関数である．式 (A.2.13) を 図 A.2.5 に示す．図 A.2.5 より $2\pi f_D \tau \approx \pi$ すなわち $\tau \approx 0.5/f_D$ 程度時間が違えば $\rho(\tau) \approx 0$ となり，フェージングはほぼ独立になるといえる．

(2) **レイリーフェージング低域過程 $x_R(t)$, $y_R(t)$ の空間相関特性**

移動体が一定速度 v で走行しているとき，距離 d と時間差 τ の間には $d = v\tau$ の関係がある．したがって式 (A.2.13) の $\rho(\tau) = J_0(2\pi f_D \tau)$ に $\tau = d/v$ および $f_D = v/\lambda$ を代入すると

$$\begin{aligned}\rho(\tau) &= J_0(2\pi f_D \tau) \\ &= J_0[2\pi(v/\lambda)(d/v)] \\ &= J_0(2\pi d/\lambda) = \rho(d) \qquad (A.2.14)\end{aligned}$$

すなわち $\rho(d) = J_0(2\pi d/\lambda)$ を得る．これを図示すると**図 A.2.6** となる．この**空間相関**からわかることは $d \approx 0.5\lambda(2\pi d/\lambda \approx \pi)$ のとき $\rho(d) \approx 0$ となることである．すなわち空間的に約 1/2 波長程度離したアンテナで受信されるフェージングはほ

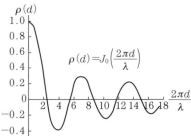

図 A.2.6 レイリーフェージングの空間相関

ぼ独立となる。また1/2波長以上離した場合もほぼ独立といえる。この原理はたがいに1/2波長以上離した複数の送信アンテナと複数の受信アンテナを用いるMIMO通信方式に使用されている。

A.2.2　仲上・ライスフェージング通信路

レイリーフェージングは散乱波の素波$r_n, n=1,\cdots,N$が360°の周囲から一様に到来する状況で起こるが，これに加え一定振幅の直接波キャリヤ成分（振幅をAとする）が存在するときは，合成の振幅分布は**仲上・ライス分布**に従い，これを仲上・ライスフェージング（以下略して**ライスフェージング**）と呼ぶ。この説明を図**A.2.7**に示す。

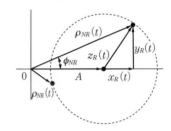

図**A.2.7**　仲上・ライスフェージングの説明図

ランダム変数x_Rおよびy_Rはガウス分布に従うので，包絡線ρ_{NR}と位相ϕ_{NR}の同時確率密度関数は，2次元ガウス分布$p(x_R,y_R)$から変数変換により求められ

$$q(\rho_{NR},\phi_{NR})=\frac{\rho_{NR}}{2\pi\sigma_R^2}e^{-[\rho_{NR}^2+A^2-2A\rho_{NR}\cos\phi_{NR}]/(2\sigma_R^2)}, \quad \rho_{NR}\geq 0, \quad 0\leq\phi_{NR}\leq 2\pi \tag{A.2.15}$$

と求まる。したがって包絡線ρ_{NR}のみの分布は

$$p(\rho_{NR})=\int_0^{2\pi}q(\rho_{NR},\phi_{NR})d\phi_{NR}=\frac{\rho_{NR}}{\sigma_R^2}I_0\left[\frac{\rho_{NR}A}{\sigma_R^2}\right]e^{-(\rho_{NR}^2+A^2)/(2\sigma_R^2)} \tag{A.2.16}$$

となる（仲上・ライス分布）。また位相のみの分布は

$$p(\phi_{NR})=\int_0^\infty q(\rho_{NR},\phi_{NR})d\rho_{NR}$$
$$=\frac{1}{2\pi}e^{-A^2/(2\sigma_R^2)}+\frac{A\cos\phi_{NR}}{2\sigma_R\sqrt{2\pi}}\left[1+erf\left(\frac{A\cos\phi_{NR}}{\sigma_R\sqrt{2}}\right)\right]e^{-A^2\sin^2\phi_{NR}/(2\sigma_R^2)} \tag{A.2.17}$$

で与えられる。ライスフェージングでは，直接波の電力$A^2/2$と散乱波（**レイリー波**）の電力σ_R^2の比が重要であり，これを

$$K=(A^2/2)/\sigma_R^2=A^2/(2\sigma_R^2) \tag{A.2.18}$$

と定義し，式（A.2.18）のKを**ライスパラメータ**と呼ぶ。ここで

$$E\{\rho_{NR}^2\}=E\{(A+x_R)^2+y_R^2\}=A^2+2AE\{x_R\}+E\{x_R^2\}+E\{y_R^2\}=A^2+2\sigma_R^2 \tag{A.2.19}$$

であるから$\rho'_{NR}=\rho_{NR}/\sqrt{A^2+2\sigma_R^2}$と規格化すれば，$E\{\rho'^2_{NR}\}=1$となる。

したがって $\rho_{NR} \to \rho'_{NR}$ への変数変換を行えば

$$p(\rho'_{NR}) = 2(K+1)\rho'_{NR} e^{-\{(K+1)\rho'_{NR}{}^2 + K\}} I_0(2\sqrt{K(K+1)}\,\rho'_{NR}), \qquad E\{\rho'_{NR}{}^2\} = 1 \tag{A.2.20}$$

$$p(\phi_{NR}) = \frac{e^{-K}}{2\pi} + \frac{1}{2}\sqrt{\frac{K}{\pi}}\cos\phi_{NR}[1 + erf(\sqrt{K}\cos\phi_{NR})]e^{-K\sin^2\phi_{NR}} \tag{A.2.21}$$

なる規格化された**ライス分布**の式が得られる。ライスパラメータ K は通常 dB で表示され，$K = -\infty$ dB ($K=0$) ならばレイリー分布，$K = +\infty$ dB ($K=\infty$) ならばフェージングなし（直接波のみ）の分布（加法的白色ガウス雑音通信路，AWGN 通信路）となる。したがってライスフェージング通信路は，K の値によってレイリーフェージング（$K = -\infty$ dB）通信路から AWGN 通信路（$K = +\infty$ dB）までを表現し得る。確率密度関数 $p(\rho'_{NR})$ と $p(\phi_{NR})$ をそれぞれ**図 A.2.8** および**図 A.2.9** に示す。

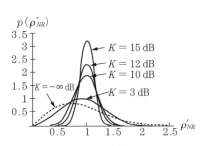

図 A.2.8　確率密度関数 $p(\rho'_{NR})$ の様子

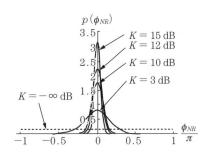

図 A.2.9　確率密度関数 $p(\phi_{NR})$ の様子

A.2.3　周波数選択性フェージングについて

A.2.1 項と A.2.2 項で述べたレイリーフェージングやライスフェージングは，通信路の入力信号に対して時間軸方向にその振幅と位相の変化を与える。したがって**時間選択性フェージング**ではあるが，入力信号の周波数スペクトルに変化を与えるようなものではなく，周波数選択性はない。これらは乗積的フェージングであり，通信路モデルは**図 A.2.10** のように描ける。

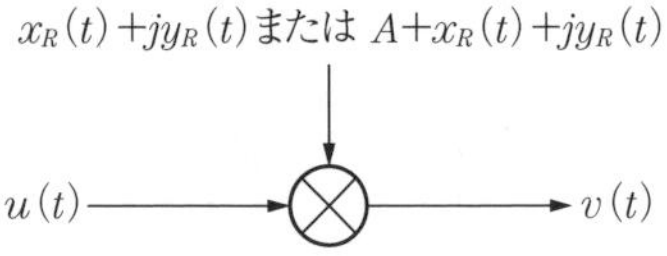

$x_R(t) + jy_R(t)$ または $A + x_R(t) + jy_R(t)$

$u(t) \longrightarrow \bigotimes \longrightarrow v(t)$

図 A.2.10　周波数非選択性乗積的フェージングの通信路モデル表示

周波数選択性フェージングは，周波数特性を有し入力信号のスペクトルを変化させる。周波数選択性を有するフェージングの簡単な例は静的な 2 波マルチパス通信路である。2 波マルチパス通信路の等価低域インパルス応答は

$$h(t) = \delta(t) + |\Gamma|e^{j\theta}\delta(t-\tau) \tag{A.2.22}$$

で与えられる。ここで $|\Gamma|$ は遅延波の振幅，θ は位相，τ は遅延時間である。式 (A.2.22) の周波数特性（周波数選択性）に関しては A.2.4 項に詳しく記す。**遅延プロフィール**（delay profile）を**図 A.2.11** に示す。

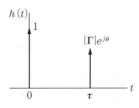

図 A.2.11 周波数選択性静的 2 波マルチパス通信路の遅延プロフィール

つぎに 2 波ライスフェージング通信路モデルの等価低域インパルス応答を式 (A.2.23) に示す。

$$h(t', t) = A\delta(t') + [x_R(t) + jy_R(t)]\delta(t' - \tau) \tag{A.2.23}$$

また遅延プロフィールを**図 A.2.12** に示す。ここで $x_R(t)$ および $y_R(t)$ はたがいに独立なガウス過程で最大ドップラー周波数 f_D を持つ。すなわち遅延時間 τ を有する遅延波がレイリー波となっている。この通信路に周波数 f_c のキャリヤが入力されると，遅延時間 τ が存在していても，出力の振幅（包絡線）分布はライス分布となる。

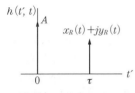

図 A.2.12 周波数選択性 2 波ライスフェージング通信路の遅延プロフィール

つぎに 2 波レイリーフェージング通信路モデルの等価低域インパルス応答を式 (A.2.24) に示す。

$$h(t', t) = [x_{R1}(t) + jy_{R1}(t)]\delta(t') + [x_{R2}(t) + jy_{R2}(t)]\delta(t' - \tau) \tag{A.2.24}$$

また遅延プロフィールを**図 A.2.13** に示す。これは直接波と遅延波ともにレイリー波の場合である。特に直接レイリー波と遅延レイリー波の電力が等しい場合（$\sigma_{R1}^2 = \sigma_{R2}^2$）を 2 波等電力レイリーフェージングという。2 波レイリー通信路は周波数選択性フェージングであると同時に時間選択性フェージングでもある（2 波ライスフェージングについてもいえる）。

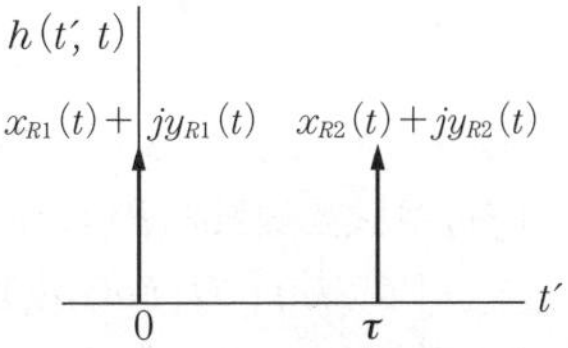

なお，A.2.1 項の周波数平坦レイリーフェージング通信路の等価低域インパルス応答は

$$h(t', t) = [x_R(t) + jy_R(t)]\delta(t') \tag{A.2.25}$$

で与えられ，A.2.2 項の周波数平坦ライスフェージング通信路の等価低域インパルス応答は

$$h(t', t) = [A + x_R(t) + jy_R(t)]\delta(t') \tag{A.2.26}$$

で与えられる。これらの遅延プロフィールを**図 A.2.14** に示す。

図 A.2.13 周波数選択性 2 波レイリーフェージング通信路の遅延プロフィール

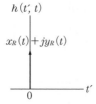
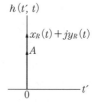

(a) 周波数平坦レイリー
   フェージング通信路

(b) 周波数平坦ライスフェー
   ジング通信回路

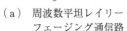

図 A.2.14 周波数平坦レイリーフェージング通信路と周波数平坦ライスフェージング通信路の遅延プロフィール

A.2.4 2波マルチパス通信路の等価低域系による記述

2波マルチパス通信路モデルを**図 A.2.15**に示す．ただし Γ は遅延波の振幅定数（反射などにより複素数となる）であり，τ は遅延時間である．このとき伝達関数は

$$G(s) = Y(s)/X(s) = 1 + \Gamma e^{-s\tau} \tag{A.2.27}$$

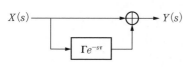

図 A.2.15 2波マルチパス通信路モデル

となり，$s = j\omega$ と置くことにより周波数関数 $G(j\omega) = 1 + \Gamma e^{-j\omega\tau}$ が求まる．この $G(j\omega)$ に対し帯域系を考え，$G(j\omega)$ はキャリヤ周波数 f_c を中心に

$$|f-f_c| \leq B/2, \qquad |f+f_c| \leq B/2 \tag{A.2.28}$$

なる帯域内においてのみ値を持ち，それ以外では0であるとする．この様子を**図 A.2.16**に示す．このとき $f_c > B/2$ ならば，$G(j\omega)$ は**狭帯域系**の表示が可能であり，図2.28の関係を用いて

$$\begin{cases} G(j\omega) = H[j(\omega-\omega_c)] + H^*[j(-\omega-\omega_c)] \\ G(-j\omega) = G^*(j\omega) \end{cases} \tag{A.2.29}$$

と表せる．ここで

$$\begin{aligned}
G(j\omega) &= 1 + \Gamma e^{-j\omega\tau} \\
&= \text{rect}(f-f_c)(1+\Gamma e^{-j\omega_c\tau} \cdot e^{-j(\omega-\omega_c)\tau}) + \text{rect}(f+f_c)(1+\Gamma e^{-j\omega_c\tau} \cdot e^{-j(-\omega-\omega_c)\tau})^* \\
&= H[j(\omega-\omega_c)] + H^*[j(-\omega-\omega_c)], \qquad |f-f_c| \leq B/2, \qquad |f+f_c| \leq B/2
\end{aligned} \tag{A.2.30}$$

と置くことにより，等価低域関数として

$$H(j\omega) = 1 + \Gamma e^{-j\omega_c\tau} \cdot e^{-j\omega\tau}, \qquad |f| \leq B/2 \tag{A.2.31}$$

が得られる．ただし rect(f) は**図 A.2.17**に示す帯域制限の関数とする．

また狭帯域条件 $f_c > B/2$ が成り立つとき，$|H[j(\omega-\omega_c)]|$ と $|H^*[j(-\omega-\omega_c)]|$ は周

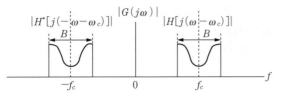

図 A.2.16 帯域系 $G(j\omega)$ の表示

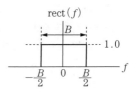

図 A.2.17 帯域制限 rect(f) 関数

波数軸上で重ならないので

$$|G(j\omega)| = |H[j(\omega-\omega_c)] + H^*[j(-\omega-\omega_c)]|$$
$$= |H[j(\omega-\omega_c)]| + |H^*[j(-\omega-\omega_c)]| \quad (A.2.32)$$

と書ける。さらに

$$|H(j\omega)| = |1 + \Gamma e^{-j\omega_c\tau} \cdot e^{-j\omega\tau}|$$
$$= |1 + |\Gamma|e^{j\theta} \cdot e^{-j\omega\tau}|$$
$$= |1 + |\Gamma|\cos(\omega\tau-\theta)$$
$$\quad -j|\Gamma|\sin(\omega\tau-\theta)|$$
$$= \sqrt{1+|\Gamma|^2+2|\Gamma|\cos(\omega\tau-\theta)},$$
$$|f| \leq B/2 \quad (A.2.33)$$

ただし, $\theta = \arg(\Gamma) - \omega_c\tau$ である。$|H(j\omega)|$ の計算例を**図 A.2.18** に示す。図からわかるように 2 波マルチパス通信路の振幅特性には谷の部分 (**ノッチ**) と山の部分を生じる。この大きさは遅延波の振幅 $|\Gamma|$ による。また $|\Gamma|$ が同じで

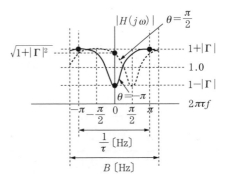

図 A.2.18 2 波マルチパス通信路の振幅特性の変化の様子

も, 位相 θ が異なればノッチの生じる周波数の位置は異なる。

(1) 2 波マルチパス通信路の等価低域インパルス応答

2 波マルチパス通信路の等価低域伝達関数は

$$H(j\omega) = 1 + \Gamma e^{-j\omega_c\tau} \cdot e^{-j\omega\tau} = 1 + |\Gamma|e^{j\theta} \cdot e^{-j\omega\tau}, \quad |f| \leq B/2 \quad (A.2.34)$$

で与えられた。したがってこれに対応する等価低域インパルス応答 $h(t)$ は $H(j\omega)$ の逆フーリエ変換を行って

$$h(t) = \delta(t) + |\Gamma|e^{j\theta}\delta(t-\tau) \quad (A.2.35)$$

で与えられる。ここで

$$\theta = \arg(\Gamma) - \omega_c\tau = \arg(\Gamma) - 2\pi f_c\tau = \arg(\Gamma) - 2\pi(c/\lambda)(l/c) = \arg(\Gamma) - 2\pi l/\lambda$$
$$(A.2.36)$$

ただし, $f_c = c/\lambda$, $\tau = l/c$ で, λ はキャリヤの波長, l は直接波と遅延波の伝搬距離

182 付　　　　　録

差である。したがって位相 θ は $0 \sim 2\pi$ まで一様に取り得る変数といえる。

（2）　多重マルチパス波モデルの場合

2波モデルと同様な考察により，N 波モデルに対し

$$G(j\omega) = 1 + \sum_{i=1}^{N} \Gamma_i e^{-j\omega\tau_i}$$

$$= \text{rect}(f-f_c)\left(1 + \sum_{i=1}^{N} \Gamma_i e^{-j\omega_c\tau_i} \cdot e^{-j(\omega-\omega_c)\tau_i}\right)$$

$$+ \text{rect}(f+f_c)\left(1 + \sum_{i=1}^{N} \Gamma_i e^{-j\omega_c\tau_i} \cdot e^{-j(-\omega-\omega_c)\tau_i}\right)^*$$

$$= H[j(\omega-\omega_c)] + H^*[j(-\omega-\omega_c)], \qquad |f-f_c| \leqq B/2, \qquad |f+f_c| \leqq B/2$$

(A.2.37)

が得られる。これに対応する等価低域関数は式 (A.2.38) で与えられる。

$$H(j\omega) = 1 + \sum_{i=1}^{N} \Gamma_i e^{-j\omega_c\tau_i} \cdot e^{-j\omega\tau_i} = 1 + \sum_{i=1}^{N} |\Gamma_i| e^{j\theta_i} \cdot e^{-j\omega\tau_i}, \qquad |f| \leqq B/2$$

(A.2.38)

ただし $\theta_i = \arg(\Gamma_i) - \omega_c\tau_i,\ \ i = 1, 2, \cdots, N$

したがって

$$h(t) = \delta(t) + \sum_{i=1}^{N} |\Gamma_i| e^{j\theta_i} \delta(t-\tau_i)$$

となる。さらに振幅特性は

$$|H(j\omega)| = \left|1 + \sum_{i=1}^{N} |\Gamma_i| e^{j\theta_i} \cdot e^{-j\omega\tau_i}\right|$$

$$= \left|1 + \sum_{i=1}^{N} \left[|\Gamma_i|\cos(\omega\tau_i - \theta_i) - j|\Gamma_i|\sin(\omega\tau_i - \theta_i)\right]\right|, \qquad |f| \leqq B/2$$

(A.2.39)

と書ける。この場合の振幅特性は非常に複雑な形を取り得る。

A.3　整合フィルタについて

整合フィルタ（matched filter）の構成を図 **A**.3.1 に示す。整合フィルタはサンプル時刻 $t = t_s$ で入力信号 $h(t)$ のエネルギーを出力し，かつサンプル値 $y(t_s)$ における S/N を最大にする。

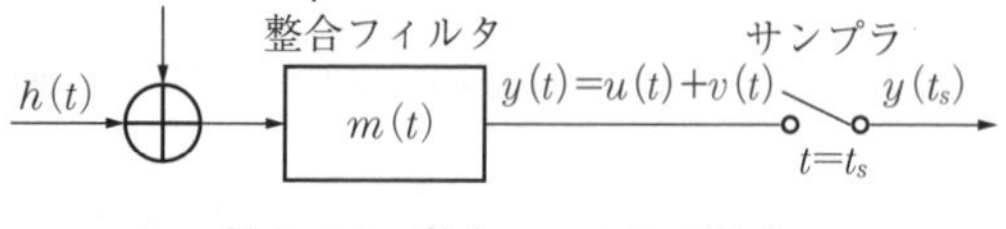

図 A.3.1　整合フィルタの構成

付　　　　　録　　183

等価低域複素信号 $h(t)$ がインパルス応答 $m(t)$ を持つフィルタに入力されると，その出力は畳込み積分を用いて

$$y(t) = u(t) + v(t), \qquad u(t) = \int_{-\infty}^{\infty} h(\tau) m(t-\tau) d\tau, \qquad v(t) = \int_{-\infty}^{\infty} \eta(\tau) m(t-\tau) d\tau$$

(A.3.1)

と表せる。また $H(j\omega)$ および $M(j\omega)$ をそれぞれ $h(t)$ および $m(t)$ のフーリエ変換とすると，フィルタ $m(t)$ の出力における信号電力 S と雑音電力 N は，周波数領域の計算から

$$\begin{cases} S = (1/2)|u(t_s)|^2 = (1/2)\left| \int_{-\infty}^{\infty} H(j\omega) M(j\omega) e^{j\omega t_s} df \right|^2 \\ N = (1/2) E\{|v(t)|^2\} = N_0 \int_{-\infty}^{\infty} |M(j\omega)|^2 df \end{cases}$$

(A.3.2)

となる。ただし $u(t)$ および $v(t)$ はそれぞれ等価低域信号および雑音を表し，$N_0/2$ は白色ガウス雑音の両側電力スペクトル密度である。したがって時刻 t_s におけるフィルタ出力の S/N は

$$S/N = [1/(2N_0)] \cdot \left| \int_{-\infty}^{\infty} H(j\omega) M(j\omega) e^{j\omega t_s} df \right|^2 \Big/ \int_{-\infty}^{\infty} \left| M(j\omega) \right|^2 df \qquad (A.3.3)$$

で与えられる。ここでシュワルツ（Schwarz）の不等式より

$$\left| \int_{-\infty}^{\infty} A(j\omega) B(j\omega) df \right|^2 \leq \left[\int_{-\infty}^{\infty} |A(j\omega)|^2 df \right] \cdot \left[\int_{-\infty}^{\infty} |B(j\omega)|^2 df \right] \qquad (A.3.4)$$

ただし，等号は K を複素定数として $A(j\omega) = K B^*(j\omega)$ のとき。ここで，$A(j\omega) = H(j\omega)$，$B(j\omega) = M(j\omega) e^{j\omega t_s}$，$K=1$ と置くと

$$\frac{S}{N} = \frac{1}{2N_0} \frac{\left| \int_{-\infty}^{\infty} H(j\omega) M(j\omega) e^{j\omega t_s} df \right|^2}{\int_{-\infty}^{\infty} |M(j\omega)|^2 df}$$

$$\leq \frac{1}{2N_0} \frac{\left[\int_{-\infty}^{\infty} |H(j\omega)|^2 df \right] \cdot \left[\int_{-\infty}^{\infty} |M(j\omega)|^2 df \right]}{\left[\int_{-\infty}^{\infty} |M(j\omega)|^2 df \right]} = \frac{1}{2N_0} \int_{-\infty}^{\infty} |H(j\omega)|^2 df \quad (A.3.5)$$

が成立する。したがって

$$S/N \leq [1/(2N_0)] \int_{-\infty}^{\infty} |H(j\omega)|^2 df = E/N_0 \qquad (A.3.6)$$

ただし不等式の等号は $H(j\omega) = M^*(j\omega) e^{-j\omega t_s}$ のときである。また，$E = (1/2) \int_{-\infty}^{\infty} |H(j\omega)|^2 df = (1/2) \int_{-\infty}^{\infty} |h(t)|^2 dt$ は受信信号のエネルギーである。

ここで SN 比の最大値 E/N_0 を実現する受信フィルタは,周波数領域では $M(j\omega) = H^*(j\omega)e^{-j\omega t_s}$ で与えられ,時間領域では式 (A.3.7) となる.

$$m(t) = \int_{-\infty}^{\infty} M(j\omega)e^{j\omega t}df = \int_{-\infty}^{\infty} H^*(j\omega)e^{-j\omega t_s}e^{j\omega t}df$$

$$= \left[\int_{-\infty}^{\infty} H(j\omega)e^{j\omega(t_s-t)}df\right]^* = h^*(t_s - t) \tag{A.3.7}$$

したがって整合フィルタの等価低域インパルス応答は

$$m(t) = h^*(t_s - t) \tag{A.3.8}$$

で与えられる.ただし標本化時刻 t_s はサンプル値の SN 比が最大値 E/N_0 となる時刻で行うものとする.ここで信号 $h(t)$ に関し $h(t)=0, t>T, t<0$,すなわち $h(t)$ の継続区間長を $0 \leq t \leq T$ とすると,整合フィルタが物理的に実現可能で**因果律**を満たすためには(すなわち $m(t)=0, t<0$ であるためには),$t_s \geq T$ でなければならない.通常はこれを満たす最小値として標本化時刻は $t_s = T$ に取られる.この様子を図 A.3.2 に示す.

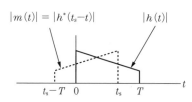

図 A.3.2 因果律を満たす整合フィルタの実現

具体的な例として,信号 $h(t)$ を方形パルス $p(t)$ とすると

$$h(t) = p(t) = \begin{cases} 1, & 0 \leq t \leq T \\ 0, & t<0, \; t>T \end{cases} \tag{A.3.9}$$

よって整合フィルタは

$$m(t) = p(T-t) = \begin{cases} 1, & 0 \leq t \leq T \\ 0, & t<0, \; t>T \end{cases} = p(t) \tag{A.3.10}$$

整合フィルタの出力は

$$u(t) = \int_{-\infty}^{\infty} h(\tau)m(t-\tau)d\tau = \int_0^T p(\tau)p(t-\tau)d\tau \tag{A.3.11}$$

と計算される.これを図式的に解釈すると $u(t)$ は $p(\tau)$ と $p(t-\tau)$ が重なった部分の面積となり,$u(t)$ の値の変化を描くと図 A.3.3 のようになる.

$u(t)$ をサンプル時刻 $t=t_s=T$ で標本化すれば

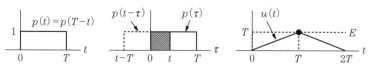

図 A.3.3 方形パルス波形に対する整合フィルタの応答

$$u(T) = \int_0^T p(\tau)p(T-\tau)d\tau = \int_0^T p^2(\tau)d\tau = E \qquad (A.3.12)$$

となって，入力信号 $p(t)$ のエネルギー E を $t=T$ で出力する。すなわち，整合フィルタは，サンプル時刻 $t=t_s$ で入力信号のエネルギーを出力するフィルタであり，かつサンプル値の SN 比を最大化する。さらに $u(t)$ の時間変化は $p(t)$ の自己相関関数であり，整合フィルタは入力波形 $h(t)$ に対し，その自己相関関数 $R(\tau)$ を出力するフィルタであるといえる（自己相関関数のピーク値 $R(0)$ は入力波形のエネルギー E である）。

図 A.3.3 のように整合フィルタのインパルス応答が方形波になる場合は，時刻 t_s での出力 $u(t_s)$ は入力 $h(t)$ に対し

$$u(t_s) = \int_{-\infty}^{\infty} h(\tau)p(t_s-\tau)d\tau = \int_{t_s-T}^{t_s} h(\tau)d\tau \qquad (A.3.13)$$

と表され，出力 $u(t_s)$ は直前の T 時間区間 $t_s-T \leqq t \leqq t_s$ の入力 $h(t)$ の積分値となる（$u(t_s)/T$ は直前の T 区間の**移動平均**値を表す）。特に入力 $h(t)$ が方形波の場合はサンプル時刻 $t_s=T$ で入力のエネルギー E を出力し，この動作をするフィルタを**積分・放電フィルタ**（integrate and dump filter）と呼ぶ。

整合フィルタの等価低域インパルス応答は式 (A.3.8) で与えられるが，一般の任意の入力信号 $h(t)$ に対しては，通常サンプル時刻は $t_s=0$ に取られ，このとき

$$m(t) = h^*(t_s-t)|_{t_s=0} = h^*(-t) \qquad (A.3.14)$$

となる。またそのフーリエ変換は式 (A.3.15) で与えられる。

$$M(j\omega) = H^*(j\omega)e^{-j\omega t_s}|_{t_s=0} = H^*(j\omega) \qquad (A.3.15)$$

A.4　符号間干渉が零となる条件

A.4.1　ナイキストの第1基準の導出

帯域制限された通信路に対し，整合フィルタ出力で $t=kT$ ごとのサンプル値に符号間干渉を生じない条件を求める。入力信号 $h(t)$ に対し整合フィルタの単位インパルス応答は $h^*(-t)$ で与えられる。したがって整合フィルタ出力は $x(t)=h(t)\otimes h^*(-t)$ となる。ただし $\otimes$ は畳込み積分を表す。$x(t)$ のフーリエ変換を $X(\omega)$ とすると

$$x_k = x(kT) = \int_{-\infty}^{+\infty} X(\omega)e^{j2\pi f(kT)}df = \sum_{n=-\infty}^{\infty} \int_{(2n-1)/2T}^{(2n+1)/2T} X(2\pi f)e^{j2\pi f(kT)}df$$

$$(A.4.1)$$

ここで $f=u+n/T$ なる変数変換を行うと

$$x_k = \sum_{n=-\infty}^{\infty} \int_{-1/2T}^{+1/2T} X[2\pi(u+n/T)]e^{j2\pi u(kT)} \cdot e^{j2\pi kn}du$$

$$= \int_{-1/2T}^{+1/2T} \sum_{n=-\infty}^{\infty} X[2\pi(u+n/T)]e^{j2\pi u(kT)}du \tag{A.4.2}$$

を得る。ただし $e^{j2\pi kn}=1$ である。ここで

$$X_{eq}(2\pi u) = \sum_{n=-\infty}^{\infty} X[2\pi(u+n/T)], \qquad |u| \leq 1/(2T) \tag{A.4.3}$$

と置くと

$$x_k = \int_{-1/2T}^{+1/2T} X_{eq}(2\pi u)e^{j2\pi kTu}du \tag{A.4.4}$$

を得る。$X_{eq}(2\pi u)$ を**ナイキスト等価チャネルスペクトル**（Nyquist equivalent channel spectrum）と呼ぶ。$|X_{eq}(2\pi u)|$ を**図 A.4.1** に図解する。

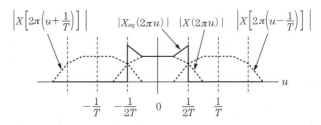

図 A.4.1 ナイキスト等価チャネルスペクトル $|X_{eq}(2\pi u)|$

つぎに $u \to f$ と置き換え $X_{eq}(2\pi f)$ が f 軸上で周期 $f_0 = 1/T$ で繰り返されていると考え、$X_{eq}(2\pi f)$ を f 軸上の周期 f_0 の周期関数と見なし、フーリエ級数展開すると

$$X_{eq}(2\pi f) = \sum_{n=-\infty}^{\infty} c_n e^{-j2\pi nf/f_0} \tag{A.4.5}$$

を得る。ここで

$$\int_{-1/(2T)}^{+1/(2T)} X_{eq}(2\pi f)e^{j2\pi nf/f_0} df = \sum_{k=-\infty}^{\infty} c_k \int_{-1/(2T)}^{+1/(2T)} e^{j2\pi(n-k)f/f_0} df$$

$$= \sum_{k=-\infty}^{\infty} c_k f_0 \delta(n-k) = c_n/T \tag{A.4.6}$$

ただし、$n=k$ のとき $\delta(n-k)=1$、$n \neq k$ のとき $\delta(n-k)=0$ である。

フーリエ係数 c_n は

$$c_n = T \int_{-1/(2T)}^{+1/(2T)} X_{eq}(2\pi f)e^{j2\pi nTf}df = Tx_n, \qquad n=\cdots,-1,0,1,\cdots \tag{A.4.7}$$

と書ける。したがって

$$X_{eq}(2\pi f) = \sum_{n=-\infty}^{\infty} c_n e^{-j2\pi nTf} = T \sum_{n=-\infty}^{\infty} x_n e^{-j2\pi nTf}, \qquad |f| \leq 1/(2T) \tag{A.4.8}$$

ここでデータ系列 $I_n, n=-\infty,\cdots,+\infty$ を持つ受信信号を

$$r(t) = \sum_{n=-\infty}^{\infty} I_n h(t-nT) + \eta(t) \tag{A.4.9}$$

とする。ただし $\eta(t)$ は白色ガウス雑音である。このとき整合フィルタ出力は

$$y(t) = \sum_{n=-\infty}^{\infty} I_n x(t-nT) + \nu(t) \tag{A.4.10}$$

となる。サンプル時刻 $t=kT$ における出力値を $y(kT)=y_k$ とすると

$$y_k = \sum_{n=-\infty}^{\infty} I_n x_{k-n} + \nu_k \tag{A.4.11}$$

となる。符号間干渉がない場合は，$y_k = I_0 + \nu_k$ となるが，この条件は $k=0$ として
$$x_0 = 1, \quad x_n = 0, \quad n \neq 0 \tag{A.4.12}$$
と書ける。この条件を $X_{eq}(2\pi f)$ の式 (A.4.8) に代入すると

$$X_{eq}(2\pi f) = \begin{cases} T, & |f| \leq 1/(2T) \\ 0, & |f| > 1/(2T) \end{cases} \tag{A.4.13}$$

を得る。上式を**ナイキストの第 1 基準**と呼ぶ。$X_{eq}(2\pi f)$ を図 **A.4.2** に示す。

ナイキストの第 1 基準は図 **A.4.3** のように解釈できる。すなわち $X(2\pi f)$ の形にかかわらず図中①の面積の部分と②の面積の部分が等しければ $X_{eq}(2\pi f) = T$，$|f| \leq 1/(2T)$ がいえる。$X(2\pi f)$ の形に関し図中①と②の対称性が成り立つことを**ナイキストの対称性**（Nyquist symmetry）と呼ぶ。

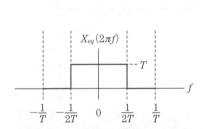

図 **A.4.2** ナイキストの第 1 基準を満たす等価チャネルスペクトル $X_{eq}(2\pi f)$

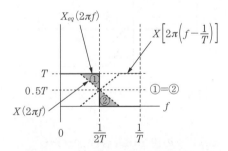

図 **A.4.3** ナイキストの第 1 基準の解釈（ナイキストの対称性）

ナイキストの対称性が成立するためには，スペクトル $X(2\pi f)$ が図 **A.4.4**（a）のように $|f| \geq 1/(2T)$ 以上に及ぶことが必要で，図（b）のように $X(2\pi f)$ のスペクトルが $|f| < 1/(2T)$ で零となる部分を含む狭帯域の場合には，ナイキストの対称性を実現する折り返しが存在せず，ナイキストの第 1 基準を満足できない。すなわち原理的に符号間干渉を除去できない。したがって符号間干渉が存在しないためには図 A.4.4（a）のようにスペクトル $X(2\pi f)$ は $|f| \geq 1/(2T)$ 以上に及ぶことが必要である。

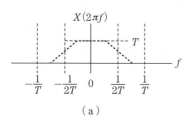 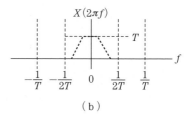

(a)　　　　　　　　　　　(b)

図 A.4.4　ナイキストの対称性が成立するために $X(2\pi f)$ の満たすべき要件

ナイキストの対称性を示す具体的な $X(2\pi f)$ の例として，**コサインロールオフ**（cosine roll-off）**特性**を挙げることができる．

$$X(2\pi f) = \begin{cases} T, & 0 \leq |f| \leq (1-\alpha)/(2T) \\ \dfrac{T}{2}\left\{1 - \sin\left[\dfrac{\pi T}{\alpha}\left(|f| - \dfrac{1}{2T}\right)\right]\right\}, & (1-\alpha)/(2T) \leq |f| \leq (1+\alpha)/(2T) \end{cases}$$

(A.4.14)

コサインロールオフ特性 $X(2\pi f)$ を図 A.4.5 に示す．特に $\alpha = 1$ のときは，$X(2\pi f) = T\cos^2(\pi T f/2)$, $0 \leq f \leq 1/T$ となり，これを**2乗余弦特性**と呼ぶ．$X(2\pi f)$ の逆フーリエ変換 $x(t)$ は式 (A.4.15) となる．

$$x(t) = \frac{\sin(\pi t/T)}{\pi t/T} \frac{\cos(\alpha \pi t/T)}{1-(2\alpha t/T)^2}$$

(A.4.15)

図 A.4.5　コサインロールオフ特性 $X(2\pi f)$

$x(t)$ の時間波形を図 A.4.6 に示す．

$x(t)$ は α の値（$0 \leq \alpha \leq 1$）にかかわらず $t=0$ でピーク値1を取り，$t = nT$（$n = \pm 1, \pm 2, \pm 3 \cdots$）で零交差し値0を取る．

なおナイキストの第1基準の他に，ナイキストの第2基準として，第1基準におけるサンプル時刻の中間点において符号間干渉が零となる基準がある．またナイキストの第3基準として，パルス $x(t)$ が囲む面積に関する基準がある．

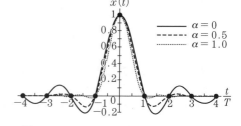

図 A.4.6　コサインロールオフパルスの波形

A.4.2 ルートコサインロールオフ特性

A.3節の整合フィルタの説明で述べたように送信波形 $h(t)$ のフーリエ変換が $H(j\omega)$ のとき，整合フィルタは $M(j\omega) = H^*(j\omega)e^{-j\omega t_s}$ で与えられる．標本化時刻は $t_s = kT$ であり，$t_s = 0$ ($k=0$) の場合を考えると，$M(j\omega) = H^*(j\omega)$ となる．ここで，コサインロールオフ特性 $X(2\pi f)$ は正の実数であり，$H(j\omega) = \sqrt{X(2\pi f)}$ ならば $M(j\omega) = H^*(j\omega) = \sqrt{X(2\pi f)}$ となる．すなわち送信波形のフーリエ変換が $\sqrt{X(2\pi f)}$ ならば，受信側整合フィルタの単位インパルス応答のフーリエ変換も $\sqrt{X(2\pi f)}$ になり，整合フィルタ出力サンプル値の SN 比が最大となる．このとき通信路全体の周波数特性は $\sqrt{X(2\pi f)} \cdot \sqrt{X(2\pi f)} = X(2\pi f)$ であるので，サンプル時刻 $t_s = kT$ における符号間干渉は存在しない．このことから，符号間干渉が存在せずかつサンプル値の SN 比を最大にするのに，送信側フィルタおよび受信側フィルタとしてともに**ルートコサインロールオフ特性** $\sqrt{X(2\pi f)}$ を用いればよいことがわかる．この様子を図 **A.4.7** に示す．

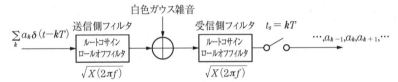

図 **A.4.7** コサインロールオフ特性 $X(2\pi f)$ の送信側と受信側への等分割

なお，$\sqrt{X(2\pi f)}$ の逆フーリエ変換の時間関数は式 (A.4.16) で与えられる．

$$\frac{\sqrt{T}}{\pi t} \cdot \frac{\sin[(1-\alpha)\pi t/T] + (4\alpha t/T)\cos[(1+\alpha)\pi t/T]}{1-(4\alpha t/T)^2} \quad (A.4.16)$$

また通信路で加わる白色ガウス雑音の両側電力スペクトル密度を $N_0/2$ とすると，時刻 $t_s = kT$ におけるサンプル値の雑音電力は

$$\sigma_n^2 = (N_0/2)\int_{-\infty}^{\infty}|\sqrt{X(2\pi f)}|^2 df = (N_0/2)\int_{-\infty}^{\infty}X(2\pi f)df = N_0/2 \quad (A.4.17)$$

となって，これはロールオフ率 α の値に関係しない．これは A.4.1 項で述べた通り $X(2\pi f)$ の形に関し，α の値にかかわらずナイキストの対称性が成立しているからである．したがって図 A.4.7 の時刻 $t_s = kT$ におけるサンプル値の SN 比は $S/N = a_k^2/\sigma_n^2 = 2a_k^2/N_0$ で与えられる．このことからルートコサインロールオフパルスを用いた BPSK 伝送のビット誤り率は α の値にかかわらず式 (A.1.17) で与えられる結果が導かれる．

A.5　見通し通信回線の設計

衛星通信や見通しマイクロ波通信などの無線回線における送信電力やアンテナゲ

イン等につき考察する。

電力 P_T〔W〕を全自由空間に一様に放射する送信アンテナを考える。このときアンテナから d〔m〕離れた任意地点における電力密度は $P_T/(4\pi d^2)$〔W/m^2〕である。もしアンテナに指向性があり，特定の方向に電力を放射するならば，その特定の方向の電力密度は $G_T \cdot P_T/(4\pi d^2)$〔W/m^2〕となる。ここで G_T は送信**アンテナゲイン**と呼ばれる。特に $G_T=1$（0 dB）のアンテナは無指向性であり，**等方性アンテナ**（isotropic antenna）と呼ばれる。通常 $G_T>1$ であり，$G_T P_T$ は**実効放射電力**（effective isotropic radiated power，**EIRP** または effective radiated power，ERP）と呼ばれる。

送信アンテナの方向に向けられた受信アンテナは，受信アンテナの開口面積に比例した電力を集めるが，A_R〔m^2〕を受信アンテナの実効開口面積（effective area of the antenna）とすると，受信される電力 P_R は

$$P_R = G_T P_T A_R/(4\pi d^2) \quad \text{〔W〕} \tag{A.5.1}$$

と計算される。ここで電磁界理論より実効開口面積 A_R とアンテナ利得 G_R との間には λ を送信電波の波長として

$$G_R = 4\pi A_R/\lambda^2 \tag{A.5.2}$$

なる関係がある。したがって式（A.5.1）と式（A.5.2）より受信電力は

$$P_R = P_T G_T G_R/(4\pi d/\lambda)^2 = P_T G_T G_R \cdot L_S \tag{A.5.3}$$

と表せる。ただし $L_S=(\lambda/4\pi d)^2$ は**自由空間伝搬損失**（利得）である。その他，大気の影響による損失などを L_a で表すと受信電力は

$$P_R = P_T G_T G_R L_S L_a \quad \text{〔W〕} \tag{A.5.4}$$

となる。通常は dB $=10\log_{10}(\ )$ を用いて計算され受信電力 $(P_R)_{dBm}$ は

$$(P_R)_{dBm} = (P_T)_{dBm} + (G_T)_{dB} + (G_R)_{dB} + (L_S)_{dB} + (L_a)_{dB} \tag{A.5.5}$$

と計算される。ただし，0 dBm $=$ 1 mW，30 dBm $=$ 1 000 mW $=$ 1 W。

ここで受信アンテナの実効開口面積 A_R は，例えばパラボラアンテナに対しては

$$A_R = \pi r^2 \eta \tag{A.5.6}$$

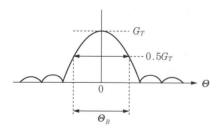

図 A.5.1 アンテナ利得のパターンとビーム幅 Θ_B

で与えられる。ただし，πr^2 はパラボラの面積であり，r は半径である。また η は照射効率係数（illumination efficiency factor）と呼ばれ 0.5〜0.6 の値をとる。したがって半径 r のパラボラアンテナのゲイン G_R は式（A.5.6）の A_R を式（A.5.2）に代入して

$$G_R = \eta(2\pi r/\lambda)^2 \tag{A.5.7}$$

で与えられる。さらに指向性に関係する

パラメータとして，アンテナビーム幅 Θ_B を考える。これはアンテナゲインが中心の最大値 G_T の半分（$-3\,\mathrm{dB}$）になる角度幅であり，これを**図A.5.1**に示す。

パラボラアンテナの**アンテナビーム幅** Θ_B は，ほぼ

$$\Theta_B \approx 70 \cdot \lambda / (2r) \quad \text{〔度〕} \tag{A.5.8}$$

で与えられるので，$G_R = \eta[\pi/(\Theta_B/70)]^2$ となって G_R（あるいは G_T も）は Θ_B^2 に反比例することになる。すなわちパラボラの半径 r を2倍にすると Θ_B は $1/2$ となるが，このときアンテナゲインは4倍（$+6\,\mathrm{dB}$）になる。

（1）静止衛星からの受信電力の計算例 赤道上 $36\,000\,\mathrm{km}$ の静止軌道衛星からの電波をパラボラアンテナで受信することを考える。送信電力 $P_T = 100\,\mathrm{W} = 20\,\mathrm{dBW}$，送信アンテナゲイン $G_T = 17\,\mathrm{dB}$ とすると，$G_T P_T = \mathrm{EIRP} = 20 + 17 = 37\,\mathrm{dBW}$ となる。送信周波数を $4\,\mathrm{GHz}$（$\lambda = c/f = 3 \times 10^8 \mathrm{[m/s]}/4 \times 10^9 \mathrm{[Hz]} = 0.075\,\mathrm{m}$），地上の受信パラボラアンテナの半径を $r = 1.5\,\mathrm{m}$，効率を $\eta = 0.5$ とすると，式（A.5.7）の $G_R = \eta(2\pi r/\lambda)^2$ より受信アンテナゲイン $G_R = 7\,895.7 = 39\,\mathrm{dB}$。自由空間損失は $d = 36\,000\,\mathrm{km}$ として $L_S = 1/(4\pi d/\lambda)^2 = 2.749 \times 10^{-20} = -195.6\,\mathrm{dB}$。そのほかの損失 $L_a = 0\,\mathrm{dB}$ とすると，受信電力は

$$\begin{aligned} P_R &= 37 + 39 - 195.6 + 0 = -119.6\,\mathrm{dBW} = -89.6\,\mathrm{dBm} \\ &= 1.1 \times 10^{-12}\,\mathrm{[W]} \end{aligned} \tag{A.5.9}$$

と計算される。この受信電力に対し受信の信号対雑音電力比（S/N）を計算する。受信アンテナ出力での**熱雑音**の片側電力スペクトル密度 $N_0\,\mathrm{[W/Hz]}$ は，ほぼ $1\,000$ GHz まで白色（一定）で

$$N_0 = k_B T_0 \quad \mathrm{[W/Hz]} \tag{A.5.10}$$

で与えられる。ただし，$k_B = 1.38 \times 10^{-23}\,\mathrm{J/K}$ は**ボルツマン**（Boltzmann）**定数**，T_0 は**雑音温度**（noise temperature），単位は K である（アンテナ自体が雑音を一切出さなければ T_0 は単なる温度〔K〕に等しい）。したがって受信アンテナの後に接続される方形帯域通過フィルタの帯域幅が $W\,\mathrm{[Hz]}$ であるとき，受信雑音電力は $N_0 W\,\mathrm{[W]}$ となる。ディジタル通信においては受信の S/N は E_b/N_0（$=$ 受信情報1ビットに対するエネルギー／雑音電力スペクトル密度）なる量で評価され

$$\frac{E_b}{N_0} = \frac{P_R T_b}{N_0} = \frac{1}{R} \cdot \frac{P_R}{N_0} \quad \left[\frac{\mathrm{(W \cdot s/bit)}}{\mathrm{(W/Hz)}} = \frac{1}{\mathrm{(bit/s)}} \cdot \frac{\mathrm{(W)}}{\mathrm{(W/Hz)}} \right] \tag{A.5.11}$$

と表される。ただし T_b は情報1ビット当りの時間長〔s/bit〕であり，$R = 1/T_b$ は情報伝送速度〔bit/s〕である。$P_R = 1.1 \times 10^{-12}\,\mathrm{W} = -119.6\,\mathrm{dBW}$ のとき $T_0 = 300\,\mathrm{K}$ とすると $N_0 = 1.38 \times 10^{-23} \times 300 = 4.14 \times 10^{-21} = -203.8\,\mathrm{dBW/Hz}$ となり，$P_R/N_0 = -119.6 + 203.8 = 84.2\,\mathrm{dBHz}$ となる。必要なビット誤り率を得るのに $E_b/N_0 = 10 = 10\,\mathrm{dB}$ を要するとすれば，式（A.5.11）の関係から $R = (P_R/N_0)/(E_b/N_0) = 84.2 - 10$

$=74.2$ dB bit Hz $=26.3\times 10^6=26.3$ Mbit/s を得る.したがってこのとき情報伝送速度 $R=26.3$ Mbit/s の伝送が静止衛星から可能となる.

(2) 雑音指数および回線マージンによる S/N の減少　　以上は,受信機側の増幅器などによる雑音が一切出ないという条件での計算であるが,実際にはアンテナや増幅器などはそれ自体が熱雑音を出し,この結果白色ガウス雑音の電力スペクトル密度 N_0 が増加する.増幅器などの入力 S/N と出力 S/N の比は**雑音指数**(**noise figure**)と呼ばれ

$$F=(S_{in}/N_{in})/(S_{out}/N_{out}) \tag{A.5.12}$$

と定義される.いま受信系全体の雑音指数を $F=10=10$ dB とすると,これは受信系により S/N が10倍悪くなることを意味する.また,実際には降雨時の受信電力の減衰などに備えたマージン(余裕)をとっておく必要があり,これを $M=4=6$ dB とすると,これらを考慮した受信 S/N は

$$\frac{E_b}{N_0}=\frac{1}{R}\frac{P_R/M}{N_0\cdot F}=\frac{1}{R}\frac{P_R}{N_0}\cdot\frac{1}{4\times 10}=\frac{1}{R}\frac{P_R}{N_0}-16 \quad [\text{dB}] \tag{A.5.13}$$

と減少する.このときやはり $E_b/N_0=10$ dB を要するとすれば,$R=84.2-16-10=58.2$ dB bit Hz $=0.66\times 10^6=0.66$ Mbit/s となって,伝送ビット速度を $0.66/26.3=1/40=1/(M\cdot F)$ に減少させなければならない.

A.6　抵抗雑音について

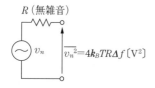

図A.6.1　熱雑音を発生する抵抗 R の等価回路モデル

抵抗雑音(resistor noise)は,**熱雑音**とも呼ばれ,抵抗中の自由電子の不規則な運動(ブラウン運動)により生じる抵抗両端の不規則な電圧である.この電圧を v_n とすると,これは**ガウス分布**(正規分布)に従い,微少周波数帯域 Δf における電圧 v_n の2乗平均値は

$$\overline{v_n^2}=4k_BTR\Delta f \quad [\text{V}^2] \tag{A.6.1}$$

で与えられる.ただし $k_B=1.38\times 10^{-23}$ J/K は**ボルツマン定数**,T [K]は絶対温度,R [Ω]は抵抗値であり,室温を $T_0=290$ K とすると,$k_BT_0\approx 4\times 10^{-21}$ [J=W·s]となる.熱雑音を発生する抵抗 R は**図A.6.1**の等化回路モデルで表現される.

式(A.6.1)は室温 $T_0=290$ K ではほぼ周波数帯域 $0\sim 1.3\times 10^3$ GHz に対し成立し,雑音の電力スペクトル密度はこの帯域で一定,すなわち白色(white)である.

【例題A.1】

室温 $T_0=290$ K,$k_BT_0\approx 4\times 10^{-21}$ W·s,$R=10$ kΩ,$\Delta f=100$ kHz とするとき,v_n の振幅の範囲を求めよ.

解答

$\overline{v_n^2} = 4k_B T_0 R \Delta f = 4 \cdot 4 \times 10^{-21} \cdot 10 \times 10^3 \cdot 100 \times 10^3 = 16 \times 10^{-12} = \sigma^2$ 〔V^2〕 となり，$\sigma = 4 \times 10^{-6}$ 〔V〕$= 4\mu V$ を得る．v_n の振幅はガウス分布をするので，ほぼ $-3\sigma \sim +3\sigma = -12\mu V \sim +12\mu V$ の範囲を取り得る． ◇

つぎに抵抗 R から取り出し得る熱雑音の最大電力につき考察する．これは図 **A.6.2** に示すように同一の抵抗値を持つ整合した終端抵抗 R で消費される電力となり

$$P_a = \overline{v_n^2}/(4R) = 4k_B TR\Delta f /(4R) = k_B T \Delta f \quad \text{〔W〕} \tag{A.6.2}$$

で与えられる．これを**有能電力**（available power）という．式 (A.6.2) を $2\Delta f$ で割って抵抗 R から取り出し得る最大の両側電力スペクトル密度を求めると

$$G_a(f) = P_a/(2\Delta f) = k_B T/2 \quad \text{〔W/Hz〕} \tag{A.6.3}$$

図 **A.6.2** 抵抗 R から取り出し得る熱雑音の最大電力 P_a

を得る．式 (A.6.3) は周波数 f に対し一定で白色であるが，量子力学の結果より

$$G_a(f) = hf/[2(e^{hf/k_B T}-1)] \quad \text{〔W/Hz〕} \tag{A.6.4}$$

がいえる．ただし $h = 6.62 \times 10^{-34}$ J·s は**プランク**（Planck）**定数**である．これを図 **A.6.3** に示す．

図 A.6.3 より，室温 $T_0 = 290$ K では 1.3×10^3 GHz 程度までは $G_a(f) = k_B T/2$ 〔W/Hz〕は一定となり白色とみなせることがわかる．また $P_a = k_B T \Delta f$ における $T (= P_a/(k_B \Delta f))$ を**雑音温度**と呼ぶ．

図 **A.6.3** 熱雑音の有能電力スペクトル密度 $G_a(f)$

つぎに図 **A.6.4** のように信号源 v_s と雑音源 v_n がある周波数 f を中心とする帯域幅 Δf で利得 g_a の 2 ポート（4 端子回路）の増幅器に接続されている状況を考える．このとき増幅器の**雑音指数** F は式 (A.6.5) で定義される．

$$F = (S_\text{in}/N_\text{in})/(S_\text{out}/N_\text{out}) \tag{A.6.5}$$

ただし S_in, N_in, S_out, N_out はそれぞれ入力信

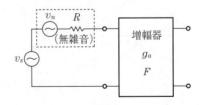

図 **A.6.4** 増幅器の雑音指数

号電力，入力雑音電力，出力信号電力，出力雑音電力である．すなわち雑音指数 F は入力 SN 比と出力 SN 比の比といえる．ここで $S_{\text{out}} = g_a S_{\text{in}}$ であり，$F = (1/g_a)(N_{\text{out}}/N_{\text{in}})$ が成り立つ．したがって

$$N_{\text{out}} = g_a F N_{\text{in}} = g_a N_{\text{in}} + (F-1) g_a N_{\text{in}}$$
$$= g_a N_{\text{in}} + (F-1) g_a k_B T \Delta f, \quad N_{\text{in}} = k_B T \Delta f \qquad (\text{A.6.6})$$

雑音指数 $F \geqq 1$ であり，増幅器が雑音をまったく出さなければ $F=1$（0 dB）である．雑音指数 F が小さいほど増幅器の雑音特性がよいといえる．

つぎに図 **A.6.5** に示す増幅器 1 と増幅器 2 の従属接続を考える．このとき

$$\begin{cases} N_{\text{out1}} = g_{a1} N_{\text{in1}} + (F_1 - 1) g_{a1} k_B T \Delta f \\ N_{\text{out2}} = g_{a2} N_{\text{in2}} + (F_2 - 1) g_{a2} k_B T \Delta f \end{cases} \qquad (\text{A.6.7})$$

が成立する．式 (A.6.7) に $N_{\text{in2}} = N_{\text{out1}}$ を代入して

$$N_{\text{out2}} = g_{a1} g_{a2} N_{\text{in1}} + g_{a1} g_{a2} (F_1 - 1) k_B T \Delta f + g_{a2} (F_2 - 1) k_B T \Delta f$$
$$= g_{a1} g_{a2} [F_1 + (F_2 - 1)/g_{a1}] N_{\text{in1}} \qquad (\text{A.6.8})$$

を得る．ここで $F = [1/(g_{a1} g_{a2})](N_{\text{out2}}/N_{\text{in1}})$ とすると

$$F = F_1 + (F_2 - 1)/g_{a1} \qquad (\text{A.6.9})$$

を得る．同様に増幅器を N 段従属接続すると全体の雑音指数 F として

$$F = F_1 + (F_2 - 1)/g_{a1} + \cdots + (F_N - 1)/(g_{a1} g_{a2} \cdots g_{a(N-1)}) \qquad (\text{A.6.10})$$

を得る．

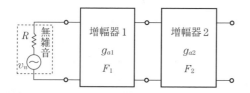

図 **A**.6.5　増幅器の従属接続と雑音指数

【例題 **A**.2】

図 **A**.6.6 の受信系 1 と受信系 2 の雑音指数を比較せよ．

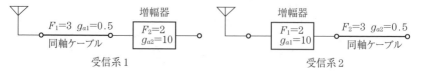

図 **A**.6.6　受信系 1 と受信系 2 の雑音指数

[解答]

受信系 1：$F = F_1 + (F_2 - 1)/g_{a1} = 3 + (2-1)/0.5 = 5$
受信系 2：$F = F_1 + (F_2 - 1)/g_{a1} = 2 + (3-1)/10 = 2.2$

付　　　　　録　　*195*

したがって受信系2の雑音指数のほうが受信系1より小さい。一般に初段の増幅器の利得 g_{a1} を大きくし，かつ雑音指数 F_1 を小さくすることにより，受信系全体の雑音指数 F を小さくできる。　　　　　　　　　　　　　　　　　　　　　　　　◇

A.7　誤り検出・訂正符号の基礎

A.7.1　ディジタル信号の誤り制御法

　誤り検出符号および誤り訂正符号はディジタル信号を高い信頼度で伝送あるいは記録，再生するのにきわめて有効な技術であり，移動体通信や衛星通信などのディジタル通信システムや CD，DAT，VTR などのディジタル記録システムで広く用いられている。誤り制御法には大きく分けて**自動再送要求（ARQ）**と前方誤り訂正（forward error correction，FEC）の二つがある。

　（**1**）　**自動再送要求（ARQ）**　　ARQ はデータを送信側でブロックに分け，それぞれのブロックに誤り検出用の冗長ビットを付加する。このブロックを1パケットとし，パケット単位で送信する。受信側ではパケットを受信した後に誤り検出のみを行い，誤りが検出された場合は送信側に誤りが検出されたことを知らせ（**NAK**（negative acknowledgement）を返送），同じパケットの再送を要求する。また，正しく受信された場合は **ACK**（acknowledgement）を返送する。ARQ の利点として，誤りが検出されなくなるまで再送を繰り返すためきわめて信頼性の高い通信が可能となる。また，誤り検出用の冗長ビットしか付加しないために誤り訂正を行う場合よりも冗長ビットが少なく，復号器をより簡単に構成できること等がある。ARQ の欠点は，誤りが検出された場合には送信側に NAK を送り，パケットを再送するので伝送遅延が大きくなることである。また，劣悪な通信路では何回再送しても誤りが検出され，スループットが著しく低下する。ARQ の基本再送手順（再送プロトコル）として，SW（stop-and-wait）ARQ，GBN（go-back-N）ARQ，SR（selective-repeat）ARQ の三つが知られている。また ARQ に誤り訂正符号（FEC）を組み込んだ Hybrid ARQ も知られている。

　（**2**）　**前方誤り訂正（FEC）**　　FEC では誤り訂正符号を用いる。送信側でデータビットに誤り訂正用の冗長ビットを付加し，誤り訂正符号化を行った後に送信する。受信側では誤り訂正復号し誤り訂正を行う。利点としては，ARQ のような帰還通信路がいらず再送を必要としない。欠点としては，符号器・復号器の構成がより複雑になり，また冗長ビット（パリティビット）の付加による伝送効率の低下がある。

　通信路で発生する誤りにも**図 A.7.1** に示すように**ランダム誤り**と**バースト誤り**が存在し，それぞれに対応した誤り訂正符号が必要になるが，バースト誤りは**インタリーブ**によりランダム誤りに変換できる。しかしインタリーブのブロック長が大き

図 A.7.1　ランダム誤りとバースト誤り

くなると復号遅延が大きくなり欠点となる。

A.7.2　誤り訂正符号

図 A.7.2 に示すように無符号化と誤り訂正符号化の場合を比較すると，あるビット誤り率（例えば 10^{-5}）を達成するのに必要な $1/T$ 〔Hz〕当りの受信 SN 比である E_b/N_0 は誤り訂正符号化のほうが低い。ただし E_b は情報 1 ビットの受信エネルギー（BPSK 変調では包絡線振幅を A，ビット長を T として $E_b=A^2T/2$），N_0 は受信機における白色ガウス雑音の片側電力スペクトル密度である。図 A.7.2 に示す E_b/N_0 の差を**符号化利得**（coding gain）〔dB〕といい，この差が大きいほど誤り訂正符号化の効果が高い。ただし冗長なパリティチェックビットが付加され伝送に要する E_b が増加するので，この分を横軸の E_b/N_0 の換算に含める必要がある。例えば情報ビット数と同じパリティチェックビット数を付加する符号化率 $R=$

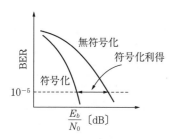

図 A.7.2　誤り訂正符号化による誤り率の改善

$1/2$ の誤り訂正符号の場合は，同じ BPSK 変調を用いると $10\log_{10}2=3\,\mathrm{dB}$ 必要な E_b/N_0 が増加し，符号化利得が 3 dB だけ損なわれる。また E_b/N_0 に対する BER 特性はディジタル通信方式の送信電力 P 〔W〕，送信帯域幅 B 〔Hz〕，伝送ビット速度 R 〔bit/s〕を同一に保って比較するのが正しい（例えば無符号化 BPSK 方式と符号化率 $R=1/2$ の誤り訂正符号化 QPSK 方式の比較は正しく行え，この場合 3 dB の横軸換算は必要ない）。誤り訂正符号は大きく分けて以下のブロック符号と畳込み符号の二つに分類される。

（1）**ブロック符号**　(n,k)**ブロック符号**は，入力情報ビットを k ビットごとにブロック化し，各ブロックごとに $n-k$（$n>k$）ビットの冗長ビット（パリティチェックビット）を付加し，全体で n ビットのブロックとする。ここで $R=k/n$ を**符号化率**と呼ぶ。代表的なブロック符号としては，**巡回符号**（cyclic code）として分類される**ハミング符号**，**BCH**（Bose-Chaudhuri-Hocquenghem）**符号**やバイト単位の誤

り訂正符号である **RS**（Reed-Solomon）**符号**がある．ハミング符号および BCH 符号を用いた計算機シミュレーションのブロック図とシミュレーション結果をそれぞれ**図 A**.7.3 および図 **A**.7.4 に示す．

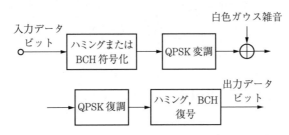

図 A.7.3　シミュレーションのブロック図（ハミングまたは BCH 符号化，QPSK 変調）

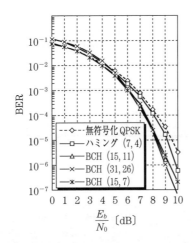

図 A.7.4　ハミングまたは BCH 符号化したときの BER 特性（ガウス雑音通信路，QPSK 変調方式）

（2）**畳込み符号**　**畳込み符号**は，タップ付き 2 進シフトレジスタと排他的論理和（modulo 2 の和）により構成される．一般的な畳込み符号器を**図 A**.7.5 に示す．

図 A.7.5 の回路に入力データビットを k ビットごとに入力し，n ビットを出力として得る．このようにして生成された畳込み符号を (n, k) 符号と呼ぶ．また $R=k/n$ を符号化率，K を**拘束長**と呼ぶ．**図 A**.7.6 に再帰的組織畳込み（recursive systematic convolutional，**RSC**）符号器の例を示す．RSC 符号器では，入力データビットはそのまま符号化出力ビット 1 として出力される．符号化出力ビット 2 は入力データビットの再帰的畳込みとして出力される．シミュレーション結果を図 **A**.7.7 に示す．なお，図 A.7.7 において，ハミング距離，2 ビット量子化，ユークリッド距離などの表示は，畳込み符号の復号に用いられる**ビタビアルゴリズム**（Viterbi algorithm）のメ

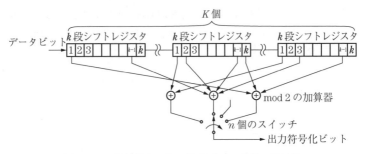

図 A.7.5 符号化率 k/n, 拘束長 K の畳み込み符号器

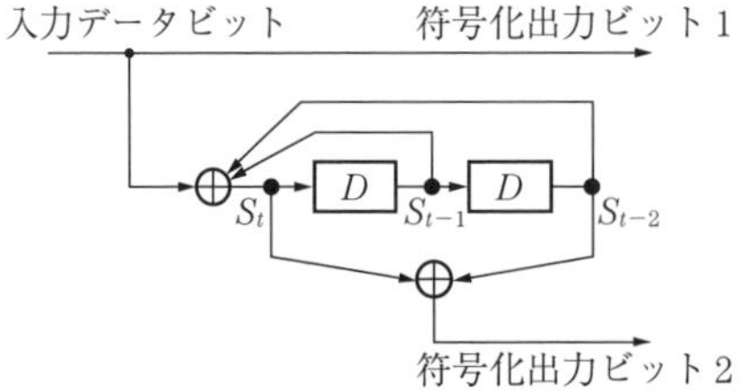

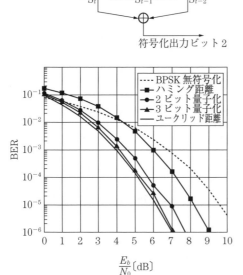

図 A.7.6 再帰的組織畳み込み符号器(符号化率 $R=1/2$, 拘束長 $K=3$, 生成行列 [1, 5/7] の RSC 符号器)

図 A.7.7 畳み込み符号化によるビット誤り率特性のシミュレーション結果(符号化率 $R=1/2$, 拘束長 $K=3$, 生成行列 [1, 5/7] の RSC 符号化, BPSK 変調)

トリック計算の量子化レベルビット数を表している。

A.7.3 誤り検出符号

CRC 符号はハミング符号や BCH 符号と同じ巡回符号の一種である。しかし CRC 符号は誤り検出のみを目的とした符号であり,通常 ARQ と併用して用いられる。CRC 符号では **CRC-16** 符号が有名である。$2^{15}-1=32\,767$ までの情報ビット系列な

らば，ランダム誤り・バースト誤りどちらにおいても3個までの誤りを検出できる。ここで誤りが検出できるとは，CRC符号を付加した1ブロックに誤りビットが含まれるか否かを検出できるということである。これより誤り訂正符号の復号時における誤訂正（誤り訂正復号した結果が誤りである場合）の検出にCRC符号が用いられる。CRC-16符号は **HDLC**（high-level data link control）手順におけるフレーム検査にも用いられている。

CRC符号は巡回符号の一種であるため，**生成多項式**に対応したシフトレジスタ回路で符号化できる。CRC-16符号の生成多項式 $G_{16}(x)$ は

$$G_{16}(x) = x^{16} + x^{12} + x^5 + 1 \tag{A.7.1}$$

で与えられる。この生成多項式に対応した**シフトレジスタ回路**を図 **A**.7.8 に示す。さらに CRC 符号の1ブロックの様子を図 **A**.7.9 に示す。

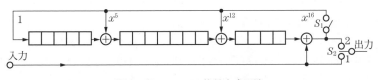

図 **A**.7.8　CRC-16 符号生成回路

情報データビット	CRC ビット（16 ビット）

図 **A**.7.9　CRC 符号の付加

［シフトレジスタ回路図 A.7.8 の動作手順］

1) 「S_1 = ON, S_2 = 1」：各シフトレジスタの初期値は0である。入力情報ビットはまず S_2 = 1 を通りそのまま出力され，同時にシフトレジスタ回路で mod 2 の演算が行われる。

2) 「S_1 = OFF, S_2 = 2」：誤り検出を行いたい1ブロックの入力情報ビットがすべて出力されたら，スイッチ S_2 = 2 に切り換えシフトレジスタの値を出力する。この動作により，入力情報ビットの後に誤り検出用の 16 ビットのパリティチェックビットが付加され，CRC 符号化が行われる。

受信側で1パケット（情報データビット＋CRCの16ビット）が受信されたとき，復号（誤り検出）には同一のシフトレジスタ回路を用いる。1パケット入力後，誤りがなければシフトレジスタ値はすべて0になる。パケットに誤りが生じた場合には，シフトレジスタ値はすべて0ではなく，このときはパケット中にビット誤りを含むと判定する。

CRC-16 符号のほか，**CRC-12** や **CRC-32** 符号も用いられる。それぞれの生成多項

式を式 (A.7.2) および式 (A.7.3) に示す。

$$G_{12}(x) = x^{12} + x^{11} + x^3 + x^2 + x^1 + 1 \tag{A.7.2}$$

$$G_{32}(x) = x^{32} + x^{26} + x^{23} + x^{22} + x^{16} + x^{12} + x^{11} + x^{10} + x^8 + x^7 + x^5 + x^4 + x^2 + x^1 + 1 \tag{A.7.3}$$

A.7.4 符号化変調

ナイキストパルスを用いると1ビット長 T〔s〕の BPSK 信号は帯域幅 $1/T$〔Hz〕で伝送できる。したがって**周波数利用効率**は $1\,\text{bit}/T$〔s〕$/(1/T)$〔Hz〕$= 1\,\text{bit/s/}$ Hz となる。通信路の周波数利用効率〔bit/s/Hz〕を上げるために，BPSK（$1\,\text{bit/s/}$ Hz）→ QPSK（$2\,\text{bit/s/Hz}$）→ 16 QAM（$4\,\text{bit/s/Hz}$）→ 64 QAM（$6\,\text{bit/s/Hz}$）のように送信信号点を多値化することが考えられる。しかし送信信号電力が一定のもとでは，受信側で信号点間距離が狭まり，雑音による信号点検出誤りが増加する。このとき送信側で誤り訂正符号を用いると通信路の誤りに対し強くすることができるが，冗長なパリティチェックビットの付加により周波数利用効率が低下する。ここで変調信号の多値化と誤り訂正符号化を独立に行うのではなく一体化させた**符号化変調方式**を用いると，周波数利用効率を低下させることなく受信側で誤り訂正が可能となる。符号化変調方式は，用いる誤り訂正符号により，**トレリス符号化変調**（trellis coded modulation，**TCM**）方式と**ブロック符号化変調**（block coded modulation，**BCM**）方式に分けられる。

（1）トレリス符号化変調（TCM）方式　　TCM では，畳込み符号によって符号化された送信符号化系列を，set partitioning（**セット分割**）により多値化した送信信号点に割り当てる。復号にビタビ復号法を用いて効率的な誤り訂正が可能であり，多くの研究が行われてきた。ここでは QPSK 変調方式を用いたトレリス符号化変調方式を例に挙げ説明する。符号化および復号化にはトレリス線図を用いる。送信側ではトレリスのブランチ（枝）に送信信号点を割り当てる。受信側ではトレリスにおけるブランチメトリックの計算に，受信信号点とブランチに割り当てられている送信信号点の間のユークリッド距離を用いた**軟判定ビタビ復号**を行い，送信信号点系列の最ゆう系列推定を行い復号を行う。**図 A.7.10** に QPSK 信号点配置，**図 A.7.11** に送信側**トレリス線図**を示す。

TCM におけるトレリス線図への信号点の割り当てに際しては，ある同一の状態から分岐（diverge）する二つのパスと，ある同一の状態に収束（merge）する二つのパスに対して，大きな信号点間ユークリッド距離を与えることにより，異なる2パス間の最小距離の2乗 d_{free}^2 をできる限り大きくする。d_{free}^2 はトレリスの状態数を大きくすることで増大できるが，それに伴い等しい d_{free}^2 を持つ多くのパスが出現し誤り

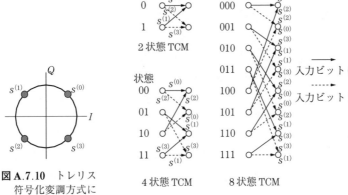

図 A.7.10 トレリス符号化変調方式におけるQPSK信号点配置図

図 A.7.11 QPSKを用いたトレリス符号化変調方式のトレリス線図

率改善効果は減少する。図 A.7.11 の 2, 4, 8 状態 TCM について BER 特性のシミュレーション結果を**図 A.7.12**に示す。図より状態数が増えるにつれて BER 特性が改善されることがわかるが，改善の割合は状態数が増すほど少なくなる。また比較のため RSC ($K=3, R=1/2$) 符号化で BPSK 変調のユークリッド距離に基づくビタビ復号方式のビット誤り率も示したが，QPSK 変調を用いた場合の TCM 方式の周波数利用効率が 1 bit/s/Hz なのに対し，この場合は 0.5 bit/s/Hz と 1/2 に落ちていることに注意しなければならない。

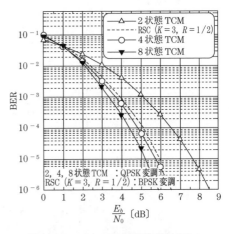

図 A.7.12 トレリス符号化変調方式のビット誤り率特性

（2）**ブロック符号化変調（BCM）** ブロック符号化変調は一般に最ゆう復号が困難なことが多いが，ここではトレリス線図に基づくビタビ復号が可能な BCM につき述べる。BCM の符号化はブロック単位で行われ，トレリスはブロックの端で必ず終端するため，TCM のようなトレリス終端の処理が不要であり，符号語ブロック長が短い場合により一層の伝送効率向上が可能となる。ブロック符号化変調の例を以下に示す。4 ビットの情報 $\{a_1, a_2, a_3, a_4\}$ を送信するとき，送信ブロックを以下のよう

に構成する。

$$l_1 \rightarrow \overbrace{a_1} \quad \overbrace{a_1} \quad \overbrace{a_1} \quad \overbrace{a_1}$$
$$l_2 \rightarrow \underbrace{a_2} \quad \underbrace{a_3} \quad \underbrace{a_4} \quad \underbrace{c}$$
$$\Downarrow \quad \Downarrow \quad \Downarrow \quad \Downarrow$$
$$x^{(1)} \quad x^{(2)} \quad x^{(3)} \quad x^{(4)}$$
(A.7.4)

l_1, l_2 で示す横方向のビット列を**ビットレベル**と呼ぶ。c はビットレベル l_2 での単一パリティチェックビットで式 (A.7.5)

$$c = a_2 \oplus a_3 \oplus a_4 \qquad (A.7.5)$$

を満足するよう決定される。ビットレベル l_1 では同一の情報ビット a_1 を連続して送る。また, $x^{(i)}$ は時刻 $1 \leq i \leq 4$ における送信信号点を表す。QPSK 信号点の**セット分割**を図 A.7.13 に示す。信号点はレベル l_1 のビットの値によって信号セット $A = \{A_0, A_1\}$ または $B = \{B_0, B_1\}$ に割り当てられる。さらにレベル l_2 のビットの値によって A_0 または A_1, B_0 または B_1 の信号点が決定される。

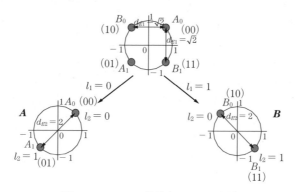

図 A.7.13 QPSK 信号点のセット分割

ここでビットレベル l_2 の 4 ビット a_2, a_3, a_4, c が同じでも, ビットレベル l_1 の a_1 の 0, 1 の違いにより信号点系列 $x = (x^{(1)} x^{(2)} x^{(3)} x^{(4)})$ と $x' = (x'^{(1)} x'^{(2)} x'^{(3)} x'^{(4)})$ の間の 2 乗ユークリッド距離は $4 \times d_{E1}^2 = 4 \times 2 = 8$ の差となる。ビットレベル l_1 のハミング距離は $d_{H1} = 4$ であるので, これを $d_{H1} \times d_{E1}^2 = 4 \times 2 = 8$ と書くことができる。またビットレベル l_1 の a_1 が同じでもビットレベル l_2 の 1 ビットが異なる x と x' の間の 2 乗ユークリッド距離は $d_{H2} \times d_{E2}^2 = 2 \times 4 = 8$ となる。すなわち異なる系列 x と x' の間の最小 2 乗ユークリッド距離は 8 であるといえる。またこの方式の伝送レートは 4 シンボル区間を用いて 4 情報ビット $a_1 \sim a_4$ を送っているので, 1 bit/symbol となる。無符号化の場合, この 1 bit/symbol を実現するには BPSK 変調を用いればよく, BPSK におけ

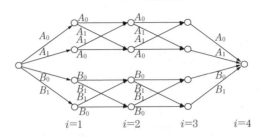

図 A.7.14 QPSK 変調を用いた BCM の
トレリス線図

る最小 2 乗ユークリッド距離は 4 である。したがってこの BCM 方式により $10\log_{10}(8/4) = 10\log_{10}2 = 3.01$ dB の**符号化利得**が得られる。

つぎに式 (A.7.4) の符号化に対応するトレリス線図を**図 A.7.14** に示す。時刻 $i=4$ ではすべてのパスが同一状態に遷移するため,トレリス終端の処理が必要ない。このトレリス線図に従い,受信シンボルからビタビアルゴリズムを用いて長さ 4 の最ゆうパスを決定し復号する。QPSK 変調を用いた BCM の計算機シミュレーション結果を**図 A.7.15** に示す。

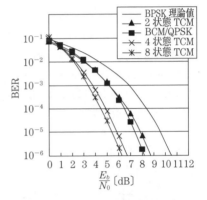

図 A.7.15 QPSK 変調を用いた
BCM 方式のビット誤り率特性

A.7.5 ターボ符号

ターボ符号は通常,畳込み符号を 2 個**連接** (concatenation) させて符号化し,受信機側では 2 個の SISO (soft input soft output) 復号器を用い,これらの間で **LLR** (log likelihood ratio) 値をたがいにやり取りして繰返し復号(ターボ復号)を行い,強力な誤り訂正効果を得るものである。連接の仕方には並列と直列があり,以下,**並列連接ターボ符号**と**直列連接ターボ符号**につき説明する。

（1） **並列連接ターボ符号（並列連接畳込み符号）** 並列連接畳込み符号 (parallel concatenated convolutional code, **PCCC**) 器は,**図 A.7.16** に示すように,入力情報ビット i に対して,二つの畳込み符号器を並列に置き,1 ビット目はそのまま出力する。符号器 1 には入力系列 i をそのまま入れ,符号器 2 にはインタリーバによって並び替えを行った系列 $\tilde{i}$ を入れる。符号器 1 および 2 で符号化を行いそれぞれの符号化出力パリティビット p_1, p_2 を得る。図 A.7.16 の並列連接畳込み符号器は,1 ビッ

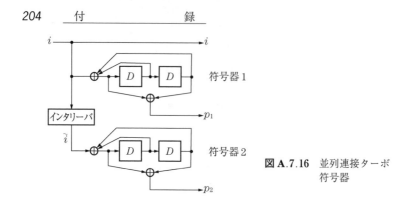

図 A.7.16 並列連接ターボ符号器

トの入力に対して3ビットの出力を得る符号化率 $R=1/3$ の符号器である。また符号器1および2には符号化率 $1/2$ の再帰的組織畳込み符号器を用いている。

 (2) **直列連接ターボ符号（直列連接畳込み符号）** 直列連接畳込み符号（serial concatenated convolutional code, **SCCC**）器を図 A.7.17 に示す。畳込み符号器を直列に配置し，符号化率 $1/2$ の符号器2（**外側符号器**, outer encoder）で入力ビット系列 i の符号化を行い，i, p_2 を得る。インタリーバ1および2によってこれらの並び替えを行い $\tilde{i}$, $\tilde{p}_2$ とし，次段の符号化率 $2/3$ の符号器1（**内側符号器**, inner encoder）の入力として与え，符号化を行って $\tilde{i}$, $\tilde{p}_2$, p_1 が出力される。符号器全体で見ると1ビットの入力に対し3ビットの出力となり符号化率は $R=1/3$ となる。

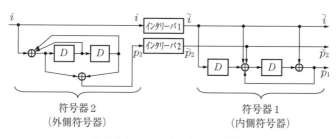

図 A.7.17 直列連接ターボ符号器

 (3) **ターボ復号** 並列連接畳込み符号の **SOVA**（soft output Viterbi algorithm）を用いた軟入力軟出力復号器による**繰返し復号**（iterative decoding）の様子を図 A.7.18 に示す。

受信値を (r_i, r_{p1}, r_{p2})，送信情報ビット i の推定結果を $u=\pm 1$，k 回目の繰返し復号における SOVA 復号により得られる u に対する**対数ゆう度比**（$\ln[p(u=+1)/p(u=-1)]$）を $\Lambda^{(k)}(u)$（事後値），情報ビット i に対する事前確率の対数ゆう度比を $\Lambda_P^{(k)}(i)$（事前値），受信値 r_i から得られる通信路値を $\Lambda_C(r_i)$，外部情報の対数ゆう度比を

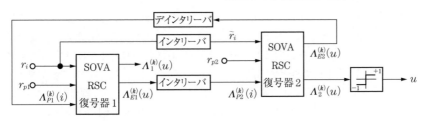

図 A.7.18 SOVA による並列連接畳込み符号の繰返し復号

$\Lambda_E^{(k)}(u)$ (外部値) とすると

$$\Lambda^{(k)}(u) = \Lambda_P^{(k)}(i) + \Lambda_C(r_i) + \Lambda_E^{(k)}(u) \tag{A.7.6}$$

と表すことができる。したがって復号器1と復号器2の間でたがいにやり取りされる外部情報値は

$$\Lambda_E^{(k)}(u) = \Lambda^{(k)}(u) - \Lambda_P^{(k)}(i) - \Lambda_C(r_i) \tag{A.7.7}$$

と表せる。情報ビット i の事前確率に関する復号器1への入力初期値は $\Lambda_{P1}^{(0)}(i) = 0$ である (繰返し復号時は復号器2から帰還される外部情報値が $\Lambda_{P1}^{(k)}(i)$ となる)。復号器1では,受信値 r_i, r_{p1} と復号器2からの帰還値 $\Lambda_{P1}^{(k)}(i)$ を入力とし,通信路値 $\Lambda_{C1}(r_i)$ および復号器1の SOVA 出力 $\Lambda_1^{(k)}(u)$ を計算する。これらを式 (A.7.7) に代入して外部値 $\Lambda_{E1}^{(k)}(u)$ を求める。この $\Lambda_{E1}^{(k)}(u)$ はインタリーバによって並び替えが行われ,復号器2の事前値入力 $\Lambda_{P2}^{(k)}(i)$ となる。

つぎに復号器2は入力値 $\tilde{r}_i, r_{p2}$ と $\Lambda_{P2}^{(k)}(i)$ から,通信路値 $\Lambda_{C2}(\tilde{r}_i)$ および SOVA 軟出力 $\Lambda_2^{(k)}(u)$ を計算し,やはり式 (A.7.7) を用いて $\Lambda_{E2}^{(k)}(u)$ を求め,デインタリーバによって並び替えを行い,復号器1の事前値 $\Lambda_{P1}^{(k+1)}(i)$ として帰還する。これを複数回繰り返し,最終的に $\Lambda_2^{(k)}(u)$ の正負を判定して,送信ビット i の推定値 $u = \pm 1$ を決める。

つぎに直列連接畳込み復号の SOVA を用いた軟入力軟出力繰返し復号のブロック図を図 A.7.19 に示す。事前値の初期値は $\Lambda_{P1}^{(0)}(i) = 0$ である。復号器1では,受信信号値 $\tilde{r}_i, \tilde{r}_{p2}, r_{p1}$ と事前値 $\Lambda_{P1}^{(k)}(i)$ を入力とし,通信路値 $\Lambda_{C1}(\tilde{r}_i)$ および SOVA による

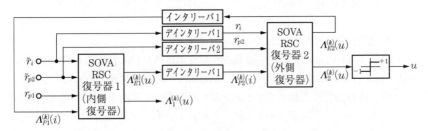

図 A.7.19 SOVA による直列連接畳込み符号の反復復号

$\Lambda_1^{(k)}(u)$ を計算し,式 (A.7.7) を用いて外部値 $\Lambda_{E1}^{(k)}(u)$ を求め,デインタリーバ1によって並び替えを行い,復号器2の事前値入力 $\Lambda_{P2}^{(k)}(i)$ とする.また復号器2では r_i, r_{p2} と事前値 $\Lambda_{P2}^{(k)}(i)$ を入力とし,通信路値 $\Lambda_{C2}(r_i)$ と SOVA による $\Lambda_2^{(k)}(u)$ を計算し,式 (A.7.7) を用いて外部値 $\Lambda_{E2}^{(k)}(u)$ を求め,インタリーバ1によって並び替えを行った後に帰還して復号器1の事前値入力 $\Lambda_{P1}^{(k+1)}(i)$ とする.これを複数回繰り返し,最終的に $\Lambda_2^{(k)}(u)$ の正負を判定して,送信ビット i の推定値 $u = \pm 1$ を決める.

並列連接畳込み符号のターボ復号によるビット誤り率のシミュレーション結果を図 **A.7.20** に示す.♯N はターボ復号器での繰返し回数を表す.繰返し $N=15$ 回においてほぼ収束し,BER が大きく改善されることが確認できる.BER が低い領域でエラーフロアのような特性が現れている.この特性はインタリーバの改善により低減できる.

また直列連接畳込み符号のターボ復号によるビット誤り率のシミュレーション結果を図 **A.7.21** に示す.繰返し $N=15$ 回ほどで収束している.並列連接畳込み符号と同様に BER が大きく改善され,BER $= 10^{-6}$ においてもエラーフロアは現れていない.

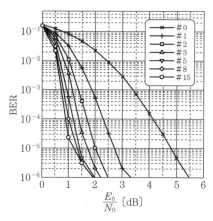 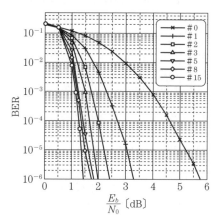

図 **A.7.20** 並列連接畳込み符号 ($R=1/3$) のターボ復号のビット誤り率特性

図 **A.7.21** 直列連接畳込み符号 ($R=1/3$) のターボ復号のビット誤り率特性

A.7.6 低密度パリティチェック符号

1962 年に R.G.Gallager によって提案された**低密度パリティ検査符号** (low density parity check code, **LDPC 符号**) と **sum-product** アルゴリズムを用いた復号法は,白色ガウス雑音通信路においてシャノン限界に迫る復号特性を有する誤り訂正符号として,1990 年代後半に再発見され注目を集めている.復号特性は,ターボ符号の性能と同等,もしくは符号長が長い場合にはターボ符号の性能を上回るともいわれ

ている。

LDPC 符号は，非常に疎なパリティ検査行列により定義される線形ブロック符号である。非常に疎な行列とは，行列内の非零要素（1）の数が行列の全要素に比べ非常に少ない行列を指す。この非常に疎な検査行列により，復号時の計算量を減少させる。LDPC 符号は必ずしも2元である必要はないが，ここでは2元の LDPC 符号につき述べる。まず，レギュラー LDPC 符号の定義を示す。

●定義

M 行 N 列（N はブロック符号の符号長）の検査行列 H において

　　　各列のハミング重み（1 の個数，以下，列重みという）を j

　　　各行のハミング重み（1 の個数，以下，行重みという）を k

（つまり，検査行列 H は各列には j 個の 1，各行には k 個の 1 を持つ）とする。ここで j, k はつぎのような条件を持つ。

$$j \ll N, \qquad k \ll N, \qquad j < k \tag{A.7.8}$$

検査行列 H は $M \times N$ であるから，検査行列 H に含まれる 1 の数は $jN = kM$，すなわち

$$M/N = j/k \tag{A.7.9}$$

となる。これより，LDPC 符号の符号化率 R は

$$R = (N-M)/N = 1 - M/N = 1 - j/k \tag{A.7.10}$$

となる。ここで検査行列 H はフルランク（H のすべての行ベクトルはたがいに独立）であるとする。j, k, N は独立に選ぶことのできるパラメータであるが，行数 M は整数でなければならないため $M = Nj/k$ が整数となるようパラメータ j, k，N を決定する。

このように，各列各行の重みが一定の LDPC 符号をレギュラー (j, k) LDPC 符号と呼ぶ。また各列各行の重みが一定ではない LDPC 符号をイレギュラー LDPC 符号と呼ぶ。列重み，行重み分布を適切に選んだイレギュラー LDPC 符号はレギュラー LDPC 符号よりもよいビット誤り率を与えるといわれている。

LDPC 符号の復号は，**図 A.7.22** に示す**タナー**（Tanner）**グラフ**上の繰返し計算（sum-product 復号法）により行える。すなわち「**チェックノード** LLR 値の更新」と「**ビットノード** LLR 値の更新」からなる繰返し計算過程は，パリティチェック行列 H のタナーグラフにおける幾何学的な関係として解釈できる。すなわち行列 H が図のように $j = 3, k = 4, (M, N) = (15, 20)$ であるとき，ビットノードは $N = 20$，チェックノードは $M = 15$ 存在する。このとき H の第 m 行はタナーグラフにおける m 番目の

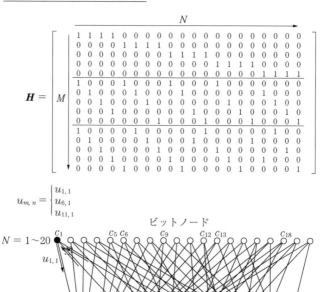

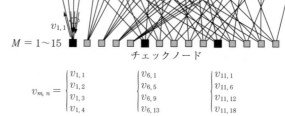

図 A.7.22 パリティ検査行列 H, $(M, N) = (15, 20)$ と対応するタナーグラフ

チェックノードの結線を表している．また，H の第 n 列はタナーグラフにおける n 番目のビットノードの結線を表している．例えば H の第 1 行はチェックノード 1 の結線を表し，チェックノード 1 はビットノード 1, 2, 3, 4 に結線されている．また H の第 1 列はビットノード 1 の結線を表し，ビットノード 1 はチェックノード 1, 6, 11 に結線されている．またタナーグラフにおいてあるビットノードから出発してチェックノードやほかのビットノードを経由し元のビットノードに戻る長さの短い**ループ**が存在すると復号特性が悪化する．パリティ検査行列 H の設計においてはそのような短いループを含まないよう設計することが望ましい．計算機シミュレーション結果を図 A.7.23 に示す．ビット誤り率 10^{-5} で約 6.5 dB の利得を得ている．

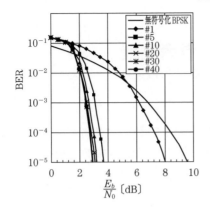

図 A.7.23　符号長 $N=1\,024$, $R=0.5$ のレギュラー LDPC 符号のシミュレーション結果（♯は反復復号回数）

以下に図におけるシミュレーション条件を示す．

変調方式：BPSK 変調，通信路：白色ガウス雑音（AWGN）通信路，iteration 回数：最大 40 回，レギュラー LDPC 符号：$j=4$（列重み），$k=8$（行重み），$N=1\,024$，$M=N(j/k)=1\,024\times(4/8)=512$，ループ長 4,6 除去，パリティ検査行列 H：$M\times N=512\times 1\,024$（構成したしたパリティ検査行列 H のランクは 512），組織符号化生成行列：G_{sys}，$(N-M)\times N=512\times 1\,024$，符号化率：$R=1-M/N=1-512/1\,024=0.5$

引用・参考文献
（URL は 2018 年 9 月現在）

全　章

1)　S. Stein, J. J. Jones 著，関　英男　監訳：現代の通信回線理論，森北出版（1970）

2)　H. Taub, D. L. Schilling：Principles of Communication Systems, 2nd Edition, McGraw-Hill International Editions, McGrawHill（1986）

3)　J. G. Proakis：Digital communications, 4th edition, McGraw-Hill（2001）

4)　S. Haykin：Digital Communications, John Wiley & Sons Inc.（1988）

5)　Bernard Sklar：Digital Communications Fundamentals and Applications, 2nd Edition, with CD-ROM, Prentice Hall, Inc.（2001）

6)　R. W. Lucky, J. Salz and E. J. Weldon, Jr. 著，星子　幸男　訳：データ通信の原理，丸善（1973）

7)　John R. Barry, Edward A. Lee and David G. Messerschmitt：Digital communication, 3rd Edition, Kluwer Academic Publishers（2004）

8)　奥村　善久，進士　昌明　監修：移動通信の基礎，電子情報通信学会（1986）

9)　末松　安晴，伊賀　健一：光ファイバ通信入門（改訂 4 版），オーム社（2006）

1　章

1)　W. R. Bennet and J. R. Davey 著，甘利　省吾　監訳：データ伝送 改訂版，ラティス（1973）

2)　佐藤　洋：情報理論（改訂版），裳華房（1983）

3)　電子情報通信学会 編：電子情報通信ハンドブック，オーム社（1988）

2 章，3 章

1)　瀧　保夫：通信方式，コロナ社（1963）

2)　平松　啓二 著，電子通信学会 編：通信方式，コロナ社（1985）

3)　Y. W. Lee 著，宮川　洋，今井　秀樹　訳：不規則信号論 上，東京大学出版会（1973）

4)　Y. W. Lee 著，宮川　洋，今井　秀樹　訳：不規則信号論 下，東京大学出版会（1974）

5)　A. Papoulis：Probability, Random Variables, and Stochastic Processes, 3rd edition, McGraw-Hill（1991）

4　章

1)　V. Friedman：Oversampled data conversion techniques, IEEE Circuits and Devices Magazine, **6**, pp.39-45（Nov. 1990）

2) John B. Anderson：Digital transmission engineering, IEEE Press（1998）

3) 宮本 裕，森田 逸郎：大容量光中継伝送技術，電子情報通信学会誌，**100**，8，pp.783-788，（Aug. 2017）

4) 重松 昌行，齊藤 晋聖：伝送媒体技術，電子情報通信学会誌，**100**，8，pp.789-794，（Aug. 2017）

5 章

1) S. Pasupathy：Minimum Shift Keying：A spectrally efficient modulation, IEEE Commun. Mag., **17**, pp.14-22（July 1979）

2) R. C. Dixon 著，立野 敏，片岡 志津雄，飯田 清 訳：スペクトラム拡散通信方式，ジャテック出版（1978）

3) 塩見 正，羽鳥 光俊 編：ディジタル放送，オーム社（1998）

4) D. Gesbert, M. Shafi, Shiu Da-shan, P. J. Smith and A. Naguib：From theory to practice：an overview of MIMO space-time coded wireless systems, IEEE Trans. Journals of Selected Areas of Commun. **21**, 3, pp.281-302（Apr. 2003）

5) Y. Iwanami：Performance of sequence estimation scheme of narrowband digital FM signals with limiter-discriminator detection, IEEE J. Selected Areas in Commun., **13**, 2, pp.310-315（Feb. 1995）

6) 内匠 逸 編著：情報理論，第 12 章時空間符号化（岩波保則分担執筆），オーム社，（2010）

7) Q. H. Spencer, A. L. Swindlehurst, M. Haardt：Zero-forcing methods for downlink spatial multiplexing in multiuser MIMO channels, IEEE Transactions on Signal Processing, **52**, 2, pp.461-471（Feb. 2004）

8) 島川 展明，岩波 保則：線形プリコーディングを用いたマルチユーザ MIMO 下り回線分散アンテナシステムの検討，電子情報通信学会技術研究報告，RCS2017-317，pp.1-6（Feb. 2018）

7 章

1) http://www.soumu.go.jp/johotsusintokei/whitepaper/ja/h29/html/nc262210.html

2) News Release，日本初，国内基幹ネットワークの商用光ファイバケーブルにおいて超大容量な 100 Gbps-DWDM 伝送に成功 〜大容量・高品質な全国基幹ネットワークの実現に向けて大きく進展〜，NTT Communications（2012 年 6 月 21 日）

3) 宮本 裕，川村 龍太郎：大容量光ネットワークの進化を支える空間多重光通信技術，NTT 技術ジャーナル，pp.8-12，（2017-03）

4) 水野 隆之，芝原 光樹，李 斗煥，小林 孝行，宮本 裕：高密度空間分割多重（DSDM）長距離光伝送基盤技術，NTT 技術ジャーナル，pp.13-17，（2017-03）

5) 坂本 泰志, 森 崇嘉, 松井 隆, 山本 貴司, 中島 和秀：空間チャネルを活用した新たな光ファイバ基盤技術, NTT 技術ジャーナル, pp.28-32, (2017-03)

6) 鈴木 正敏, 光通信及びモバイル通信システムの進化と将来の光無線融合, 電子情報通信学会誌, **101**, 2, pp.138-145, (Feb. 2018)

7) 西村公佐：ニュース解説　携帯情報機器用 1Gbit/s 赤外線通信技術の開発―音楽 CD アルバムを 1 秒で転送可能に―, 電子情報通信学会誌, **91**, 5, pp.431-432 (May. 2008)

8) CANOBEAM
http//cweb.canon.jp/pdf-catalog/indtech/canobeam/pdf/dt-100.pdf

9) 荒木 智宏, 市川 愉, 谷島 正信：光データ中継システムの検討, 電子情報通信学会技術研究報告 SANE2014-37, pp.79-83 (Jun. 2014)

10) 中川 正雄：可視光通信とは, 電子情報通信学会誌, **101**, 1, pp.32-37, (Jan. 2018)

11) 藤田 卓：日本発の国際標準規格 IEEE1901 ― HD-PLC　アライアンスが本格普及に向けて機器認証を開始―, 電子情報通信学会誌, **94**, 3, pp.248-249 (Mar. 2011)

12) 古賀 久雄：次世代電力線通信と標準化, Panasonic Technical Journal, **56**, 1, pp.16-21 (Apr. 2010)

13) TTC 標準 Standard JJ-300.20, ECHONET Lite 向けホームネットワーク通信インターフェース（広帯域 Wavelet OFDM PLC（「HD-PLC」）), 第 1.1 版, 一般社団法人 情報通信技術委員会（2013 年 12 月 9 日制定）

14) http://www.jsat.net/jp/contour/jcsat-3a.html

15) http://www.jsat.net/jp/contour/superbird-c2.html

16) http://www.jsat.net/jp/contour/jcsat-4b.html

17) http://www.jsat.net/jp/contour/jcsat-2b.html

18) http://www.b-sat.co.jp/broadcasting-satellite/

19) http://www.b-sat.co.jp/4k8k/bsat-4a/

20) 池田 哲臣, NHK 放送技術研究所 テレビ方式研究部：4K・8K 放送の技術動向, 4K・8K に関する技術セミナー, 四国総合通信局, 四国情報通信懇談会 ICT 研究交流フォーラム（2016 年 1 月 29 日）

21) 小島 政明, 他 18 名：3-6 SHV 伝送実験, 情報通信研究機構報告, **63**, 2, pp.107-114（2017）

22) 4K・8K の推進に関する現状について, 総務省, 4K・8K ロードマップに関するフォローアップ会合（平成 27 年 3 月 17 日）

引用・参考文献　　*213*

23) http://www.jaxa.jp/countdown/f11/past/index_j.html

24) http://www.satnavi.jaxa.jp/project/ETS-9/

25) https://dsk.or.jp/dskwiki/index.php?cmd=read&page=GPS&word=GPS

26) https://dsk.or.jp/dskwiki/index.php?GLONASS

27) http://qzss.go.jp/technical/satellites/index.html

28) GNSS の基本知識，Version 1.0，測位衛星技術株式会社（2016 年 7 月 29 日）

29) http://qzss.go.jp/index.html

30) http://www.jaxa.jp/countdown/f18/index_j.html

31) 総務省 情報通信審議会 情報通信技術分科会 衛星通信システム委員会：衛星を巡る諸問題に関する調査検討作業班報告書，資料 33-2（平成 29 年 6 月 15 日）

32) 総務省 情報通信審議会 情報通信技術分科会 衛星通信システム委員会：衛星を巡る諸問題に関する調査検討作業班（第 1 回），衛星通信システムの最新動向（2017 年 1 月 31 日）

33) 大沢 研，吉越 大之，新田 敦，田中 常之，三谷 英三，佐藤 富雄：衛星搭載用高効率 L 帯 200W GaN HEMT，SEI テクニカルレビュー，第 191 号，pp.32-37（2017-07）

34) https://www.nttdocomo.co.jp/corporate/technology/rd/tech/hsdpa/

35) 大久保 尚人，ウメシュアニール，岩村 幹生，新 博行：LTE サービス「Xi」（クロッシィ）特集 ―スマートイノベーションへの挑戦―／高速・大容量・低遅延を実現する LTE の無線方式概要，NTT DOCOMO テクニカル・ジャーナル，**19**，1，pp.11-19（Apr. 2011）

36) 川村 輝雄，岸山 祥久，柿島 佑一，安川 真平，斎藤 敬佑，田岡 秀和：LTE-Advanced ― LTE のさらなる進化形―無線伝送実験，NTT DOCOMO テクニカル・ジャーナル，**20**，2，pp.24-36（Jul. 2012）

37) 安部田 貞行，河原 敏朗，二方 敏之：PREMIUM4G 特集 ‑ LTE-Advanced の導入 ‑ さらなる LTE の進化，スマートライフをサポートする LTE-Advanced の開発，NTT DOCOMO テクニカル・ジャーナル，**23**，2，pp.6-10（Jul. 2015）

38) 巳之口 淳，磯部 慎一，高橋 秀明，永田 聡：特集 2020 年を意識した 5G 標準化動向 3GPP における 5G 標準化動向”，NTT DOCOMO テクニカル・ジャーナル，**25**，3，pp.6-12（Oct. 2017）

39) 総務省 情報通信審議会からの一部答申：第 4 世代移動通信システム（LTE-Advanced）等の高度化に関する技術的条件（平成 28 年 5 月 24 日）

40) 総務省 新世代モバイル通信システム委員会：技術検討作業班中間報告（平成 30 年 3 月 6 日）

214　引 用 ・ 参 考 文 献

41)　要海 敏和：モバイル WiMAX の最新動向，情報処理，**51**，6，pp.700-710（Jun. 2010）

42)　TTC 技術レポート，TR-1064，IoT エリアネットワーク向け伝送技術の概説第 2 版，一般社団法人情報通信技術委員会，pp.24-26（2018 年 3 月 15 日制定）

43)　XGP（eXtended Global Platform）が目指すもの…
https://www.xgpforum.com/new_XGP/ja/001/xgp.html

44)　総務省 情報通信審議会からの一部答申：広帯域移動無線アクセスシステムの高度化に関する技術的条件（平成 28 年 5 月 24 日）

45)　滝波 浩二，白方 亨宗，高橋 和晃：IEEE802.11ad／WiGig に対応した 60GHz 帯無線アクセス技術と将来展望，電子情報通信学会技術研究報告，PN2016-71，pp.207-212（Jan. 2017）

46)　Keysight Technologies IEEE802.11ac 規格と RF 測定，©Keysight Technologies. Published in Japan（Aug. 13, 2015）

47)　802. 11ac：第 5 世代の Wi-Fi 規格テクニカルホワイトペーパー
https://www.cisco.com/c/ja_jp/products/collateral/wireless/aironet-3600-series/white_paper_c11-713103.html

48)　無線 LAN の現状について，総務省 無線 LAN ビジネス研究会（第 1 回）資料 1-4（平成 24 年 3 月 23 日）

49)　篠原 笑子，岩谷 純一，井上 保彦：次世代高効率無線 LAN 規格「IEEE 802.11ax」の標準化，NTT 技術ジャーナル，pp.52-55（Nov. 2016）

50)　山田 曉，野島 大輔，浅井 孝浩：無線 LAN 関連システムの国際標準化動向，電子情報通信学会 通信ソサイエティマガジン，**38**，秋号，pp.74-79（2016）

51)　https://www.bluetooth.com/ja-jp/bluetooth-technology/radio-versions

52)　http://www.zigbee.org/zigbee-for-developers/zigbee-3-0/

53)　https://en.wikipedia.org/wiki/Zigbee

54)　https://en.wikipedia.org/wiki/Ultra-wideband

55)　李 還幇　加川 敏規　三浦 龍：数 10 センチの精度を実現する IR-UWB 屋内測位システム，国立研究開発法人 情報通信研究機構 ワイヤレスネットワーク研究所 ディペンダブルワイヤレス研究室，NICT オープンハウス（平成 27 年 10 月 23 日）

56)　原田 博司，児島 史秀：国際無線通信規格「Wi-SUN」が次世代電力量計「スマートメーター」に無線標準規格として採用，NICTNEWS，No.437（2014 年 2 月）

57)　原田 博司：IoT 時代を支える国際無線通信規格 Wi-SUN，ITU ジャーナル，**47**，2，pp.3-8（Feb. 2017）

引　用　・　参　考　文　献　　*215*

58)　和田　孝行：LPWA に関する無線システムの動向について，総務省 総合通信基盤局 電波部 移動通信課，中国総合通信局ワイヤレス IoT セミナー（平成 30 年 3 月 7 日）

59)　阪田　史郎：LPWA の最新動向と今後の展望，九州テレコム振興センター（KIAI）電波利活用セミナー 2018（平成 30 年 6 月 6 日）

付　録

1)　斉藤　洋一：ディジタル無線通信の変復調，電子情報通信学会（1996）

2)　高畑　文雄 編著：ディジタル無線通信入門，培風館（2002）

3)　Y. Iwanami, T. Ikeda：A Numerical Method for Evaluating the Distortion of Angle-Modulated Signals in a Time Domain, IEEE Transactions on Communications, **34**, 11, pp.1151-1156（Nov. 1986）

4)　江藤　良純，金子　敏信 監修：誤り訂正符号とその応用，オーム社（1996）

5)　田坂　修二：情報ネットワークの基礎，数理工学社（2003）

6)　G. Ungerboeck：Channel coding with multilevel/phase signals, IEEE Transactions on Information Theory, **28**, 1, pp.55-67（Jan. 1982）

7)　E. Biglieri, D. Divsalar, P. J. McLane and M. K. Simon：Introduction to Trellis-Coded Modulation with Applications, Macmillian Publishing Company（1991）

8)　G. D. Forney Jr., R. G. Gallager, G. R. Lang, F. M. Longstaff, and S. U. Qureshi：Efficient modulation for band-limited channels, IEEE J. Selected Areas in Commun., **SAC-2**, 5, pp.632-647（Sep. 1984）

9)　李　還幇：～ビタビ復号を用いた～ブロック符号化変調技術，トリケップス（1999）

10)　C. Berrou, A. Glavieux and P. Thitimajshima：Near Shannon limit error correcting coding and decoding：turbo codes, Proc. ICC '93, pp.1064-1070, Geneva, Switzerland（May 1993）

11)　B. Vucetic, J. Yuan：TURBO CODES Principles and Applications, Kluwer Academic Publishers（2000）

12)　R. G. Gallager：Low-Density Parity-Check Codes, IRE Trans. on Information Theory, **IT-8**, pp.21-28（Jan. 1962）

13)　Joachim Hagenauer, Elke Offer and Lutz Papke：Iterative decoding of binary block and convolutional codes, IEEE Trans. on Information Theory, **42**, 2, pp.429-445（Mar. 1996）

14)　和田山　正：低密度パリティ検査符号とその復号法 LDPC（Low Density Parity-Check codes）符号 / sum-product 復号法，トリケップス（2002）

演習問題解答

2 章

【1】 $v(t) = (4A/\pi) \cdot [\cos(\omega_0 t) - \cos(3\omega_0 t)/3 + \cos(5\omega_0 t)/5 - \cos(7\omega_0 t)/7 + \cdots]$, $\omega_0 = 2\pi/T_0$

【2】 1) $P_0 = (a_0/2)^2 = a_0{}^2/4$ 〔W〕

2) $v_n(t) = (a_n \cos n\omega_0 t + b_n \sin n\omega_0 t) = \sqrt{a_n{}^2 + b_n{}^2} \cdot \cos(n\omega_0 t + \theta_n)$, $\theta_n = -\tan^{-1}(b_n/a_n)$ であり,周波数成分 $v_n(t)$ は,振幅が $\sqrt{a_n{}^2 + b_n{}^2}$ で周波数 $f = nf_0$ の正弦波である。したがって

$$P_n = (1/T_0) \cdot \int_0^{T_0} v_n(t)^2 dt = (\sqrt{a_n{}^2 + b_n{}^2})^2/2 = (a_n{}^2 + b_n{}^2)/2 \quad \text{〔W〕}$$

3) $P = P_0 + \sum_{n=1}^{\infty} P_n = a_0{}^2/4 + \sum_{n=1}^{\infty} (a_n{}^2 + b_n{}^2)/2$ 〔W〕

【3】 1) $P = (A^2 + B^2)/2$ 〔W〕(周期 $T_0 = 1/f_0$ と周期 $T_0/2 = 1/(2f_0)$ の最小公倍数である時間区間 T_0 にわたる平均電力を考える)

2) $E = \int_{-\infty}^{\infty} v^2(t) dt = A^2 \cdot 2l$ 〔J〕

【4】 (a) $V(j\omega) = [2\omega_0/(\omega_0{}^2 - \omega^2)] \cos(\omega T_0/4)$, $\omega_0 = 2\pi/T_0$

(b) $v(t)$ は t に関し偶関数であるので

$$V(j\omega) = \int_{-\infty}^{\infty} v(t) e^{-j\omega t} dt = \int_{-\infty}^{\infty} \frac{1}{\sqrt{2\pi}\sigma} \exp\left(-\frac{t^2}{2\sigma^2}\right)(\cos \omega t - j \sin \omega t) dt$$

$$= \frac{1}{\sqrt{2\pi}\sigma} \int_{-\infty}^{\infty} \exp\left(-\frac{t^2}{2\sigma^2}\right) \cos \omega t \, dt$$

ここで積分公式より $\int_{-\infty}^{\infty} \exp(-\alpha t^2) \cos \omega t \, dt = \sqrt{\frac{\pi}{\alpha}} \exp\left(-\frac{\omega^2}{4\alpha}\right)$,ただし,

$\alpha = \dfrac{1}{2\sigma^2}$,したがって

$$V(j\omega) = \frac{1}{\sqrt{2\pi}\sigma} \sqrt{\frac{\pi}{\alpha}} \exp\left(-\frac{\omega^2}{4\alpha}\right) = \frac{1}{\sqrt{2\alpha}\sigma} \exp\left(-\frac{\omega^2}{4\alpha}\right) = \exp\left(-\frac{\sigma^2 \omega^2}{2}\right)$$

$$\therefore \quad V(j\omega) = \exp(-\sigma^2 \omega^2/2)$$

一般に $\alpha > 0$ として

$v(t) = \beta \exp(-\alpha t^2) \underset{\text{Fourier transform}}{\longleftrightarrow} V(j\omega) = \beta\sqrt{\dfrac{\pi}{\alpha}} \exp\left(-\dfrac{\omega^2}{4\alpha}\right)$ が成り立つ.

すなわちガウス波形のフーリエ変換はやはりガウス形となる.

【5】 1) 単位インパルス応答 $h(t)$ は伝達関数 $H(s)$ の逆ラプラス変換として与えられる.

$$H(s) = \dfrac{1/sC}{R + 1/sC} = \dfrac{1/(RC)}{s + 1/(RC)} = \dfrac{\alpha}{s + \alpha}, \quad \alpha = 1/(RC), \quad s = j\omega$$

したがって $H(s) = \alpha/(s+\alpha) \underset{\text{Laplace transform}}{\longleftrightarrow} \alpha e^{-\alpha t} = h(t)$

$h(t)$ の波形を**解図 2.1** に示す.

2) $H(j\omega) = \displaystyle\int_{-\infty}^{\infty} h(t)e^{-j\omega t}dt = \int_{0}^{\infty} \alpha e^{-\alpha t}e^{-j\omega t}dt = \alpha\int_{0}^{\infty} e^{-(j\omega+\alpha)t}dt$

$= \alpha\left[\dfrac{e^{-(j\omega+\alpha)t}}{j\omega+\alpha}\right]_{\infty}^{0} = \dfrac{\alpha}{j\omega+\alpha}$

3) 自己相関関数の定義より $\tau \geqq 0$ に対し

$R(\tau) = \displaystyle\int_{-\infty}^{\infty} h(t)h(t-\tau)dt = \int_{\tau}^{\infty} h(t)h(t-\tau)dt = \int_{\tau}^{\infty} \alpha e^{-\alpha t}\alpha e^{-\alpha(t-\tau)}dt$

$= \alpha^2 e^{\alpha\tau}\displaystyle\int_{\tau}^{\infty} e^{-2\alpha t}dt = \alpha^2 e^{\alpha\tau}[e^{-2\alpha t}/(2\alpha)]_{\infty}^{\tau} = \alpha e^{-\alpha\tau}/2, \quad \tau \geqq 0$

また $R(\tau)$ は τ に関し $R(\tau) = R(-\tau)$ で偶関数である.

∴ $R(\tau) = \alpha e^{-\alpha|\tau|}/2$

$R(\tau)$ を**解図 2.2** に示す.

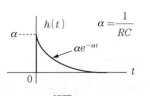
解図 2.1

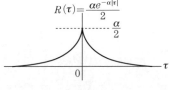
解図 2.2

4) 電力伝達関数 $H(f)$ は $R(\tau)$ の τ に関するフーリエ変換で与えられる.

$H(f) = \displaystyle\int_{-\infty}^{\infty} R(\tau)e^{-j\omega\tau}d\tau = \dfrac{1}{2}\int_{-\infty}^{0}\alpha e^{\alpha\tau}e^{-j\omega\tau}d\tau + \dfrac{1}{2}\int_{0}^{\infty}\alpha e^{-\alpha\tau}e^{-j\omega\tau}d\tau$

$= \dfrac{\alpha}{2}\left[\dfrac{e^{(-j\omega+\alpha)\tau}}{-j\omega+\alpha}\right]_{-\infty}^{0} + \dfrac{\alpha}{2}\left[\dfrac{e^{-(j\omega+\alpha)\tau}}{-(j\omega+\alpha)}\right]_{0}^{\infty} = \dfrac{\alpha}{2}\left(\dfrac{1}{-j\omega+\alpha} + \dfrac{1}{j\omega+\alpha}\right) = \dfrac{\alpha^2}{\omega^2+\alpha^2}$

5) $H(f) = \alpha^2/(\omega^2+\alpha^2) = |\alpha/(j\omega+\alpha)|^2 = |H(j\omega)|^2$

6) $E = R(\tau)|_{\tau=0} = R(0) = (\alpha e^{-\alpha|\tau|}/2)_{\tau=0} = \alpha/2$

別解：$E = \int_{-\infty}^{\infty} h^2(t)dt = \int_0^{\infty} [\alpha e^{-\alpha t}]^2 dt = \alpha^2 \int_0^{\infty} e^{-2\alpha t} dt = \alpha^2 [e^{-2\alpha t}/(2\alpha)]_{\infty}^0$
$= \alpha^2/(2\alpha) = \alpha/2$

【6】 $R(\tau) = \int_{-\infty}^{\infty} f(t)f(t-\tau)dt$ の作図により**解図 2.3** を得る。

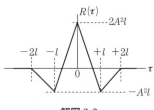

解図 2.3

【7】 時間軸として τ 軸を取り，入力信号 $x(\tau)$ を描く。このとき $h(t-\tau)$ は，τ 軸上で**解図 2.4** のように描ける。したがって時刻 t における出力 $y(t)$ は，$x(\tau)$ に対し，時間反転した $h(t)$ の重みを掛けて $\tau = -\infty \sim t$ まで積分した量といえる。$h(t)$ の重みは τ 軸上で時刻 t に近づくほど大きく，時刻 t から過去に遡るほど小さい。実際にはインパルス応答の尾の長さ l を考慮すれば，畳込み積分は

$$y(t) = \int_{-\infty}^{\infty} x(\tau)h(t-\tau)d\tau = \int_{-\infty}^{t} x(\tau)h(t-\tau)d\tau \approx \int_{t-l}^{t} x(\tau)h(t-\tau)d\tau$$

なる有限区間長 l の積分で近似できる。すなわち時刻 t における出力 $y(t)$ は時刻 t 以前の過去 l 時間区間のみの影響を受けているといえる。

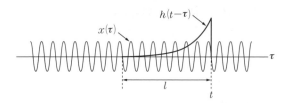

解図 2.4

【8】 $y(t) = \int_{-\infty}^{\infty} h(t-\tau)x(\tau)d\tau$ において，$t-\tau = \tau'$ と置くと，$d\tau = -d\tau'$ であり，τ：$-\infty \to +\infty$ のとき τ'：$+\infty \to -\infty$ となり，また $\tau = t - \tau'$ である。これらを $y(t)$ の式に代入して $y(t) = \int_{+\infty}^{-\infty} h(\tau')x(t-\tau')(-d\tau') = \int_{-\infty}^{+\infty} h(\tau)x(t-\tau)d\tau$ を得る。

【9】 $\nu = 10$，$\tau = 0.1$，$k = 1$ を代入して $p(1, 0.1) = e^{-1} = 0.36788$。

【10】 n 次元ガウス分布の特性関数は

$$F(\xi_1, \xi_2, \cdots, \xi_n) = \exp\left(-j\sum_{k=1}^{n} \xi_k m_k\right) \cdot \exp\left(-\frac{1}{2}\sum_{k=1}^{n}\sum_{m=1}^{n} \mu_{km}\xi_k\xi_m\right),$$
$$m_k = E\{x_k\}, \qquad \mu_{km} = E\{(x_k - m_k)(x_m - m_m)\}$$

で与えられる。n 個のガウス変数の和 $x = \sum_{i=1}^{n} x_i$ に対する特性関数 $G_x(\xi)$ は，

$F(\xi_1, \xi_2, \cdots, \xi_n)$ において $\xi_1 = \xi_2 = \cdots = \xi_n = \xi$ と置くことによって得られ

$$G_x(\xi) = F(\xi_1, \cdots, \xi_n)|_{\xi_1 = \cdots = \xi_n = \xi} = \exp\left(-j\xi \sum_{k=1}^{n} m_k\right) \cdot \exp\left(-\frac{1}{2}\xi^2 \sum_{k=1}^{n}\sum_{m=1}^{n} \mu_{km}\right)$$

$$= \exp(-j\xi m) \cdot \exp\left(-\frac{1}{2}\xi^2 \sigma^2\right)$$

となるが，これは平均値 $m = \sum_{k=1}^{n} m_k$，分散 $\sigma^2 = \sum_{k=1}^{n}\sum_{m=1}^{n} \mu_{km}$ を持つガウス分布の特性関数にほかならない。よって n 個のガウス変数の和はガウス分布になることが示された。

【11】 両側スペクトル表示を $f=0$ の軸で折り返し，$f<0$ のスペクトルの部分を $f>0$ のスペクトルの部分に重ねれば，片側スペクトル表示となる。したがって片側スペクトル表示は，両側スペクトル表示の2倍の高さ（スペクトル密度）を持つ。すなわち $f=0$ を中心軸として折り紙を畳み重ねたものが片側スペクトル表示で，折り紙を広げたものが両側スペクトル表示といえる。ただし $f=0$ の軸上に線スペクトル（直流成分）がある場合，$f=0$ の軸上の値は，両側スペクトル表示と片側スペクトル表示で同じである（2倍の高さにならない）。

3 章

【1】 1) $d(t)$ の複素フーリエ級数表示

2) $G_s(j\omega) = (1/T_s) \cdot \sum_{k=-\infty}^{\infty} G[j(\omega - k\omega_s)]$

3) 解図 3.1 のようになる。

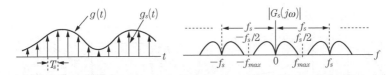

解図 3.1

4) $g'(t) = \int_{-\infty}^{\infty} G_s(j\omega) H_L(j\omega) e^{j\omega t} df = (1/T_s) \cdot \int_{-\infty}^{\infty} G(j\omega) e^{j\omega(t-t_0)} df$

$= (1/T_s) \cdot g(t-t_0)$

5) $H_L(j\omega) \xrightarrow[\text{Fourier transform}]{} h_L(t) = f_s \cdot \sin[\pi f_s(t-t_0)] / [\pi f_s(t-t_0)]$

6) $g'(t) = \int_{-\infty}^{\infty} g_s(\tau) h_L(t-\tau) d\tau = \int_{-\infty}^{\infty} \sum_{t=-\infty}^{\infty} g(lT_s)\delta(\tau - lT_s) h_L(t-\tau) d\tau$

$= \dfrac{1}{T_s} \sum_{l=-\infty}^{\infty} g(lT_s) \dfrac{\sin[\pi f_s(t-t_0-lT_s)]}{\pi f_s(t-t_0-lT_s)}$

【2】 sinc 関数のピーク値に標本値を乗せ，最高周波数の 2 倍以上のサンプリング間隔 T_s で時間軸上に sinc 関数をずらしながら足し合わせていくことにより，元の情報信号 $f'(t)$ を得る（**解図 3.2** 参照）。

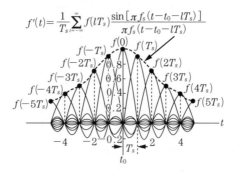

解図 3.2

【3】 $h(t) = \begin{cases} \alpha e^{-\alpha t}, & t \geq 0, \\ 0, & t < 0 \end{cases} \quad \alpha = 1/(RC)$

$$y(t) = \int_{-\infty}^{\infty} h(t-\tau)x(\tau)d\tau = \int_{-\infty}^{t} h(t-\tau)x(\tau)d\tau$$

$y(t)$ に $h(t)$ を代入して計算すると**解図 3.3** を得る。
$f_c > 1/T$, $f_c = 1/T$, $f_c < 1/T$ をそれぞれ f_c が大，中，小として，$y(t)$ は**解図 3.4** のように描ける。

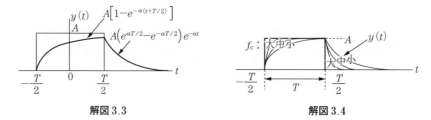

　　　　解図 3.3　　　　　　　　　　　**解図 3.4**

【4】 1) $0 \leq k \leq 1$
  2) $P_c = A^2/2$, $P_s = (Ak/2)^2/2 \times 2 = A^2k^2/4$, $\therefore P_s/P_c = k^2/2$
  3) $P = P_c + P_s = A^2/2 + A^2k^2/4 = A^2(1+k^2/2)/2$

【5】 1) $P = A^2/2$ 〔W〕
  2) 瞬時周波数に関し，$f_i(t) - f_c = \dfrac{1}{2\pi}\dfrac{d}{dt}\beta \sin \omega_m t = \beta f_m \cos \omega_m t = \Delta f_{max} \cos \omega_m t$

　　　$\therefore \Delta f_{max} = \beta f_m$

3) （瞬時周波数 $f_i(t)$ － 中心周波数 f_c）が復調出力であり，$\beta f_m \cos \omega_m t$

4) カーソン則より，$B = 2(\beta + 1)f_m$

【6】 1) $AJ_3(\beta)$

2) $AJ_0(\beta)$

3) 図 3.30 より $\beta \approx 2.4$，$\beta \approx 5.5$，$\beta \approx 8.7$ などで $J_0(\beta) \approx 0$ となる。

4 章

【1】 1) 16 ビット線形量子化 ＝ $\pm 2^{15}$ レベル ＝ $\pm 32\,768$ レベル。

2) 振幅レベルの大きさは，最小 1 ～最大 32 768 まである。したがってダイナミックレンジは $20 \log_{10}(32\,768 / 1) = 90.3\,\mathrm{dB}$ となる。

3) ビット速度 ＝ 16 bit／サンプル × 44 000 サンプル／s ＝ 704 Kbit／s

【2】 ビット速度 ＝ 24 bit／サンプル × 192 000 サンプル／s ＝ 4.608 Mbit／s，CD の 6.545 45 倍のビット速度となる。ダイナミックレンジは $20 \log_{10}(2^{24-1}) = 138.5\,\mathrm{dB}$。

【3】 704 Kbit／s とは 1 ビットを $T = 1/(704 \times 10^3)$ 秒間で伝送することである。したがって CD や DVD オーディオ信号の場合，それぞれ $B = 1/(2T) = 704 \times 10^3/2 = 352\,\mathrm{kHz}$ および $B = 1/(2T) = 4.608 \times 10^6/2 = 2.304\,\mathrm{MHz}$ となる。すなわちアナログ伝送の 20 kHz に比べ，それぞれ 17.6 倍および 115.2 倍の伝送帯域幅を必要としている。このようにディジタル信号の伝送帯域幅は一般的に広帯域（ワイドバンド）となり，これが音質向上の要因となっている。ただし，2 値伝送ではなく，M 値伝送を用いれば，伝送帯域幅は $1/\log_2 M$ となる。

5 章

【1】 1) 差動位相符号化，すなわち位相の変化量で情報を送る。2 値 DPSK 伝送の場合は，ビット 0 ならば位相変化量 0°，ビット 1 ならば位相変化量 180° とする。またパイロット信号を用いて既知の位相をあらかじめ送る方法もある。

2) DQPSK では位相変化量 π がビット（11），位相変化量 0 がビット（00）を表すので 1100。

3) 1 シンボル区間 T_s で 3 ビット運べる。 ∴ $R = 3/T_s = 3/10^{-3} = 3\,\mathrm{Kbit/s}$

4) 1 シンボル区間 T_s で 4 ビット運べる。 ∴ $R = 4/T_s = 4/10^{-6} = 4\,\mathrm{Mbit/s}$

5) 1 シンボル区間 T_s で 6 ビット運べる。 ∴ $R = 6/T_s = 6/10^{-6} = 6\,\mathrm{Mbit/s}$

【2】 1) $v(t) = \mathrm{Re}\{[I(t) + jQ(t)]e^{j\omega_c t}\}$ であり，時刻 k のシンボル区間で波形 $v(t)$ が運ぶ複素信号点は $I_k + jQ_k$ と表せる。

2) $p(t)$ が方形パルスのときは**解図 6.1** のように T_s 区間で振幅（包絡線）は一定となる。

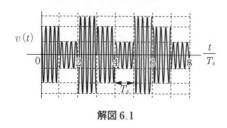

解図 6.1

$p(t)$ がナイキストパルスのときは，$v(t)$ の包絡線は T_s 区間で一定ではなく，より複雑な波形となる。しかし直交検波器出力の等価低域信号 $I(t)+jQ(t)$ を時刻 $t=kT_s$ においてサンプリングするときにシンボル間干渉（ISI）はなく，複素信号点 I_k+jQ_k が復調される。

【3】等利得合成の場合：$(S/N)_{EGC}=(v_0+v_1+v_2)^2/E\{(n_1+n_2+n_3)^2\}=(v_0+v_1+v_2)^2/3\sigma^2$，ただし n_1, n_2, n_3 はそれぞれ v_0, v_1, v_2 に相加する独立なガウス雑音で σ^2 はそれらの電力（分散）。

最大比合成の場合：$(S/N)_{MRC}=(v_0^2+v_1^2+v_2^2)^2/\{(v_0^2+v_1^2+v_2^2)\sigma^2\}=(v_0^2+v_1^2+v_2^2)/\sigma^2$

ここで不等式 $\sum_{k=1}^{n}v_k^2 \geq (\sum_{k=1}^{n}v_k)^2/n$ （ただし等号は $v_1=v_2=\cdots=v_n$ のとき）

が成立するので

$$\frac{(S/N)_{MRC}}{(S/N)_{EGC}}=\frac{(v_0^2+v_1^2+v_2^2)/\sigma^2}{(v_0+v_1+v_2)^2/3\sigma^2}=\frac{(v_0^2+v_1^2+v_2^2)}{(v_0+v_1+v_2)^2/3} \geq 1$$

がいえ，（最大比合成による S/N）≧（等利得合成による S/N）がいえる。また，$(S/N)_{MRC}=(v_0^2+v_1^2+v_2^2)/\sigma^2$ は受信波の全合成電力と 1 **rake finger** 分（1 分離遅延波分）の雑音電力の比であり，最大比合成方式は rake 受信における S/N を最大にするといえる。

【4】OFDM 信号は，ガードインターバル以内の遅延波の重畳に対しては受信側で等化でき，遅延波の影響を除去できる。中継波も電力が増幅された遅延波とみなすことができ，ガードインターバル以内の中継遅延時間に対しては，直接波と中継波が重畳しても影響はなく，受信電力を中継により回復でき高品質な復調ができる。従来の無線中継伝送においては，中継後はキャリヤ周波数を変えて中継前後の周波数混信を避けていたが，SFN ではこの必要がない。

【5】例えば地上波デジタルテレビ放送の場合は，総サブキャリヤ数 $N=5\,617$ を 13 のセグメントに分け，1 セグメントには 432 のサブキャリヤを含んでいる（$432\times13+1=5\,617$）。この内で中央の一つをワンセグ放送（QPSK 変調，符号化率 1/2，312.06 Kbit/s）に使用し，残りの 12 セグメントを地上波デジタルハイビジョン放送（64 QAM 変調，符号化率 3/4，16.848 Mbit/s）に用いている。なお，地上波デジタル放送の 1 シンボル時間は $T=1\,008\,\mu s$ で，サブキャリヤ間隔は $\Delta f=1/T=1/(1\,008\times10^{-6})=992\,Hz$，伝送帯域幅は $B=N\Delta f=$

$5\,617 \times 992 = 5.572\,\mathrm{MHz}$ となっている。また $8\,192 = 2^{13}$ ポイントの FFT を用いるため，見かけ上の帯域幅を広げて時間軸のサンプル間隔は $\Delta t = 1/(8\,192\Delta f)$ $= 1/(8\,192 \times 992) = 1/(8.126 \times 10^6) = 0.123\,\mu s$ となっている。ガードインターバル長は $T/4 = 252\,\mu s$ となっている。これは $75.6\,\mathrm{km}$ に相当する電波伝搬遅延時間差である。

【6】 ディジタル通信方式の送信電力 P 〔W〕，送信帯域幅 B 〔Hz〕，伝送ビット速度 R 〔bit/s〕を同一にして比較する。ビット誤り率 10^{-5} を実現する E_b/N_0 〔dB〕の値で評価することが多い。

【7】 BPSK 変調の場合を例にとって考えると $E_b = A^2T/2$ であり，$E_b/N_0 = (A^2T/2)/N_0 = (A^2/2)/(N_0/T) = S/(N_0B) = S/N$，$B = 1/T$。したがって E_b/N_0 は受信信号電力 $S = A^2/2$ と $1/T$ 〔Hz〕当りの雑音電力 $N = N_0B = (N_0/2)B$ $\times 2$ の比であり，受信 S/N といえる。ただし $N_0/2$ は白色ガウス雑音の両側電力スペクトル密度である。

【8】 $0+0 = 0 \;\leftrightarrow\; (+1) \times (+1) = (+1)$, $0+1 = 1 \;\leftrightarrow\; (+1) \times (-1) = (-1)$, $1+0 = 1 \leftrightarrow (-1) \times (+1) = (-1)$, $1+1 = 0 \leftrightarrow (-1) \times (-1) = (+1)$ なる乗積演算に置き換えられる。

6 章

【1】 n ビット中に k ビットの誤りが含まれる確率は，${}_nC_k p_b^{\,k}(1-p_b)^{n-k}$ で与えられる。パケット誤り率は n ビット中に $1 \sim n$ ビットのいずれかの誤りが含まれる場合であり，$P_{PER} = \sum_{k=1}^{n} {}_nC_k p_b^{\,k}(1-p_b)^{n-k}$ で与えられる。

　ここで 2 項展開の公式 $(x+y)^n = \sum_{k=0}^{n} {}_nC_k x^k y^{n-k} = y^n + \sum_{k=1}^{n} {}_nC_k x^k y^{n-k}$ において，$x = p_b, y = 1-p_b, x+y = 1$ と置くと

$$1 = (1-p_b)^n + \sum_{k=1}^{n} {}_nC_k p_b^{\,k}(1-p_b)^{n-k}$$

$$\therefore\; P_{PER} = \sum_{k=1}^{n} {}_nC_k p_b^{\,k}(1-p_b)^{n-k} = 1 - (1-p_b)^n$$

また通常 $p_b \ll 1$ であり，$(1-p_b)^n \approx 1 - np_b$ がいえ，$P_{PER} \approx np_b$ と近似される。

【2】 送受信アンテナ数が 2×2 の場合，シンボル区間 1 と 2 でそれぞれ既知のパイロット信号 $\boldsymbol{s}^{(1)} = [s_1^{(1)} \;\; s_2^{(1)}]^T$, $\boldsymbol{s}^{(2)} = [s_1^{(2)} \;\; s_2^{(2)}]^T$ を送信する。このとき受信側では

$$\begin{bmatrix} y_1^{(1)} & y_1^{(2)} \\ y_2^{(1)} & y_2^{(2)} \end{bmatrix} = \begin{bmatrix} h_{11} & h_{12} \\ h_{21} & h_{22} \end{bmatrix} \begin{bmatrix} s_1^{(1)} & s_1^{(2)} \\ s_2^{(1)} & s_2^{(2)} \end{bmatrix}$$

を得る。これを $\boldsymbol{Y} = \boldsymbol{HS}$ と書けば，受信側で既知である $\boldsymbol{S}$ の逆行列 $\boldsymbol{S}^{-1}$ を求め，$\boldsymbol{YS}^{-1} = \boldsymbol{HSS}^{-1} = \boldsymbol{H}$ なる演算から $\boldsymbol{H}$ が測定される。

索　　引

【あ】

アイパターン	61
アダマール系列	118
圧縮・伸長	91
圧　伸	92
誤り伝搬	137
アンテナゲイン	190
アンテナビーム幅	191

【い】

位相雑音	81
位相変調方式	85
位相連続 FSK	104
一様分布	34
移動平均	185
イメージセンサ通信	148
イリジウム衛星	152
因果律	184
因果律条件	59
インタリーブ	195
インディシャル応答	58

【う，え，お】

ウィーナー・ヒンチンの定理	19
内側符号器	204
衛星放送	151
エネルギースペクトル密度	13
エルゴード過程	15, 35
遠近問題	118
折返し誤差	56
折返し2進符号	93

【か】

ガウス過程	21
ガウスパルス波形	51
ガウス分布	22, 192
ガウス・マルコフ過程	28
角度変調	86

確率分布	21
確率密度関数	21
可視光通信	148
下側波帯	70
カーソン則	80
ガードインターバル	121
過変調	67
ガンマ分布	39

【き】

疑似逆行列	131
技術試験衛星	151
期待値	22
基底帯域信号	39
基底帯域波形	53
逆拡散	113
狭帯域ガウス雑音	45
狭帯域系	180
狭帯域条件	43
狭帯域信号	40
共分散	30
共分散行列	30

【く】

空間相関	176
空間多重	129
空間多重化	144
空間分割多重化	144, 147
グラハム・ベル	1
繰返し復号	204
群速度	98
群遅延時間	55

【こ】

高 SHF 帯	157
拘束長	197
高速フーリエ変換	121
広帯域通信方式	78
交番2進符号	92
コサインロールオフ特性	188

誤差関数	50
誤差補関数	50
コスタスループ	115
ゴースト	119, 124
コヒーレンス	97
コヒーレント光通信	98, 146
固有モード通信路	132
ゴールド系列	116

【さ】

再生中継器	95
最大周波数偏移	76, 105
最大ドップラー周波数	174
最大比合成	140
最ゆう系列推定	137
サイン積分	59
雑音温度	191, 193
雑音強調	130, 136
雑音指数	192, 193
差動 BPSK	171
差動符号化	102
サブキャリヤ	120
サブキャリヤ多重化	147
三角雑音	83

【し】

時間選択性フェージング	178
時間相関	176
識別再生	95
時系列	38
自己相関関数	15
指数分布	39
自然2進符号	92
実効値	91
実効放射電力	190
ジッタ	65
自動再送要求	195
シフトレジスタ回路	199
時分割多重	141
シャノン	2

索　　　　引　　225

——のモデル	2	対数ゆう度比	204	等化器	135
周回衛星	150	ダイナミックレンジ	91	等価低域インパルス応答	42
自由空間伝搬損失	190	第2世代	153	同期復調器	72
周波数拡散通信方式	112	第4世代	154	同相成分	40
周波数成分	51	多次元ガウス分布	30	等方性アンテナ	190
周波数選択性通信路	135	畳込み積分	20, 32, 43	等利得合成	140
周波数選択性フェージング		畳込み符号	197	特異値分解	131
	178	タップ付き遅延線モデル		特性関数	28
周波数2逓倍	81		135	トランスポンダ	153
周波数分割多重化	142	タナーグラフ	207	トレリス線図	138, 200
周波数変調方式	75	ターボ符号	203	トレリス符号化変調	200
周波数領域等化	124	単位インパルス応答	20		
周波数利用効率	110, 200	単一モード	97	**【な行】**	
シュワルツの不等式	183	単側波帯方式	73	ナイキスト間隔	63
巡回符号	196	**【ち, つ】**		ナイキスト周波数	63
瞬時周波数	76			ナイキスト等価チャネル	
準天頂衛星	152	チェックノード	207	スペクトル	186
上側波帯	70	遅延検波	103, 171	ナイキストの第1基準	187
処理利得	115	遅延プロフィール	179	ナイキストの対称性	187
振幅・位相変調方式	105	遅延ロックループ	115	ナイキストロールオフ特性	
振幅変調方式	67	チップ	114		64
シンボル誤り率	168	中心極限定理	174	仲上・ライス分布	48, 177
【す, せ, そ】		直接拡散方式	113	軟判定ビタビ復号	200
		直列連接ターボ符号	203	入力SN比	83
スレッショルド現象	84	直交成分	40	熱雑音	191, 192
スマートグリッド	161	直交復調器	107	ノッチ	181
正規分布	22	通信衛星	150	**【は】**	
整合フィルタ	182	通信路行列	130		
静止衛星	150	通信路容量	132	ハイスループット衛星	152
生成多項式	199	**【て】**		白色ガウス雑音	22
積分・放電フィルタ				パケット誤り率	145
	164, 185	低SHF帯	157	バースト誤り	195
セット分割	200, 202	低軌道	150	パスメトリック	138
線形等化器	136	抵抗雑音	192	波長分割多重化	
相関係数	26	ディジタルFM	104		99, 145, 147
相関受信	115	定常確率過程	14	ハードリミッタ	82
送信電力制御	119	低密度パリティ検査符号		ハミング符号	196
側帯波	70		206	パルス振幅変調	66
外側符号器	204	デルタ関数	18	パルス符号変調方式	88
ソフトリミッタ	82	電圧制御発振器	81	搬送波	39
【た】		伝達関数	20	搬送波再生回路	72
		電力スペクトル密度	13, 15	搬送波帯域信号	39
第1世代	153	電力線通信	149	判定帰還等化器	137
ダイオード検波器	73	**【と】**		**【ひ】**	
第5世代	156				
第3世代	153	等　化	95	光強度変調	97, 146

226 索　引

光空間伝搬　146
光ヘテロダイン検波　146
非線形変調方式　84
非線形量子化　92
ビタビアルゴリズム　138, 197
ビットノード　207
ビットレベル　202
標準偏差　22
標本化　53, 89
標本化関数　9, 57
標本化定理　56
ヒルベルト変換　74
ピンポン伝送　142

【ふ】

ファノのモデル　2
複素形フーリエ級数表示　5
複素ベースバンド信号　40
復調利得　84
符号化変調方式　200
符号化率　196
符号化利得　196, 203
符号間干渉　58, 61, 135
符号分割多重　118
符号分割多重化　143
プランク定数　193
ブランチメトリック　138
プリアンブル　101
フーリエ級数　4
フーリエ変換　8
フーリエ変換対　9
プリエンファシス・ディエンファシス　85
プリコーディング　133

ブルートゥース　161
ブロック対角化　133
ブロック符号　196
ブロック符号化変調　200
分散　22

【へ，ほ】

平均値　22
平衡変調器　71
並列連接ターボ符号　203
ベッセル関数　78
変調指数　76, 105
変調信号　67
変調度　67
ポアソン生起確率　34, 38
ポアソン点過程　38
包絡線　40
包絡線検波　70
包絡線復調器　71
補間関数　58
補間パルス　66
ボルツマン定数　191, 192

【ま行】

マーカム Q 関数　173
マルコーニ　1
マルチキャリヤ伝送　119
マルチパスフェージング　124
マルチモード　97
マルチユーザ MIMO　133
ミキサ　70
見本関数　23
無線センサネットワーク　161
無線 LAN　158

モーメント　29
モーメント母関数　29
モールス　1
モールス符号　1

【や行】

ヤコビアン　33, 47
有能電力　193
ユーザ間干渉　134
ユビキタスネットワーク　161

【ら行，わ】

ライスパラメータ　177
ライスフェージング　177
ライス分布　178
ライン符号　94
ランダム誤り　195
ランダム生起　38
ランダム電信過程　34
離散フーリエ変換　121
理想低域通過フィルタ　55
リミッタ・ディスクリミネータ　81
量子化　89
量子化雑音　90
リング変調器　71
ルートコサインロールオフ特性　189
ループ　208
レイリー波　177
レイリー分布　33
連接　203
ロールオフ率　64
ワンセグ放送　140

【A，B，C】

ACK　195
AM　67
AMI　94
ARQ　195
ASK　100
BCH 符号　196
BCM　200

bluetooth　161
BPSK　101
BWA　157
carrier aggregation　155
CDM　143
CDMA　118
Chernoff の不等式　29
CN 比　83
CPFSK　110

CRC 符号　198
CRC-12　199
CRC-16　198
CRC-32　199
CSMA/CA　159
cyclic prefix　122

【D，E，F】

DFE　136

索　　　　　引　227

DFT　121
DLL　115
DPSK　102, 171
E_b/N_0　140, 191
EIRP　190
FDD　143
FDE　124
FDM　142, 148
FEC　195
FFT　121
FMFB 復調器　85
FSK　104
FTTH　146
FWA　157

【G，H，I】

GLONASS　152
GMSK　110
GPS　116, 151
Gray code　92, 104
HDLC　199
HD-PLC　150
HTS　152
IDFT　121
IEEE 802.11b，g，n　158
IEEE 802.11g，a，n，ac　158
IFoF　147
IMT-2000　153
IoT　160
IrDA　148
ISI　58
ISM バンド　161
IUI　134

【L，M，N】

LDPC 符号　206
LE　136
LEO　150
LLR　203
LPWA　161
LSD　92
LTE　154
LTE-advanced　154
MAN　157
massive MIMO　157

MIMO　127, 128, 144, 147, 154
MIMO-OFDM　128
MIMO-MU　128
MISO　128
MLSE　136, 139
MMSE 基準　131, 137
MMSE nulling　130
MSD　92
MSK　105, 110
MU-MIMO　133, 156, 157
M 系列　116
NAK　195
noise figure　192

【O，P，Q】

OFDM　119
OFDMA　154
OOK　100
OQPSK　107
PAM　66
Parseval の公式　11, 12
PCCC　203
PCM　88
PLC　149
PLL　72, 85
PN 系列　113, 116
pseudo inverse matrix　131
PSK　101
QAM　105
QPSK　103
$Q(x)$ 関数　50
Q 値　44

【R，S，T，U】

rake 受信　119
rake finger　222
rms 値　91
RoF　147
RSC　197
RS 符号　197
SCCC　204
SC-FDE　126
SC-FDMA　154
SCM　147
SDM　144

SER　168
SFN　140
SISO　128
SIMO　128
sinc 関数　9, 57
SM　144
SOVA　204
SSB　73
SU-MIMO　134
sum-product アルゴリズム　206
SVD　131
TCM　200
TDD　141, 157
TDM　141
TPC　119
UWB　161

【V，W，X，Y，Z】

VCO　81
VSAT　153
W-CDMA　154
WDM　99, 145, 147
Wi-Fi　158
WiMAX　157
Wi-SUN　161
XGP　157
zero-forcing　131, 136
zero forcing nulling　130
ZigBee　161

【数　字】

2 次元ガウス分布　26
2 乗復調器　72
2 乗余弦特性　65, 188
2 波マルチパス通信路　180
2 波ライスフェージング　179
2 波レイリーフェージング　179
5G　147, 156
16QAM　106

【ギリシャ文字】

χ^2 分布　34
$\pi/4$ シフト DQPSK　111

───著者略歴───

- 1976 年　名古屋工業大学電気工学科卒業
- 1981 年　東北大学大学院博士課程修了（情報工学専攻）
　　　　　工学博士
- 1981 年　名古屋工業大学助手
- 1982 年　名古屋工業大学講師
- 1987 年　名古屋工業大学助教授
- 2001 年　名古屋工業大学教授
- 2018 年　名古屋工業大学名誉教授

改訂 ディジタル通信
Digital Communications（Revised Edition）　　　Ⓒ Yasunori Iwanami 2007, 2019

2007 年 11 月 12 日　初　版第 1 刷発行
2016 年 9 月 30 日　初　版第 6 刷発行
2019 年 10 月 30 日　改訂版第 1 刷発行
2024 年 3 月 30 日　改訂版第 2 刷発行

検印省略	著　者	岩　波　保　則
	発 行 者	株式会社　コロナ社
		代 表 者　牛来真也
	印 刷 所	新日本印刷株式会社
	製 本 所	有限会社　愛千製本所

112-0011　東京都文京区千石 4-46-10
発 行 所　株式会社　コロナ社
CORONA PUBLISHING CO., LTD.
Tokyo Japan
振替 00140-8-14844・電話 (03) 3941-3131 (代)
ホームページ　https://www.coronasha.co.jp

ISBN 978-4-339-02721-1　C3355　Printed in Japan　　　　（大井）

JCOPY <出版者著作権管理機構 委託出版物>

本書の無断複製は著作権法上での例外を除き禁じられています。複製される場合は，そのつど事前に，出版者著作権管理機構（電話 03-5244-5088，FAX 03-5244-5089, e-mail: info@jcopy.or.jp) の許諾を得てください。

本書のコピー，スキャン，デジタル化等の無断複製・転載は著作権法上での例外を除き禁じられています。購入者以外の第三者による本書の電子データ化及び電子書籍化は，いかなる場合も認めていません。
落丁・乱丁はお取替えいたします。